战略性新兴领域"十四五"高等教育系列教材

碳中和概论

主　编　祝　捷　马　妍　姜耀东
副主编　芮振华　徐能雄　彭守建　李　杨
参　编　刘　庆　涂亚楠　李全贵　秦　严
　　　　秦佳玉　张凤远　胡　婷　胡　翰　邹积瑞

机械工业出版社
CHINA MACHINE PRESS

本书针对我国碳中和重大需求，系统介绍了碳中和概念及逻辑体系，剖析相关行业低碳转型和绿色发展路径。全书包括绪论，碳捕集、利用与封存，工业低碳化转型与发展，能源低碳转型与清洁能源，煤炭行业低碳转型与科技创新，绿色建筑与智能建造，固体废物低碳循环发展与综合利用，科技赋能低碳经济发展8章。

本书可作为高等院校环境、能源、化工、电气、建筑、交通类专业本科生与研究生的教学用书，也可供碳中和领域的管理和技术人员参考。

本书配有教学大纲、授课PPT、课后题参考答案、视频、知识图谱等教学资源，免费提供给选用本书的授课教师，需要者请登录机械工业出版社教育服务网（www.cmpedu.com）注册后下载。

图书在版编目（CIP）数据

碳中和概论 / 祝捷，马妍，姜耀东主编. -- 北京：机械工业出版社，2024.12. --（战略性新兴领域"十四五"高等教育系列教材）. -- ISBN 978-7-111-77361-0

I. X511

中国国家版本馆 CIP 数据核字第 2024DE5511 号

机械工业出版社（北京市百万庄大街22号　邮政编码100037）
策划编辑：李　帅　　　责任编辑：李　帅　舒　宜
责任校对：潘　蕊　李　杉　　封面设计：马若濛
责任印制：张　博
北京铭成印刷有限公司印刷
2024年12月第1版第1次印刷
184mm×260mm・12.75印张・312千字
标准书号：ISBN 978-7-111-77361-0
定价：45.00元

电话服务　　　　　　　　网络服务
客服电话：010-88361066　　机　工　官　网：www.cmpbook.com
　　　　　010-88379833　　机　工　官　博：weibo.com/cmp1952
　　　　　010-68326294　　金　书　网：www.golden-book.com
封底无防伪标均为盗版　　　机工教育服务网：www.cmpedu.com

系列教材编审委员会

顾　　　问：谢和平　彭苏萍　何满潮　武　强　葛世荣
　　　　　　　陈湘生　张锁江

主 任 委 员：刘　波

副主任委员：郭东明　王绍清

委　　　员：（排名不分先后）

刁琰琰　马　妍　王建兵　王　亮　王家臣
邓久帅　师素珍　竹　涛　刘　迪　孙志明
李　涛　杨胜利　张明青　林雄超　岳中文
郑宏利　赵卫平　姜耀东　祝　捷　贺丽洁
徐向阳　徐　恒　崔　成　梁鼎成　解　强

丛书序一

面对全球气候变化日益严峻的形势，碳中和已成为各国政府、企业和社会各界关注的焦点。早在 2015 年 12 月，第二十一届联合国气候变化大会上通过的《巴黎协定》首次明确了全球实现碳中和的总体目标。2020 年 9 月 22 日，习近平主席在第七十五届联合国大会一般性辩论上，首次提出碳达峰新目标和碳中和愿景。党的二十大报告提出，"积极稳妥推进碳达峰碳中和"。围绕碳达峰碳中和国家重大战略部署，我国政府发布了系列文件和行动方案，以推进碳达峰碳中和目标任务实施。

2023 年 3 月，教育部办公厅下发《教育部办公厅关于组织开展战略性新兴领域"十四五"高等教育教材体系建设工作的通知》（教高厅函〔2023〕3 号），以落实立德树人根本任务，发挥教材作为人才培养关键要素的重要作用。中国矿业大学（北京）刘波教授团队积极行动，申请并获批建设未来产业（碳中和）领域之一系列教材。为建设高质量的未来产业（碳中和）领域特色的高等教育专业教材，融汇产学共识，凸显数字赋能，由 63 所高等院校、31 家企业与科研院所的 165 位编者（含院士、教学名师、国家千人、杰青、长江学者等）组成编写团队，分碳中和基础、碳中和技术、碳中和矿山与碳中和建筑四个类别（共计 14 本）编写。本系列教材集理论、技术和应用于一体，系统阐述了碳捕集、封存与利用、节能减排等方面的基本理论、技术方法及其在绿色矿山、智能建造等领域的应用。

截至 2023 年，煤炭生产消费的碳排放占我国碳排放总量的 63% 左右，据《2023 中国建筑与城市基础设施碳排放研究报告》，全国房屋建筑全过程碳排放总量占全国能源相关碳排放的 38.2%，煤炭和建筑已经成为碳减排碳中和的关键所在。本系列教材面向国家战略需求，聚焦煤炭和建筑两个行业，紧跟国内外最新科学研究动态和政策发展，以矿业工程、土木工程、地质资源与地质工程、环境科学与工程等多学科视角，充分挖掘新工科领域的规律和特点、蕴含的价值和精神；融入思政元素，以彰显"立德树人"育人目标。本系列教材突出基本理论和典型案例结合，强调技术的重要性，如高碳资源的低碳化利用技术、二氧化碳转化与捕集技术、二氧化碳地质封存与监测技术、非二氧化碳类温室气体减排技术等，并列举了大量实际应用案例，展示了理论与技术结合的实践情况。同时，邀请了多位经验丰富的专家和学者参编和指导，确保教材的科学性和前瞻性。本系列教材力求提供全面、可持续的解决方案，以应对碳排放、减排、中和等方面的挑战。

本系列教材结构体系清晰，理论和案例融合，重点和难点明确，用语通俗易懂；融入了编写团队多年的实践教学与科研经验，能够让学生快速掌握相关知识要点，真正达到学以致用的效果。教材编写注重新形态建设，灵活使用二维码，巧妙地将微课视频、模拟试卷、虚拟结合案例等应用样式融入教材之中，以激发学生的学习兴趣。

本系列教材凝聚了高校、企业和科研院所等编者们的智慧，我衷心希望本系列教材能为从事碳排放碳中和领域的技术人员、高校师生提供理论依据、技术指导，为未来产业的创新发展提供借鉴。希望广大读者能够从中受益，在各自的领域中积极推动碳中和工作，共同为建设绿色、低碳、可持续的未来而努力。

谢和平

中国工程院院士
深圳大学特聘教授
2024 年 12 月

丛书序二

  2015年12月，第二十一届联合国气候变化大会上通过的《巴黎协定》首次明确了全球实现碳中和的总体目标，"在本世纪下半叶实现温室气体源的人为排放与汇的清除之间的平衡"，为世界绿色低碳转型发展指明了方向。2020年9月22日，习近平主席在第七十五届联合国大会一般性辩论上宣布，"中国将提高国家自主贡献力度，采取更加有力的政策和措施，二氧化碳排放力争于2030年前达到峰值，努力争取2060年前实现碳中和"，首次提出碳达峰新目标和碳中和愿景。2021年9月，中共中央、国务院发布《中共中央 国务院关于完整准确全面贯彻新发展理念做好碳达峰碳中和工作的意见》。2021年10月，国务院印发《2030年前碳达峰行动方案》，推进碳达峰碳中和目标任务实施。2024年5月，国务院印发《2024—2025年节能降碳行动方案》，明确了2024—2025年化石能源消费减量替代行动、非化石能源消费提升行动和建筑行业节能降碳行动具体要求。

  党的二十大报告提出，"积极稳妥推进碳达峰碳中和""推动能源清洁低碳高效利用，推进工业、建筑、交通等领域清洁低碳转型"。聚焦"双碳"发展目标，能源领域不断优化能源结构，积极发展非化石能源。2023年全国原煤产量47.1亿t、煤炭进口量4.74亿t，2023年煤炭占能源消费总量的占比降至55.3%，清洁能源消费占比提高至26.4%，大力推进煤炭清洁高效利用，有序推进重点地区煤炭消费减量替代。不断发展降碳技术，二氧化碳捕集、利用及封存技术取得明显进步，依托矿山、油田和咸水层等有利区域，降碳技术已经得到大规模应用。国家发展改革委数据显示，初步测算，扣除原料用能和非化石能源消费量后，"十四五"前三年，全国能耗强度累计降低约7.3%，在保障高质量发展用能需求的同时，节约化石能源消耗约3.4亿t标准煤、少排放CO_2约9亿t。但以煤为主的能源结构短期内不能改变，以化石能源为主的能源格局具有较大发展惯性。因此，我们需要积极推动能源转型，进行绿色化、智能化矿山建设，坚持数字赋能，助力低碳发展。

  联合国环境规划署指出，到2030年若要实现所有新建筑在运行中的净零排放，建筑材料和设备中的隐含碳必须比现在水平至少减少40%。据《2023中国建筑与城市基础设施碳排放研究报告》，2021年全国房屋建筑全过程碳排放总量为40.7亿t CO_2，占全国能源相关碳排放的38.2%。建材生产阶段碳排放17.0亿t CO_2，占全国的16.0%，占全过程碳排放的41.8%。因此建筑建造业的低能耗和低碳发展势在必行，要大力发展节能低碳建筑，优化建筑用能结构，推行绿色设计，加快优化建筑用能结构，提高可再生能源使用比例。

  面对新一轮能源革命和产业变革需求，以新质生产力引领推动能源革命发展，近年来，中国矿业大学（北京）调整和新增新工科专业，设置全国首批碳储科学与工程、智能采矿

丛书序二

工程专业，开设新能源科学与工程、人工智能、智能建造、智能制造工程等专业，积极响应未来产业（碳中和）领域人才自主培养质量的要求，聚集煤炭绿色开发、碳捕集利用与封存等领域前沿理论与关键技术，推动智能矿山、洁净利用、绿色建筑等深度融合，促进相关学科数字化、智能化、低碳化融合发展，努力培养碳中和领域需要的复合型创新人才，为教育强国、能源强国建设提供坚实人才保障和智力支持。

为此，我们团队积极行动，申请并获批承担教育部组织开展的战略性新兴领域"十四五"高等教育教材体系建设任务，并荣幸负责未来产业（碳中和）领域之一系列教材建设。本系列教材共计 14 本，分为碳中和基础、碳中和技术、碳中和矿山与碳中和建筑四个类别，碳中和基础包括《碳中和概论》《碳资产管理与碳金融》和《高碳资源的低碳化利用技术》，碳中和技术包括《二氧化碳转化原理与技术》《二氧化碳捕集原理与技术》《二氧化碳地质封存与监测》和《非二氧化碳类温室气体减排技术》，碳中和矿山包括《绿色矿山概论》《智能采矿概论》《矿山环境与生态工程》，碳中和建筑包括《绿色智能建造概论》《绿色低碳建筑设计》《地下空间工程智能建造概论》和《装配式建筑与智能建造》。本系列教材以碳中和基础理论为先导，以技术为驱动，以矿山和建筑行业为主要应用领域，加强系统设计，构建以碳源的降、减、控、储、用为闭环的碳中和教材体系，服务于未来拔尖创新人才培养。

本系列教材从矿业工程、土木工程、地质资源与地质工程、环境科学与工程等多学科融合视角，系统介绍了基础理论、技术、管理等内容，注重理论教学与实践教学的融合融汇；建设了以知识图谱为基础的数字资源与核心课程，借助虚拟教研室构建了知识图谱，灵活使用二维码形式，配套微课视频、模拟试卷、虚拟结合案例等资源，凸显数字赋能，打造新形态教材。

本系列教材的编写，组织了 63 所高等院校和 31 家企业与科研院所，编写人员累计达到 165 名，其中院士、教学名师、国家千人、杰青、长江学者等 24 人。另外，本系列教材得到了谢和平院士、彭苏萍院士、何满潮院士、武强院士、葛世荣院士、陈湘生院士、张锁江院士、崔愷院士等专家的无私指导，在此表示衷心的感谢！

未来产业（碳中和）领域的发展方兴未艾，理论和技术会不断更新。编撰本系列教材的过程，也是我们与国内外学者不断交流和学习的过程。由于编者们水平有限，教材中难免存在不足或者欠妥之处，敬请读者不吝指正。

刘波

教育部战略性新兴领域"十四五"高等教育教材体系
未来产业（碳中和）团队负责人
2024 年 12 月

前　言

本书从碳中和、碳循环、气候变化等国际热点问题出发，在梳理美国、德国、英国、日本等国家碳排放历史进程和碳中和政策措施基础上，强调我国提出"双碳"目标是对国际社会的庄严承诺，是推进我国经济高质量发展的内在要求。

本书共8章。第1章阐述碳中和的定义，分析碳循环与气候变化之间的关系，指出人为排放对全球增温的影响。梳理美国、德国、英国、日本等国家碳排放历史进程，分析这些国家碳中和的相关政策措施，归纳国际社会在碳减排进程中的努力，提出我国碳中和的挑战与机遇。第2章阐述碳捕集、利用与封存的概念及全球发展概况，梳理二氧化碳捕集利用与封存技术与方法，并列举碳捕集、利用与封存案例。第3章阐述工业低碳发展概念及目标，分析电力系统、交通系统、化工行业、建材行业等传统工业低碳转型路径，剖析工业转型的挑战和对策。第4章从能源转型的角度，阐述能源系统的组成及其与经济增长的关系，在分析能源转型的机遇与挑战的基础上，梳理风能、氢能、核能、太阳能、生物质能、地热能、海洋能等主要清洁能源的技术特点。第5章聚焦煤炭行业低碳转型，分析煤炭行业的发展历程及其在国民经济中的地位和作用，阐述低碳转型的背景、趋势、路径和策略，列举科技创新赋能煤炭行业低碳转型案例。第6章分析绿色建筑与碳排放的关系，提出绿色建筑节能设计原则和技术手段，分析智能建造与建筑新能源技术的结合点，综合绿色建筑和智能建造两大领域的要求，描绘绿色建筑和智能建造未来的发展。第7章阐明"双碳"目标下固体废物形势，梳理固体废物资源化技术与综合利用手段，结合国内外案例分析"无废城市"建设标准、要点与评价体系。第8章聚焦科技赋能低碳经济，阐明国内外低碳经济发展的趋势，剖析低碳经济发展面临的挑战，论述5G工业互联网、AI、大数据、工业领域区块链等技术对低碳经济发展的驱动作用。

限于编者水平，书中难免有错漏或不足之处，敬请广大读者批评指正。

编　者

目 录

丛书序一
丛书序二
前言

第1章 绪论 / 1

1.1 碳中和的基本概念 / 1
    1.1.1 碳中和的定义 / 1
    1.1.2 碳循环和气候变化 / 2
    1.1.3 人为排放与全球增温 / 6

1.2 全球各国碳中和路线图 / 11
    1.2.1 全球碳排放概况 / 11
    1.2.2 主要国家的碳中和目标与措施 / 13
    1.2.3 国际合作与共同行动 / 16

1.3 我国碳中和的挑战与机遇 / 17
    1.3.1 我国碳排放现状与挑战 / 17
    1.3.2 我国碳中和的路径分析 / 18

习题与思考题 / 20

第2章 碳捕集、利用与封存（CCUS） / 21

2.1 概述 / 21
    2.1.1 概念及技术环节 / 21
    2.1.2 国内外CCUS发展概况 / 24
    2.1.3 CCUS对碳中和的贡献 / 27

2.2 CO_2捕集技术与方法 / 28
    2.2.1 液体吸收 / 28
    2.2.2 固体吸附 / 29
    2.2.3 直接空气捕集 / 31

2.3 CO_2利用技术与方法 / 32
    2.3.1 矿化利用 / 33

2.3.2 化学利用 / 33
2.3.3 生物利用 / 35
2.3.4 地质利用 / 35

2.4 CO_2 封存技术与方法 / 37
2.4.1 地质封存技术 / 37
2.4.2 其他封存技术 / 39

2.5 CCUS 案例 / 39
2.5.1 美国 CCUS 项目 / 39
2.5.2 我国 CCUS 项目 / 42

习题与思考题 / 44

第 3 章 工业低碳化转型与发展 / 45

3.1 概述 / 45
3.1.1 我国工业低碳发展形势 / 45
3.1.2 环境库兹涅茨曲线 / 46
3.1.3 工业部门低碳发展目标 / 47
3.1.4 工业低碳发展"三步走"战略 / 49

3.2 传统工业的低碳转型 / 51
3.2.1 电力系统低碳转型 / 51
3.2.2 交通系统低碳转型 / 53
3.2.3 化工行业低碳转型 / 58
3.2.4 建材行业低碳转型 / 61

3.3 工业转型的主要目标与任务 / 63
3.3.1 主要目标 / 63
3.3.2 主要任务 / 63

习题与思考题 / 70

第 4 章 能源低碳转型与清洁能源 / 71

4.1 能源消费与碳排放 / 71
4.1.1 能源系统组成 / 71
4.1.2 能源消费与经济社会发展 / 74
4.1.3 能源与碳排放记录统计方法 / 76

4.2 能源革命中的机遇与挑战 / 78
4.2.1 全球能源革命 / 78
4.2.2 能源转型与碳减排 / 81

4.3 我国能源低碳转型的实现路径 / 82

4.4 主要清洁能源 / 84
4.4.1 风能 / 84
4.4.2 氢能 / 86

4.4.3 核能 / 87

4.4.4 太阳能 / 88

4.4.5 生物质能 / 89

4.4.6 地热能 / 90

4.4.7 海洋能 / 92

习题与思考题 / 93

第5章 煤炭行业低碳转型与科技创新 / 94

5.1 煤炭行业概述 / 94

  5.1.1 煤炭行业的发展历程与现状 / 94

  5.1.2 煤炭行业在国民经济中的地位与作用 / 95

5.2 煤炭行业低碳转型的背景与趋势 / 97

  5.2.1 我国煤炭行业面临的挑战 / 97

  5.2.2 煤炭低碳转型的发展趋势 / 99

5.3 煤炭行业低碳转型的路径与战略 / 100

  5.3.1 煤炭低碳转型的路径 / 100

  5.3.2 煤炭碳中和发展战略 / 102

5.4 科技创新赋能煤炭低碳转型案例 / 104

  5.4.1 矿区地面风电/光伏电站 / 105

  5.4.2 井下空间建设储能电站 / 106

  5.4.3 煤矿瓦斯综合治理及利用 / 107

习题与思考题 / 109

第6章 绿色建筑与智能建造 / 110

6.1 绿色建筑与碳排放关系 / 110

  6.1.1 绿色建筑的定义与特点 / 110

  6.1.2 建筑与碳排放的关系 / 112

6.2 绿色建筑节能设计与实践 / 116

  6.2.1 绿色建筑节能设计原则 / 116

  6.2.2 绿色建筑节能改造技术 / 119

  6.2.3 绿色建筑节能实践案例 / 123

6.3 智能建造与建筑新能源技术 / 125

  6.3.1 智能建造的定义与特点 / 125

  6.3.2 建筑新能源技术的应用 / 130

  6.3.3 智能建造与建筑新能源技术的结合点 / 131

6.4 智能建造与绿色建筑的结合 / 133

  6.4.1 智能建造在绿色建筑中的应用 / 133

6.4.2　案例分析　/ 134
　6.5　智能建造与绿色建筑的未来发展　/ 136
　　　6.5.1　政策法规　/ 136
　　　6.5.2　技术创新　/ 139
　　　6.5.3　社会认知　/ 140
　习题与思考题　/ 142

第7章 | 固体废物低碳循环发展与综合利用　/ 143

　7.1　"双碳"目标下固体废物现状与形势　/ 143
　　　7.1.1　固体废物概述　/ 143
　　　7.1.2　固体废物的处理与综合管理　/ 145
　　　7.1.3　固体废物碳排放与低碳发展　/ 148
　　　7.1.4　固体废物低碳发展政策与建议　/ 150
　7.2　固体废物资源化技术与综合利用　/ 152
　　　7.2.1　城市生活垃圾资源化技术　/ 152
　　　7.2.2　农业固体废物资源化技术　/ 157
　　　7.2.3　工业固体废物资源化技术　/ 161
　7.3　"无废城市"建设与低碳循环发展　/ 164
　　　7.3.1　"无废城市"现状与形势　/ 164
　　　7.3.2　"无废城市"试点建设标准与要点　/ 165
　　　7.3.3　"无废城市"量化评价方法与体系　/ 167
　　　7.3.4　国内外"无废城市"建设经验总结　/ 168
　习题与思考题　/ 170

第8章 | 科技赋能低碳经济发展　/ 171

　8.1　低碳经济发展的趋势　/ 171
　　　8.1.1　国际低碳经济发展的趋势　/ 171
　　　8.1.2　我国低碳经济发展的趋势　/ 172
　8.2　我国低碳经济发展面临的挑战　/ 173
　8.3　智能工业的驱动作用　/ 176
　　　8.3.1　5G工业互联网　/ 177
　　　8.3.2　AI赋能工业转型　/ 179
　　　8.3.3　工业大数据的应用　/ 180
　　　8.3.4　工业领域的区块链作用　/ 182

参考文献 | / 185

第1章 绪 论

1.1 碳中和的基本概念

1.1.1 碳中和的定义

碳是地球生命体系不可或缺的基础元素,在它的多样的化合物形态中,二氧化碳(CO_2)扮演着地球系统与人类文明演进中的关键角色。自地球诞生之初,大气中丰富的CO_2所引发的"温室效应",如同天然的暖棚,捕获并再辐射地表热量,促进了液态水的稳定存在,为地球生命的起源提供了温床。在漫长的地质年代里,碳元素以多变的形态穿梭于岩石圈、大气圈、水圈及生物圈之间,通过自然界的精妙平衡——燃烧、光合作用、生物呼吸等过程,维系着一个动态而稳定的碳循环体系。该循环体系是地球生态系统健康运转的重要基石。

然而,随着人类文明的飞跃,特别是工业革命的兴起,这一和谐图景遭受了前所未有的挑战。工业活动的激增导致了矿物燃料(如煤炭、石油和天然气)的巨量开采与消耗,这一过程不仅加速了地层深处沉积的有机碳以CO_2的形式释放到大气中,还深刻改变了地球碳循环的自然轨迹,使之从相对封闭的循环转变为更加开放且易于失衡的状态。这一变化带来了一系列连锁的气候变化效应:全球平均气温上升、极端天气事件频发、冰川融化、海平面上升,这些现象不仅威胁着自然生态系统的平衡,更给人类社会的可持续发展带来了严峻挑战。

自2010年以后,人类活动引发的全球温升超过了0.8℃,这导致了陆地降雨增加、海洋盐度变化、冰川融化和海平面上升等一系列问题。减少碳排放、缓解全球气候变化成为全人类的共同任务。

碳中和是指在一定范围内(如国家、省市或企业园区),排放的碳(主要是指CO_2)与通过自然和人为过程固定的碳在数量上相等,即达到净零排放状态。

自然过程固碳是指地球系统本身吸收和固定来自人类活动的"额外"碳的能力,与具体国家或主体的努力无关。根据统计,人类排放的CO_2中约有一半被自然过程吸收,其余的留在大气中,增加了大气中的CO_2浓度。其中,海洋通过无机过程溶解CO_2、碳酸钙沉积和微生物合成碳酸钙等方式吸收碳，陆地通过生态系统固存有机碳和土壤、地下水形成无机碳酸盐等方式吸收碳。陆地和海洋吸收的 CO_2 占自然过程总吸收量约 60% 和 40%。

人为过程固碳的形式是多样的，例如利用陆地与近海生态系统将 CO_2 固定在植被、土壤或海底；将 CO_2 注入油气田，用于驱动油气采集，或注入地球深处封存；从燃烧过程中收集 CO_2 后制成化学或生物制品等。

可见碳中和与碳的"零排放"是两个不同的概念。当自然和人为固碳的总量与人为排放的碳量相等时，就实现了碳中和。

1.1.2 碳循环和气候变化

1. 碳库

地球上的碳储存在不同的子系统中，这些子系统被称为碳库，包括大气圈碳库、陆地生态系统碳库、海洋碳库和岩石圈碳库。其中，岩石圈碳库中的化石能源碳库对当前气候变化的影响较大。各碳库之间通过物理、化学、生物、地质过程，实现碳转移，从而导致碳库之间发生碳含量的变化。对气候造成重大影响的碳转移主要表现在大气圈碳库含量的变化，即造成大气中 CO_2、甲烷等浓度升高或降低。

1）大气圈碳库中，对气候变化有实质影响的含碳气体主要为 CO_2，其次为甲烷。从短时间尺度来看，化石能源碳库、陆地生态系统碳库和海洋碳库是与大气 CO_2 交换的主要对象。化石能源燃烧后产生的绝大部分 CO_2 先进入大气，大气 CO_2 分压增加促使植被光合作用增强，一部分人为排放的 CO_2 固定在陆地生态系统碳库中；同时，进入大气的 CO_2 导致大气相对海洋表层的 CO_2 分压增加，还有一部分的 CO_2 被海水溶解吸收。应强调的是，人为毁林或改变土地利用方式常常导致陆地生态系统向大气排放 CO_2。以上是短时间尺度上的碳转移。

"全球增温潜势"（Global Warming Potential，简称为 GWP）可用于衡量在一定时间尺度内某种气体相对于 CO_2 的增温能力。在百年时间尺度下，甲烷的 GWP 为 29.8，这说明甲烷的增温能力是 CO_2 的 29.8 倍。甲烷在大气圈碳库中的变化受湿地面积和反刍动物数量的影响。截至 2022 年，全球大气 CO_2 的平均浓度（以摩尔分数表示）已到达 419.3×10^{-6}，碳总量大于 368 亿 t；甲烷的含量约为 1.923×10^{-6}，约相当于 20.7×10^{-6} 的 CO_2 当量。

在千百年甚至地质时间尺度上，有很多同大气圈碳库做碳交换的过程，例如火山作用、深部温泉过程、岩石圈断裂过程、煤炭地下自燃等都可以向大气释放一定浓度的 CO_2，冻土融化、深部大陆架增温也导致甲烷释放。在地质时间尺度角度来看，这些过程都与气候变化相关。

2）陆地生态系统碳库包括三个部分，即地表植被（如森林、灌木、草原、农作物等）、土壤（包括根系）和地表枯枝落叶层。陆地生态系统碳库通过植被的光合作用吸收大气中的 CO_2，并合成组成植物的有机质，同时通过植被和土壤的呼吸作用向大气释放 CO_2，这两个过程的年通量在 1200 亿 t 碳左右。陆地生态系统碳库的碳总量约为 20000 亿～30000 亿 t 碳，其中地表植被、土壤和地表枯枝落叶层分别储存 4500 亿～6500 亿 t、12000 亿～21000 亿 t 和 3000 亿 t 碳。森林生长期长，可固定大量的碳，成为在地表植被中最重要的碳库。被砍伐的森林作为木材制成各种用具，原来固定的碳不会很快返回大气圈。但是，被砍伐森林之后的土地应尽快建立林地，发挥固碳作用，这对阻止大气 CO_2 浓度升高有非常重要的意义。

3）海洋是地球上最大的碳库，储存约38万亿t碳。海洋中的碳主要以溶解无机碳的形式存在于中深层海水中，存在于与大气圈直接接触的表层海水中的碳不到海洋碳库总量的3%。此外，海底的松散沉积物中赋存的碳酸盐约含6万亿t碳，这些碳酸盐理论上可以重新进入碳循环系统，但主要在地质时间尺度上起作用，对当前气候变化的影响较小。

海洋通过三种过程与大气圈进行碳交换：第一种过程是海水吸收大气中 CO_2 的化学过程，并将其以碳酸盐的形式存在于表层水体中，由于这种吸收随温度下降而增加，所以赤道附近的海水一般为"碳源"，即向大气排放 CO_2；中高纬度的海水则为"碳汇"，即吸收 CO_2；第二种过程是大洋环流的物理过程，在下沉流地区，CO_2 被带到深水区，而在上升流地区，CO_2 向大气释放；第三种过程是在海洋表面混合层中，CO_2 在生物的光合作用下不断地被转化成有机碳和碳酸盐，这些物质还会在呼吸作用和生物死亡之后的分解作用下，释放出 CO_2，但有少部分以生物碎屑的形式沉积到海底。

工业革命之后，大气 CO_2 浓度不断增加，海洋与大气间的碳交换主要通过海洋-大气界面的扩散作用实现，年通量双向约为900亿t碳。随着海洋表层逐渐积累溶解的碳酸盐，海水酸度缓慢增加。由于海洋表层水体与中深层水体的混合过程非常缓慢，所以表层海水的碳积累幅度要相对高于中深层海水。

4）岩石圈碳库。岩石圈厚度一般为 60~120km，由地壳和上地幔顶部组成，岩石圈中含有大量的碳。岩石圈对大气圈来说，可能既是碳源，又是碳汇。不断运动的岩石圈中出现的物理、化学、生物过程一般只对万年以上时间尺度的碳循环起控制作用。

以煤炭、石油、天然气为主要形式的化石能源碳库是岩石圈碳库中最重要的碳库，地壳中以煤炭、石油、天然气形式存在的碳总量在5万亿~10万亿t。化石能源是漫长地质年代形成的产物。在人类开采利用化石能源之前，它同大气圈的交换主要通过内部自燃等过程释放 CO_2，通过陆地和海洋的自然吸收过程实现碳中和。自工业革命以来，煤炭、石油、天然气的规模化利用向大气释放的 CO_2 逐渐增多。

岩石圈中含碳量最大的次级碳库是广泛分布的碳酸盐岩，这是由于其沉积时结合了碳酸根离子。碳酸盐岩风化时释放 CO_2，沉积时又吸收大气中的 CO_2，总体维持平衡，所以一般认为碳酸盐岩对大气 CO_2 浓度变化的影响不明显。

岩石圈中还存在含不同浓度 CO_2 的流体，流体从岩石圈运动到大气圈时，将释放一定数量的 CO_2 气体。例如，火山喷发时会释放大量的 CO_2 气体，当 CO_2 气体积累到一定程度时，气候会发生明显的改变。

2. 气候变化与碳循环

大气圈中的 CO_2 浓度变化对气候将产生什么影响呢？1767年，瑞士博物学家德·索绪尔首次通过试验发现了温室增暖现象。他发现阳光照射下，密闭容器内的温度会上升。随后，1824年，法国物理学家傅里叶（Fourier）提出了大气层具有保温作用的假设，解释了地表温度的昼夜和季节变化。

蒸汽和二氧化碳能够吸收红外辐射能量,起到保温作用。大气中的 CO_2 浓度增加,全球温度会随之升高。

增加的 CO_2 排放与全球气候变化之间的关系已经得到广泛认可,气候变化和应对措施已成为全球性的科学与社会议题。

(1) 构造尺度气候变化与碳循环　人们一般把数十万年以上时间尺度上的气候变化称为岩石圈板块构造运动所"原初驱动"的构造尺度气候变化。地球岩石圈分为若干板块,这些板块数十亿年来一直处于不断运动之中。板块分布的不同使地球气候处于不同状态,也推动了生物界的演化。由于板块运动,地球历史上没有两个地质时期的气候条件是完全相同的。地球处在这样缓慢持久的地质构造变动之中,海陆构型、山脉分布、川流格局等地貌形态不断变化,气候条件随之发生较大幅度的变迁。例如,地球历史上曾经出现过基本被冰雪覆盖的"雪球时期",也有过基本无冰的"温室时期",大气中 CO_2 的浓度曾为现在的数倍。

了解板块运动的基本特征,有利于理解构造尺度上控制 CO_2 变化的因素,进而分析 CO_2 在气候变化中的作用。由地壳和上地幔顶部组成的岩石圈板块是刚性块体,处在具有塑性特性的"软流圈"上,软流圈的缓慢运动能驱动板块运动。在板块的运动过程中,地球内部的 CO_2 会从三类边界释放到大气圈中:一是,在扩张的大洋中脊,不断涌出的火山物质促使大洋板块生长;二是,在板块的俯冲带会形成火山喷发带;三是,在不同的大陆板块碰撞带,地表隆起、抬升,形成山脉,同时发生火山活动。在板块运动的不同阶段,这三类边界的活动方式、活动强度是不同的,由边界释放到大气圈中的 CO_2 数量也不相同,这导致大气中的 CO_2 浓度不断发生变化。

实际上,消耗含碳温室气体的过程也在发生。两种作用会消耗含碳温室气体,一种是形成煤炭、石油、天然气为代表的生物作用,另一种重要的作用是硅酸盐的风化作用。硅酸盐风化产生以钙离子为代表的阳离子,经河流带碳酸盐沉积,实现了大气中 CO_2 在地表系统的固定。理论上讲,大气 CO_2 浓度越高,气温就越高,降水量随之增加,从而促使风化作用和沉积作用增强,进而降低大气 CO_2 浓度;反之,当板块运动释放 CO_2 总量降低时,消耗大气 CO_2 的作用也将相应减弱。由此可见,地球表面的水能够处在三相(即气、液、固)共存状态,没有像火星一样"冰冻",或像金星一样"气化",生物得以进化,离不开大气 CO_2-岩石风化系统的调节作用。

在新生代(距今 6500 万年以来的时期)很长一段时间之内,南北两半球极地均没有冰盖,称为"温室时期",当时大气 CO_2 浓度是目前的数倍。后来,印度板块同欧亚板块碰撞,青藏高原抬升,暴露了大量新鲜岩石,硅酸盐风化作用加强,持续消耗大气中的 CO_2,使气温逐渐下降。约在 2000 多万年前形成南极冰盖,约在 300 万年前北极格陵兰岛出现冰盖,地球由此进入"冰室时期",大气 CO_2 浓度下降到 300×10^{-6} 以下。这说明碳循环在构造尺度气候变化上起到了重要的调节作用。

(2) 轨道尺度气候变化与碳循环　太阳辐射在一年中按时间和纬度的积分基本不变,但是太阳辐射沿不同纬度和在不同季节可发生变化,从而驱动气候变化。轨道尺度的气候变化由地球轨道的周期性变化驱动。描述地球轨道有以下三个主要参数:

1) 偏心率。地球绕太阳公转的轨道呈椭圆形,偏心率表示轨道的椭圆程度,当偏心率为0时，轨道是圆形的。

2）地轴倾斜度。地球自转轴是倾斜的，且倾斜程度会周期性变化。

3）岁差。地球近日点出现的时间呈周期性变化。

260万年以来，第四纪时期的气候一直发生着冰期-间冰期的周期性旋回，冰期（通常称为冰河期）呈现出相当寒冷的气候，以北半球高纬度地区出现巨大的冰盖为主要特征，间冰期则相对温暖，同目前的气候条件近似。通过采用深海底栖有孔虫氧同位素曲线代表全球陆地冰量的变化，黄土沉积的粒度曲线代表区域干旱程度的变化，冰岩芯中的氧同位素曲线代表当地气温的变化等"代用指标"，并对这些指标曲线的频谱进行分析，发现偏心率、地轴倾斜度和岁差变化的主要周期分别是10万年、4.1万年和2.3万年，这表明地球轨道变化对气候变化起到了"原初驱动"作用。这是由于太阳系内各星体有各自的运行轨道，从而导致作用于地球的重力产生摄动，但是三个参数的组合变化基本不改变到达地球大气圈顶部的太阳辐射总量。

古气候学界得出了两种变化模态：一是，全球冰量模态，即全球的冰量增减主要发生在高纬度地区，尤其是北半球，实际上，陆地冰量变化及与之相关的一系列变化由北半球高纬度（65°N）夏季太阳辐射的变化所控制，约80万年以来，它以10万年周期变化为主要特征，4.1万年和2.3万年的周期变幅相对较小。冰量增减变化对中低纬度地区也产生重要影响；二是，热带地区的季风模态，两半球都以2.3万年周期为主导，但二者之间相位相反，与之对应的是，低纬度地区太阳辐射变化以2.3万年为主，且南北半球的相位相反，即北半球潮湿时，南半球变干，反之亦然，高纬度地区气温变幅可达10℃以上，赤道地区一般只有2~3℃。

约80万年以来，大气CO_2浓度在$180\times10^{-6} \sim 280\times10^{-6}$变化，间冰期高于冰期，并且大气$CO_2$浓度的变化并没有超前于气温变化，因此在轨道尺度气候变化上，CO_2主要起正反馈作用，并不起"原初驱动"作用。全球末次冰期约在1.1万年前结束，进入当前称为全新世的间冰期。全新世从开始到约6000年前，气候温暖程度达到高峰，海平面比目前高2m左右，其后开始缓慢降温，这样的变迁是在"自然"状态下，受地球轨道变化调控的。

为了更好地理解轨道尺度的气候变化，需要了解地球轨道变化的具体细节。地球的公转轨道并非固定，是受到其他行星引力影响而发生变化的。轨道偏心率的变化周期约为10万年，当偏心率较大时，地球与太阳的距离变化较大，导致地球接收的太阳辐射量发生显著变化。地轴倾斜度的变化周期约为4.1万年，当地轴倾斜度较大时，季节变化更加显著，导致气候变冷。岁差的周期约为2.3万年，它影响地球自转轴的指向，改变地球接收到的太阳辐射分布，特别是对季节变化产生影响。

轨道参数的变化不仅影响地球的气候模式，还影响碳循环。大气中的CO_2浓度是一个关键因素，它不仅是温室气体，还参与了全球碳循环。在冰期，地球气候寒冷，大气CO_2浓度较低；在间冰期，气候变暖，大气CO_2浓度上升。通过分析南极冰芯中的气体成分，科学家发现过去80万年以来大气CO_2浓度在冰期和间冰期之间变化，反映了轨道尺度的气候变化对碳循环的影响。

此外，轨道参数变化还影响海洋和陆地的碳储量。在冰期，海洋吸收更多的CO_2，导致

大气中的 CO_2 浓度下降。间冰期时,海洋中的 CO_2 释放到大气中,导致 CO_2 浓度上升。陆地植被也在轨道变化的影响下发生变化,影响碳的储存和释放。例如,冰期时,冰川覆盖大片陆地,减少了植被的生长面积,导致陆地储碳减少;间冰期时,冰川退缩,植被面积增加,促进了碳的吸收。

(3) 人类历史时期气候变化与碳循环 大约在 1 万年前,人类社会开始从采集狩猎时代进入农业定居时代,开始对地球表面进行大规模改造。然而,人类活动对地球气候变化系统产生明显的影响主要始于工业革命。与重建气候历史有关的地质记录主要如下:

1) 冰芯。无论是北极格陵兰冰盖、南极冰盖,还是青藏高原和南美高原的小冰帽,冰芯中包含冬季积雪和夏季消融形成的年层纹理,可用于精确年代测定,并提供气温和大气化学成分等宝贵信息。

2) 树轮。树木每年生长一圈,其宽度等变化与生长条件和气候环境具有强相关性,为研究气候变化提供详细记录。

3) 洞穴石笋。石笋的生长来自土壤下渗水,具有年纹层,可用于精确定年,石笋中的碳、氧同位素指标能反映气候环境变化信息。

4) 热带海洋珊瑚。一些珊瑚生长时也有年纹层,易于定年,通过氧同位素等地球化学指标,可以获得海洋表层温度变化的信息。

5) 历史文献记录。世界各地的方志和史书中常包含气候变化的信息,例如,港口结冰和消融的时间、物候变化的时间等,这些资料为推测气候变化历史提供了重要参考。

自末次冰期结束后,气温开始缓慢上升,约 6000 年前达到高点,当时的海平面估计比现在高 2m,气温高 1~2℃,这一时期被称为全新世适宜期。之后气候开始缓慢变冷,速率为每千年变冷 0.2~0.3℃,这种趋势变化主要受地球轨道变化的控制。

全新世 1 万年间,气候存在包括千年和百年时间尺度的波动,这些波动大多为区域性现象。在我国历史记录中存在百年尺度的气候波动,我国历史上某些朝代更替和战乱与气候冷暖交替有关。例如,气候变冷时,北方草原地区变干,导致游牧民族难以生存,所以南侵进入农业区域。最近一千多年,欧洲发生了两个重要的气候事件,即中世纪暖期和小冰期。中世纪暖期发生在公元 1000—1300 年,期间欧洲北方人在格陵兰西南缘的冰盖外侧定居并种植小麦,气候比现今还温暖。小冰期发生在公元 1400—1900 年,期间阿尔卑斯山脉的冰川大幅扩张,冬季变长、变冷,庄稼歉收,是灾难性的气候时期。在西部山岳的冰川记录中发现我国也存在小冰期。此外,我国也可能存在类似中世纪暖期的时期。

全新世大多数时段的气候变化受地球轨道变化控制,与碳循环关系不明显。根据冰芯记录,工业革命前大气中 CO_2 的浓度在 $280×10^{-6}$ 左右,甲烷的浓度在 $0.8×10^{-6}$ 左右,与工业革命之前 80 万年的间冰期差别不大。人类历史时期的气候变化与碳循环紧密相关。在过去 150 年间,全球温度增加了 1℃ 左右,这段时间大气中的温室气体浓度快速增加。人类活动引发的大气 CO_2 浓度增加被看作工业革命以来的全球快速升温的主要原因。

1.1.3 人为排放与全球增温

1. 温室效应

太阳是地球的主要能量来源。地球通过接收太阳的短波辐射获取热量,然后地表将这部分热量以长波辐射的形式向外释放，从而维持能量平衡。然而，大气中的某些成分能够吸收地表释放的长波辐射并重新向地表辐射热量，这导致地表和低层大气温度升高，这种与温室用于栽培农作物具有相似原理的效应被称为温室效应。温室效应最早由法国物理学家和数学家约瑟夫·傅里叶于1824年发现，瑞典气象学家尼尔斯·古斯塔夫·埃克霍尔姆在1901年正式提出了温室效应概念。能够吸收地表长波辐射的气体被称为温室气体，主要包括二氧化碳（CO_2）、甲烷（CH_4）、氧化亚氮（N_2O）、臭氧（O_3）、氟氯烃（CFCs）及蒸汽等。

温室效应通过阻挡地表热量逃逸到太空的作用，调节着地球的气温，是地球保持适宜生物生存环境的关键。没有温室效应，地球表面的平均温度将是−18℃，而现在的实际平均温度是15℃，可见自然温室效应增温幅度高达33℃。适量的温室气体和温室效应造就了地球的宜居环境和人类文明。但温室气体浓度过高会导致温室效应过强，引发气候变化和一系列环境问题。例如，金星的大气中96%是CO_2，导致其表面温度高达464℃。可见温室气体浓度过高，温室效应过强，环境将变得恶劣。

不同类型的温室气体对增温效应的影响各不相同。在百年时间框架下，甲烷的GWP为29.8，氧化亚氮为273，这意味着它们的增温能力分别是CO_2的29.8倍和273倍。尽管某些温室气体如氟氯烃的增温能力很强，但由于其含量极低，整体增温效应有限。当前主要考虑的温室气体是CO_2、甲烷和氧化亚氮。

在工业革命前几千年间，大气中的CO_2浓度很稳定。但是工业革命以来的人类活动显著增加了大气中的温室气体浓度，成为全球变暖的主要驱动因素。2019年的大气CO_2浓度（410×10^{-6}）在过去至少80万年中为最高值，甲烷和氧化亚氮的浓度在这段时间内也处于最高水平。工业革命以来，化石燃料的燃烧和土地利用变化（如森林砍伐、农业开发）是CO_2排放的主要来源。20世纪50年代以来，化石燃料燃烧成为大气CO_2的主要来源。煤炭、石油和天然气是当前人类使用的主要化石燃料，其CO_2排放因子（即燃烧单位质量燃料所释放的CO_2量）大致为1∶0.8∶0.6。"全球碳计划"（global carbon project）的评估报告显示，2010—2019年化石燃料燃烧年均排放的CO_2占全球人为CO_2总排放量的86%。虽然人类排放的CO_2约有54%被陆地（约31%）和海洋（约23%）吸收，但大气中的CO_2浓度仍在升高。

人类活动，如种植水稻、饲养家畜、燃烧生物质以及开采煤矿和天然气等活动导致大气中的甲烷浓度增加，使用化肥和燃烧化石燃料还导致了大气中氧化亚氮浓度的升高。过去百年，全球气候变化以变暖为主要特征。

2. 温室气体与全球升温

全球气温在过去百年中总体呈上升趋势，表现为冷—暖—冷—暖的波动。例如，从20世纪80年代开始，全球温度持续上升，但在1998—2012年间，出现了"全球增温停滞"或称为"全球变暖减缓"现象，即全球增温速率明显减缓。随后，全球温度再次上升。然而大气中的CO_2浓度持续攀升，这表明全球气温与CO_2浓度不是线性关系。

气候敏感度是衡量温室气体浓度与增温关系的关键指标。气候敏感度是指大气中的CO_2浓度从280×10^{-6}增加到560×10^{-6}（即工业革命前浓度的两倍）时，气候系统完全响应并达到新平衡态时，全球地表平均温度的增加幅度。气候敏感度越高，CO_2增加导致的可能增温就越高，这意味着相同升温控制目标下，气候敏感度越高，CO_2 减排任务就越重。可见气候敏感度的大小对制定温室气体减排方案起着重要的调控作用。

根据政府间气候变化专门委员会（IPCC）第六次评估报告，气候敏感度的中值为 3℃，可能范围为 2.5~4℃。据此国际上强调"2℃阈值"下控制温室气体浓度不超过 $450×10^{-6}$。目前大气 CO_2 浓度超过 $410×10^{-6}$，甲烷约为 $1.9×10^{-6}$（相当于 $20.5×10^{-6} CO_2$ 当量），再加上氧化亚氮的浓度，总和已超过 $450×10^{-6} CO_2$ 当量，但目前升温在 1℃ 左右。值得注意的是，气候敏感度强调的是气候系统完全达到平衡后的温升幅度，从海洋热惯性的角度考虑，气候系统完全达到平衡过程需要上千年时间。现阶段国际温控目标是限于 21 世纪内的瞬变增温，不是长期平衡态目标。

工业化以来的人为累积 CO_2 排放和全球地表温升之间呈现近似线性的关系，这种关系被称为"累积 CO_2 排放的瞬态气候响应"（简称为 TCRE）。该指标可定量化描述每排放 10000 亿 tCO_2 引起的全球地表平均温度的变化。IPCC 工作组报告指出，TCRE 的最优估计值为 $0.45℃/10000$ 亿 tCO_2，可能范围是 $0.27~0.63℃/10000$ 亿 tCO_2。

在气候学上，将人为排放温室气体、气溶胶等引起大气层顶部净辐射通量的变化称为强迫。由于温度升高导致气候系统（如海冰、积雪、水汽、云量等）发生一系列的变化，反过来对温升产生的影响称为反馈。气候敏感度描述的是对温室气体辐射强迫的响应，但最终响应的强度（即增温幅度）不仅取决于强迫，还受到各种反馈过程的影响。CO_2 浓度加倍引起的直接辐射活动，在气候系统尚未发生任何反馈的情况下，可根据物理定理计算得到，全球增温大致相当于 1.2℃。

气候系统反馈过程的复杂性，造成了气候敏感度的不确定性。气候系统的反馈过程包括以下几种：

（1）蒸汽反馈　蒸汽是地球上最重要的温室气体，其温室效应最强。温度控制着大气中蒸汽的含量，当地表温度升高时，大气中蒸汽含量增加，吸收更多的长波辐射，导致进一步升温，这一过程为"蒸汽正反馈"。

（2）冰雪反照率反馈　冰雪对太阳短波辐射的反射效应较强。高纬度和高山地区的雪与海冰对气候的变化非常敏感，增温使得冰雪融化，降低地球的反照率，使得地-气系统对太阳辐射的吸收增加，导致进一步升温，该过程称为"冰雪反照率正反馈"。

（3）云反馈　增温背景下，云的响应非常复杂，云量、云高、云粒子大小和云的相态改变都影响大气层顶部的辐射通量。一种云属性的改变可能会存在增温和降温两种效应，即正负反馈效应。例如，云量减少，一方面导致入射短波辐射增加，导致地-气系统增温，造成正反馈；另一方面则会使出射长波辐射增多，导致地-气系统降温，为负反馈。可见，云反馈的净效应难以确定，这造成气候敏感计算的偏差。

此外，其他自然因素造成的影响也不容忽视。例如，火山活动排放大量火山灰，可以到达平流层，形成硫酸盐气溶胶，通过阻挡太阳短波辐射导致全球降温。1991 年 6 月，菲律宾皮纳图博火山爆发，导致全球降温 0.5℃，进入为期两年的"火山冬天"。火山溶胶的气候影响一般持续一两年，近百年来，人们没有发现火山活动存在长期趋势，所以它不会影响全球温度的长期变化规律。

太阳黑子活动的强弱直接影响入射短板辐射量。太阳黑子越多,说明太阳活动越强。近400年来出现过3次太阳黑子活动极小期,分别是1645—1715年的蒙德极小期、1790—1830年的道尔顿极小期和2004年至今的太阳活动极小期。太阳活动弱的时期,通常是寒冷的时期。目前通常认为,中世纪暖期(又称为"中世纪气候异常期")的太阳辐照度偏高、火山活动频率偏低,小冰期则太阳辐照度偏低、火山活动频率偏高。

人类活动排放温室气体是造成工业化以来对流层变暖的主要驱动因素。近十几年来,人类活动导致全球地表增温幅度约为1℃,自然因素导致全球地表温度变化-0.1~0.1℃。只有大幅度减排,才有可能延缓地球变暖的趋势。

3. 全球温控目标

随着全球变暖,大气、海洋、冰冻圈和生物圈正在发生广泛而快速的变化,这些变化通过不同方式影响着全球各个领域。如果全球升温趋势不减,这种影响将进一步增强。增温对全球环境有利有弊,例如,原来严寒区域的气候会变得温和,植被更加茂盛,适合农业种植的面积增加。然而,冰川融化、海平面上升和极端天气事件的增加将对经济社会产生负面影响,特别是对脆弱地区。

20世纪70年代,真锅淑郎利用辐射对流模式首次可靠地预测了大气CO_2浓度加倍后引起的全球变暖程度,这是他2021年获诺贝尔物理学奖的原因之一。从古气候变化历史看,增温本身不一定有灾难性,但如果增温过快,人类没有足够的时间适应,则人类将面临灾难。在目前的条件下,如果增温未达到使格陵兰冰盖出现大规模消融的程度,海平面还不会明显上升,人类是有能力适应的。但是,如果增温导致北半球海冰消失,促使格陵兰冰盖融化,那么全球内的小岛屿国以及沿海低地地区的人们将不可避免地受到灾难性的影响。

(1) 2℃温控目标的形成与发展　1992年,欧盟委员会明确提出了"全球平均温升控制在工业化前水平2℃以内"的目标。随着对气候变化问题研究的深入,温室气体排放导致全球升温的理念深入人心。2004年,英国约克大学的克里斯·托马斯教授在《自然》杂志上发表了一篇文章,指出2℃温升会导致大约24%的物种面临灭绝的风险。这篇论文迅速引起了科学家、经济界和政界对"2℃的温度升幅"的广泛关注。

2009年,193个国家和地区的代表谈判并签署了"哥本哈根协议"。尽管没有在温度升幅与CO_2当量的相关性方面形成定量化的一致意见,但是2℃温度升幅作为控制目标被纳入"哥本哈根协议"。许多岛屿国家和一些不发达国家认为,2℃温控目标不足以避免海平面上升和气候变暖造成的威胁,为此提出以1.5℃作为温控目标。2015年年底,《联合国气候变化框架公约》近200个缔约方一致通过了《巴黎协定》,明确将全球地表平均温度升幅控制在工业化前水平以上2℃之内,并努力将温度升幅限制在1.5℃以内,以降低气候变化所带来的风险与影响。2016年4月,《巴黎协定》成为第一个具有法律效力的全球2℃温控目标国际条约。

(2) 碳排放空间的估算　国际社会设定了温控目标后,面临的重要问题是准确估算未来碳排放空间。准确估算在温控目标下的未来碳排放空间被称为剩余的"未来碳排放空间"。2018年IPCC公布的《全球升温1.5℃特别报告》(SR1.5)指出,2018年后在2℃温控目标下，未来碳排放空间为 11700 亿～15000 亿 tCO_2（50%～67%的概率范围）。2021 年公布的 IPCC 第六次评估报告指出，从 1850 年到 2019 年人类活动已经释放了 23900 亿 tCO_2，若要在 21 世纪末把全球地表平均温度升幅控制在 1.5℃以内，则 2020 年开始的未来碳排放空间是 4000 亿～5000 亿 tCO_2（50%～67%的概率范围）。根据《2020 年全球碳预算报告》，2012—2019 年的实际碳排放量为 3200 亿 tCO_2，平均每年排放约 400 亿 tCO_2。照此速度，剩余的未来碳排放空间将在几十年内耗尽。

（3）1.5℃温控目标的意义与挑战　IPCC《全球升温 1.5℃特别报告》指出，与 2℃温度升幅相比，1.5℃的温度升幅可以减轻陆地、淡水、沿海生态系统所受的负面影响，更好地保护其生态服务功能，降低许多不可逆转的气候变化风险。然而，对于经济基础薄弱、受极端天气影响较大的沿海和小岛屿国家，气候变化带来的风险仍然很大。实现 1.5℃温控目标要求人类社会在能源、土地、城市、基础设施和工业等方面进行前所未有的快速且深入、广泛的变革，并涉及应对气候变化成本损益的复杂分析。如果温度升幅限制在 1.5℃以内，那么到 2030 年，全球 CO_2 排放需比 2010 年下降 45%，并在 2050 年达到净零排放。若温度升幅上限为 2℃，2030 年的减排幅度仅需 20%，净零排放时间可以晚 20 多年。毫无疑问，实现温度升幅控制在 1.5℃以内，对于许多发展中国家，尤其是尚未实现工业化的国家来说，挑战巨大。即便是发达经济体，在短时间内实现如此大规模的转型也是巨大的挑战。

（4）全球减排行动的必要性　在实现 1.5℃和 2℃温控目标的过程中，全球需要采取多方面的减排措施。首先是能源结构的转型，即从化石燃料向可再生能源的过渡。太阳能、风能、水能和生物能等可再生能源的使用需要大规模推广，以减少对煤炭、石油和天然气的依赖。同时，提高能源使用效率和减少能源浪费也是重要的措施。其次是改善土地利用和农业实践。可持续农业、森林保护和恢复，以及减少甲烷排放的农牧业管理措施，都是减少温室气体排放的重要手段。此外，还需积极推进城市基础设施的低碳化，包括交通、建筑和城市规划等方面。发展公共交通、推广电动车、建设节能建筑和智慧城市，都是城市低碳转型的关键。再次是科技创新和国际合作。通过科技创新开发新的减排技术和手段，如碳捕集与封存（CCS）技术、负排放技术等，可以显著减少温室气体排放。在国际合作方面，发达国家应帮助发展中国家提高减排能力，提供资金和技术支持，共同应对全球气候变化的挑战。

（5）公民参与和行为改变　除了政府和企业的行动，公民的参与和行为改变也是实现温控目标的重要部分。公众需要提高对气候变化的认识，积极参与环境保护行动，如节约能源、减少浪费、支持低碳产品和服务等。每个人都可以通过自身的努力，为减缓气候变化做出贡献。

全球温控目标的实现需要多方共同努力。各国政府需制定并执行有效的气候政策，推动经济和社会的绿色转型。企业需承担社会责任，积极采取减排措施，并开发和应用清洁技术。公众需增强环保意识，从日常生活中做起，共同应对气候变化的挑战。

温控目标不仅关系到环境的可持续发展，还涉及全球经济社会的稳定和人类的生存福祉。我们只有在全球范围内携手合作，采取切实有效的行动，才能确保地球的未来更加美好。

1.2 全球各国碳中和路线图

1.2.1 全球碳排放概况

在人类社会早期及农耕时代，化石能源的使用量极为有限，所以与能源消费有关的碳排放量很低。然而，自工业革命以来，全球碳排放量逐渐上升，并且这一趋势在 20 世纪中叶之后变得尤为显著。1950 年，全球碳排放量约为 60 亿 tCO_2。到了 1990 年，全球碳排放量超过 220 亿 tCO_2，至 2020 年，全球碳排放量已超过 348 亿 tCO_2。

1. 不同能源类型的碳排放

在 20 世纪 20 年代以前，石油和天然气消费产生的碳排放量不到全球碳排放总量的 10%。随着石油开采和利用规模的迅速增长，由此产生的碳排放量占比逐年上升。20 世纪 70 年代前后，在美国和欧盟等以石油为主要燃料的工业化大国或地区的推动下，石油消费产生的碳排放量占全球的比例超过 50%，成为全球碳排放的主要来源之一。进入 21 世纪后，随着全球原油价格加速上涨，我国、印度等新兴经济体对煤炭需求骤增，导致来自煤炭的碳排放量持续增长。2005 年后，煤炭碳排放量再次超过石油。2020 年，煤炭、石油和天然气的碳排放量分别占全球碳排放总量的 40%、32% 和 21%。

2. 全球碳排放的国别差异

世界各国的碳排放量存在巨大的差异。长期以来，美国、英国等工业化国家一直是全球碳排放的重要贡献者。1751—1850 年这一百年间，94% 的 CO_2 排放量是由欧洲国家贡献的，其中绝大多数来自英国。直到 1882 年，英国占全球碳排放总量的比例仍超过 50%。19 世纪后半叶，美国逐渐成为最大的工业化国家，其碳排放量也后来居上，并于 1890 年成为碳排放第一大国，这一现象一直持续到 2005 年。20 世纪 70 年代开始，大部分发达国家进入后工业化时代，其高耗能、高排放产业逐渐向外转移，碳排放量开始趋于平稳或下降。只有日本在 20 世纪 70 年代曾出现过短期的大幅上升。

3. 新兴经济体的崛起

进入 20 世纪后期，随着新兴经济体加速发展，全球碳排放格局出现新的态势，发展中国家逐渐成为全球碳排放的重要来源。据统计，2018—2022 年，主要国家（地区）的年碳排放量显示，中国、美国和欧盟位居全球碳排放量的前三位，合计占全球碳排放量的 50% 以上。

表 1-1　2018—2022 年主要国家（地区）年碳排放量（单位：亿 tCO_2）

国家（地区）	2018 年	2019 年	2020 年	2021 年	2022 年	5 年平均
美国	53.78	52.85	47.13	50.32	50.57	50.93
欧盟	30.46	29.10	25.99	28.06	27.62	28.25
法国	3.22	3.24	2.77	3.07	2.98	3.06
德国	7.55	7.02	6.44	6.79	6.66	6.89

(续)

国家（地区）	2018年	2019年	2020年	2021年	2022年	5年平均
意大利	3.50	3.37	3.04	3.37	3.38	3.33
英国	3.80	3.70	3.30	3.48	3.9	3.64
加拿大	5.77	5.77	5.36	5.37	5.48	5.55
日本	11.42	11.07	10.31	10.62	10.54	10.79
俄罗斯	17.13	16.78	15.77	17.12	16.52	16.66
中国	103.54	101.75	106.68	113.36	113.97	107.86
印度	25.93	26.16	24.32	26.74	28.30	26.29
巴西	4.78	4.66	4.67	4.97	4.84	4.78
南非	4.35	4.76	4.52	4.26	4.04	4.39
墨西哥	4.70	4.38	3.57	4.69	5.12	4.49
...						
全球	367.67	367.03	348.07	368.17	371.5	364.49

由表1-1，2022年，主要国家（地区）占全球碳排放量的比例，中国约占30.68%，其次是美国和欧盟。

4. 历史累计排放量及人均排放

在历史累计排放量方面，美国、欧盟等发达国家（地区）是主要贡献者。对1850—2020年主要国家（地区）的历史累计排放量进行比较，美国占比最大，约为全球的24.5%，其次为欧盟，约为17.1%。这表明发达国家（地区）是全球大气CO_2浓度增加的主要贡献者。若比较1850—2020年主要国家（地区）人均累计碳排放量，美国和英国分别以2199tCO_2和1582tCO_2位居全球前两位。

虽然我国的碳排放总量已经位居全球首位，但人均累计碳排放量仅为190tCO_2，只有全球平均水平的47.2%，不到美国的十分之一。这反映出我国在工业化进程中积累的碳排放量相对较低。

5. 居民消费碳排放量的差异

各国居民消费碳排放量也存在显著差异。2019年，美国、加拿大、英国等主要发达国家居民消费的人均碳排放量为4.44~15.36tCO_2，而中国居民消费的人均碳排放量约为2.67tCO_2，仅为主要发达国家的17%~60%。这表明发达国家的生活方式和消费模式对碳排放的贡献较大。

全球碳排放量的历史演变及国别差异反映了工业化进程和经济发展的不同阶段。工业化国家在历史上积累了大量的碳排放，当前仍需承担减排的主要责任。新兴经济体在快速发展的同时，也需要采取有效措施控制碳排放，避免重蹈工业化国家的覆辙。未来，各国需要共同努力，通过国际合作、科技创新和政策引导，实现全球碳排放的持续减少。只有通过全球协作和共同努力,才能有效应对气候变化,保护地球的生态环境,确保人类社会的可持续发展。

1.2.2 主要国家的碳中和目标与措施

碳中和已经成为世界潮流。截至2021年12月,全球已有135个国家和欧盟地区承诺碳中和。在承诺形式上,13个国家完成了正式立法,30个国家写入了政策文件,16个国家采用声明形式,70多个国家处在提议阶段。在承诺碳中和的国家中,除加拿大和韩国外,英国、德国、法国等主要发达国家都已实现碳达峰,正处在碳排放总量降低阶段,实现碳中和压力相对较小、时间窗口较长。这些国家承诺实现碳中和时间集中在2040年、2045年、2050年。在发展中国家中,中国、印度、巴西、南非、印度尼西亚、阿根廷和俄罗斯等国家均已承诺碳中和目标,其中巴西和俄罗斯已经跨越碳排放峰值,中国、印度等国家还没实现碳排放达峰,面临着低碳转型与经济发展的双重压力。马尔代夫等5个发展中国家承诺2030年实现碳中和,其碳中和时间甚至早于发达国家,展示出极为积极的应对气候变化态度;最晚的为印度,其提出2070年实现碳中和;其余国家的实现碳中和时间为2040年、2045年、2050年、2053年、2060年,其中大部分集中在2050年。

1. 美国及主要州的碳中和目标与措施

美国政府应对气候变化的政策是不连续的。1997年,在日本京都,包括美国在内的多国就发达国家减少温室气体排放达成协议《京都议定书》,但在2001年,美国政府以"减小温室气体排放会影响美国经济发展"和"发展中国家也应该承担减排和限排温室气体的任务"为由,宣布单方面退出《京都议定书》。2017年,美国宣布退出《巴黎协定》。2021年11月,美国发布《迈向2050年净零排放的长期战略》,公布了实现2050年碳中和目标的时间节点和技术路径,包括2030年温室气体排放比2050年下降50%~52%;2035年实现100%清洁电力目标;2050年实现净零排放目标。

针对碳中和目标,美国采取了相应的技术措施、行政措施和财税措施。

1)技术措施方面,美国在2020年发布的《清洁能源革命和环境正义计划》将液体燃料、低碳交通等列为重点方向。例如,美国开始研制新的飞机可持续燃料,对飞机技术和空中交通管制进行优化创新。同时加大对电池储能、建筑材料、可再生能源、绿色氢能和先进核能领域的研发投入。美国加快碳搜集、利用与封存(CCUS)技术的开发和部署,资助工业碳捕集技术前端工艺设计研究,以及燃烧后碳捕集的工程规模测试等。美国国家科学院、美国国家工程院和美国国家医学科学院联合发表的《负排放技术和可靠碳封存:研究议程》提出,为实现气候和经济增长的目标,从大气中去除和封存CO_2的负排放技术需要再减缓气候变化方面发挥重要作用,并提出两类研究议程,对生物燃料和CO_2封存进行研究,即专门推进负排放技术的项目,以及作为减排研究组合的一部分。

2)在行政措施方面,美国建立了多层次的气候政策协调组织机制。2021年2月,美国政府宣布组建气候创新工作组,该工作组作为国家气候工作组的一部分,旨在协调和加强联邦政府培育可以帮助实现2050年净零排放的新技术。通过行政令来调整碳排放标准、发布对新能源产业的激励措施等,落实应对气候变化政策。例如,美国提出力争到2030年美国售出的所有新车中有一半是零排放汽车，命令联邦机构购买零排放电力汽车，将政府近65万辆用车全部换成自产的清洁电动汽车，并对传统能源产业进行限制和引导，控制其碳排放，推动建立关于煤电产业与经济振兴的跨部门工作组，帮助传统能源产业部门转型。作为美国第一经济大州，加利福尼亚州以行政令明确2045年实现碳中和，大力支持交通运输清洁转型，发展零碳排放汽车、清洁发电等。

3）在财税措施方面，美国制定一系列发展清洁能源、节能降耗、鼓励消费者使用节能设备和购买节能建筑方面的财税政策，利用补贴和减税措施激励能源使用效率的提高。美国财政部和国税局发布碳捕集与封存（Carbon Capture and Storage，简称为CCS）税收优惠政策。按照捕集和封存的碳氧化物数量计算抵免额，允许纳税人从企业所得税应纳税额中抵免。《美国21世纪中期深度脱碳战略》提出了支持生态碳汇方面的政策、创新与研究，加强对生态碳汇的激励措施、完善土地部门的碳激励措施，按照绩效付费或基于市场的付款，土地所有者根据他们可以固存的碳量获得补偿，在某些情况下会产生可交易的碳信用额。在芝加哥成立了世界第一个独立的、可核查的具有法律约束力的温室气体减排交易平台。企业自愿加入一个由第三方认证的强制减排系统，并签订具有法律约束力的减排目标建议，形成独特的自愿性质的总量限制交易体系。

2. 德国、英国、法国碳中和目标与措施

欧盟在世界低碳转型方面一直非常积极，走在全球前列。2019年，欧盟发布《欧洲绿色新政》，提出将在2030年将温室气体排放量降低到1990年水平的50%，并努力提高到55%，到2050年实现气候中和目标。具体包括，德国提出2045年实现净零排放；英国提出到2050年实现温室气体净零排放，到2035年，碳排放量同1990年的水平相比将减少78%，并首次将国际航空和航运排放纳入预算管理。法国政府提出2050年实现碳中和。

德国聚焦太阳能、风能、生物质能、地热能、水力和海洋能等可再生能源，推动可再生资源技术的研发、示范应用和产业发展。其跨部门研究计划《氢技术2030》将氢能相关关键技术进行战略性捆绑，改善政策条件，培育氢能转化为其他能源的相关技术，重视高性能制氢电解槽批量生产，加快氢能创新。从2020年起，德国政府资助了四个新的电池研究能力集群，重点聚焦电池的生产、使用、回收及质量保证等未来重要主题。同时成立了独立的跨学科气候问题专家委员会，明确建筑、能源、工业、运输、农林等重点减排部门在2020—2030年的刚性年度减排目标，并规定了各部门减排措施、减排目标调整、减排效果定期评估的法律机制。德国注重对森林和木材使用的保护及可持续管理，注重农业能源效率、耕地腐殖质的保存和形成、永久草原的保护等，以提高生态系统碳汇能力。此外，德国还综合应用财税、金融等政策推动能源转型，积极发展碳排放权交易市场，对居民绿色生活方式进行补贴，并且陆续颁布了一系列应对气候变化的法律法规，如《气候保护法》《可再生能源法》等。

英国是全球首个将碳减排目标写入法律的国家，成立了全球首家绿色投资银行和最早的碳排放权交易市场，相继制定了能源法、规划法、气候变化法等法律法规，构筑了实施低碳发展战略和加速低碳经济转型的制度基石。2020年，英国发布《绿色工业革命十项计划》，支持包括海上风电、氢能、核能、电动汽车、绿色公共交通、零排放喷气式飞机、绿色建筑、CCUS、自然环境、绿色金融与创新 10 个重点领域的绿色技术开发。2021 年，通过了《工业脱碳挑战》计划，提出向 9 个项目投入 1.71 亿英镑（约 15.19 亿元人民币，按 2021 年度平均汇率 1 英镑 = 8.8802 元人民币进行换算），启动 3 个海上 CCUS 以及 6 个陆上碳捕集或氢燃料转化项目，支持开发减少重工业和能源密集型工业碳足迹的技术。英国计划到 2030 年创建 4 个 CCUS 集群，引领全球 CCUS 技术发展。研发下一代小型模块化反应堆和先进模块化反应堆，使核能发展成为可靠的低碳电力来源。此外，英国还设立了气候变化委员会，制定减排方案并监督实施，推动低碳转型与清洁增长计划，启动了交通脱碳计划，实施退煤行动。

法国在开展预算和环境影响分析方面采取积极措施，支持以绿色氢能为代表的可再生能源，支持核能产业改造和可再生材料回收、生物燃料产品等绿色关键技术，支持绿色交通，提出在炼油、化工、电子和食品等行业使用无碳氢能，推广 CCUS 技术，逐步实现工业脱碳。同时，成立了气候高级委员会、制订专项气候计划、保障森林和农业生态系统绿色发展。国家重大投资计划以低碳转型为重点，深化碳预算制度改革，逐步提高碳定价机制的影响；实施预算环境影响评估，促进预算向绿色低碳倾斜；以补贴、税收、金融等工具促进清洁能源使用和温室气体减排。

3. 日本碳中和目标与措施

日本高度重视立法推动和保障碳中和工作。2020 年 12 月，日本推出了《2050 年碳中和绿色增长战略》，构建了 2050 年实现碳中和目标的进度表，提出建设"零碳社会"。日本注重氢和新兴领域基础技术与使用技术，重点研发氢还原制铁技术、氢制造塑料原料的技术、新型燃料电池技术等高温热源氢制造技术，开展燃氢轮机发电机技术示范；将海上风电置于可再生能源规划的重要位置，发展汽车、航空产业低碳技术、发展节能与资源回收技术。

日本以促进能源与工业转型作为减排的主要途径，制订各领域转型发展的具体实施计划。在能源领域，以可再生能源为主、核能为辅，重点扶持氢能、氨燃料发展，并根据未来能源发展总体需求，对可再生能源（特别是海上风电）、氢能、氨燃料、核能做出详细规划。在制造业和运输业发展方面，强化半导体和新能源车等领域技术创新能力，维持汽车和半导体领域的优势地位；同时强调利用技术和产品质量优势，以及与发展中国家开展项目合作方面的既有机制，提升低碳领域国际话语权。日本政府从加大资金支持、推动转型金融发展和促进金融创新等三个方面促进绿色金融，制定税收优惠政策，引导民间投资转向脱碳行业，积极推进中央层面和地方层面碳交易市场，并把国际市场作为国内碳交易体系的重要补充。借助国际碳交易市场，日本不仅购买了大量的碳排放配额，还确立了双边抵消机制。

4. 印度、巴西碳中和目标与措施

印度是世界第三大温室气体排放国，其电力的 70% 来自煤炭发电。2021 年 11 月，印度总理莫迪在第 26 届联合国气候变化大会上提出印度将在 2070 年实现碳中和目标，并明确了 2030 年碳减排的阶段性目标，即 2030 年年底，非化石燃料发电产能目标将提高到 500GW，50% 的电力来自可再生能源。

印度在《气候变化国家行动计划》中提出重点研发先进的超临界技术、IGCC 技术及 CCUS 技术等，以大幅减少煤电的 CO_2 排放量；以太阳能及其与电网的整合、可持续和负担

得起的生物燃料为重点研发清洁能源，吸引全球企业在印度研发太阳能光伏、锂电池、太阳能充电基础设施和其他先进技术。推动氢能源技术开发和应用，重点支持生物质气化、生物技术路线和电解槽生产氢气的大型研发项目，以及氢储存、安全和内燃机应用方面的项目。同时建立了气候变化问题领导机构，制定了清洁煤炭政策保障电力供应，实施可再生能源配额制。在财税措施方面，制定了支持新能源项目的煤炭税，将其用于国家清洁能源基金、资助清洁能源项目，以及安全饮水、卫生设施建设、河流修复以及植树造林等。此外，还推出了碳金融衍生品交易。

作为拉丁美洲的主要经济体，巴西政府早在2009年12月就颁布了《国家气候变化政策法》，明确规定了国家气候变化政策的原则、目标和政策工具，提出力争于2060年实现碳中和，其阶段性目标包括：到2025年实现年排放量较2005年水平下降37%，到2030年较2005年水平下降43%；2030年全面禁止非法毁林，重新造林1200万hm^2，将可再生能源的比例提升至45%。

巴西成立了由总统府负责的气候变化部际委员会，声明气候变化已经"从技术和科学层面转向了与国家发展政策相关联的战略层面"。在《国家能源计划2050》中，系统阐述了巴西促进能源转型的长期战略，为此加强了对能源生产供应链技术开发与创新的资助，强调大量发展水电、风能、太阳能、生物质能、核能等清洁能源技术，强调能源生产与应用的数字化转型、智能电网行管技术的开发、能源的安全储存与传输技术，以提高能源的生产和使用效率。巴西政府鼓励发展可再生能源，尤其生物燃料，强调继续提高生物乙醇、生物甲烷的开发利用水平，注重提高生物精炼技术，开发木质纤维素乙醇和用于航空的生物煤油。巴西政府在所有发电、输电和配电的特许、许可及授权合同中，制定了强制性研发条款，规定电力行业公司每年必须将一定百分比的净营业收入用于技术研发项目，如能源生产和运输公司为1%。能源分销商为0.5%，同时加大执法力度打击毁林活动，通过税收推动低碳可持续发展，建立基金加强森林保护。

1.2.3 国际合作与共同行动

全球主要国家积极响应碳中和趋势，重视碳中和战略的顶层设计，加强立法保障，并根据各自的经济发展阶段、资源禀赋和技术基础，制定多方面的政策措施，形成相对系统的碳中和政策体系。截至2023年9月，已有150多个国家做出碳中和承诺，覆盖全球80%以上的CO_2排放量、GDP和人口。其中，全球86%的国家碳排放强度已开始下降。具体表现在以下几点：

1）制定相对系统的碳中和政策措施，是全球主要国家的共同做法。各国在相关法律中明确碳中和目标，制定宏观战略，建立应对气候变化的协调机制，统一协调相关部门和政策。考虑到碳中和变革的系统性，我国加强了政策统筹协调，推进碳中和的顶层设计和立法保障，策划经济社会全面绿色低碳转型的时间表、路线图和优先顺序，强化碳排放控制，提供稳定连贯的制度保证和行动指引。

2）重视技术驱动的碳中和路径和政策设计，是国际上主要国家的普遍做法。技术创新及其商业化是碳中和战略的核心。主要国家大幅投资低碳、零碳和负碳技术的研发与创新，并推动碳中和相关技术标准的国际化。我国重点发展可再生能源、传统能源的清洁化利用、氢能及储能等技术革新，围绕创新链部署产业链，制定相关政策措施，确保目标实现。同时，制定碳中和技术创新国际化战略，促进绿色低碳技术研发的国际合作。

3）碳市场、税收及碳金融等成为各国推动碳中和目标实现的重点制度。碳市场、税收及碳金融政策是推动碳中和目标实现的关键手段。财税政策和市场机制能够有效降低实现碳中和的社会经济成本，吸引私人投资开发和应用低碳、零碳技术。我国应追求更高成本效率的碳达峰、碳中和实现方式，完善碳中和财税制度，加大低碳、零碳、负碳技术研发的税收减免力度，优化新能源补贴政策，加快碳市场建设，形成具有成本效益的碳中和路径。

4）在中央政府主导下，区域和地方政府的自主行动也在减少温室气体排放、推动低碳创新、建立碳排放交易市场等方面发挥了补充作用。我国通过完善激励引导机制，发挥地方政府在碳达峰、碳中和方面的积极作用，并推动非国家主体之间的合作，鼓励地方政府之间加强碳中和合作，实现碳中和伙伴城市计划。

全球碳中和目标的实现需要各国的共同努力和国际合作。通过顶层设计、技术创新、市场机制和多方协作，全球主要国家正在朝着碳中和目标迈进。我国也结合自身实际，借鉴国际经验，制定和实施有效的碳中和政策，实现经济社会的绿色低碳转型，共同应对气候变化挑战。

1.3 我国碳中和的挑战与机遇

1.3.1 我国碳排放现状与挑战

由于经济的快速增长，我国碳排放经历了快速增长阶段。在1990年，我国与能源有关的CO_2排放量为22亿t，约占世界总量的10%，而当年美国CO_2排放量超过50亿t，接近世界总量的25%。到2019年，我国与能源有关的CO_2排放量增至近100亿t，几乎是1990年的4倍，而美国同期碳排放量只增加了5%。2008年，我国超过美国，成为世界最大碳排放国。1990年，我国人均碳排放量还不到世界平均水平的一半。但到了2007年，我国人均碳排放量超过世界平均水平，迅速接近欧盟的水平。2023年，发达经济体的碳排放量下降了5.2亿t，现在又回到了50年前的水平。我国的碳排放量增长了约5.65亿t，贡献了2023年约1/3的碳排放增长，是迄今为止全球最大的增幅，也是我国碳排放密集型经济增长的延续。目前，我国的人均排放量比发达经济体高出15%。

尽管碳排放总量持续增加，但自2005年以来，我国碳排放增长速率有所下降。政府出台的几项不同政策在降低碳排放增长速率方面发挥了至关重要的作用。各主要领域的能源利用效率在不断提升，现在仅需不到290g燃煤，就能生产1kW·h的电力。我国的燃煤电站目前在能源利用效率方面处于全球领先地位，所有电厂的全国平均能源利用效率上升至世界最优行列。

此外，可再生能源的发展也是我国碳排放量增长速率减缓的重要原因之一。我国目前在可再生能源投资方面处于世界领先地位，占世界总投资的25%以上。2005年，我国光伏发电总装机量为700MW，到2023年年底，光伏发电装机容量已超过610GW，18年来增长约870倍。

我国作为世界上最大的发展中国家与全球第二大经济体，一直在全球气候治理中扮演积极角色。2020年9月22日国家主席习近平在第七十五届联合国大会一般性辩论上发表重要讲话时宣布，中国将提高国家自主贡献力度，采取更加有力的政策和措施，CO_2排放力争于2030年前达到峰值，努力争取2060年前实现碳中和（又称"双碳"目标）。

自改革开放以来，我国经济快速发展，伴随着能源需求急剧增加，导致了碳排放量的显著增长。近年来，我国在应对气候变化、控制碳排放方面展现出了前所未有的决心和行动力，通过一系列政策和技术创新，努力实现经济发展与环境保护的双赢。

1.3.2 我国碳中和的路径分析

无论是碳中和目标的提出，还是经济社会发展的要求，本质上都服务于人类高质量发展的最终目的。因此，实现碳中和与发展经济之间不存在矛盾。正确认识排放权与发展权之间的辩证统一关系，是我国碳中和方案坚持的首要理念。

一方面，要清醒地认识到在当前的产业结构与技术格局下，我国经济发展需要一定量的排放，不能忽略经济发展的现实要求，盲目做出碳中和承诺。另一方面，要充分利用碳中和目标倒逼我国高碳经济向低碳经济的转变，推动经济发展由资源驱动型向技术驱动型转变。通过推广碳中和观念和增强责任感，以经济发展方式的转变作为国内经济高质量增长与碳中和实现的主要动力。

1. 政府和市场的双轮驱动

在碳中和的推进过程中，政府起到了至关重要的导向作用。同时，政府需要避免将碳中和形式化，避免一刀切、齐步走、层层分解等现象。相反，政府应在认清市场机制的基础上尊重市场规律，以市场为主体，采用科学评价、循序渐进的方式推进碳中和。在碳中和的实现过程中，碳价格和碳交易是政府与市场强有力的结合点，也是维系政府与市场联系的重要纽带。中国全国碳排放权交易市场已在2018年正式启动，未来随着碳市场机制日渐成熟，碳价格会更好地反映企业活动的外部性，对企业排放行为形成有效约束，使企业承担起相应的社会责任。

2. 碳中和路径优化

减排与增汇的双重发力：在当前碳中和路径优化中，减排与增汇是实现碳中和的两个着力点。从减排出发，碳中和主要涉及能源结构调整、工业流程再造两大方向；从增汇出发，碳中和主要涉及CCUS及人工碳汇、生态碳汇两大方向（图1-1）。

具体到行业层面，减排领域主要涉及交通部门、建筑领域、工业领域用能从化石能源向非化石能源的转型。其中，交通部门主要是大力发展电动汽车、氢能汽车等；建筑领域是地热取暖、制冷、太阳能发电等；工业领域是钢铁、水泥生产的工业流程再造。增汇主要分为人工增汇和生态增汇两大部分。在当前碳中和路径设计中，初步分析各个领域的减碳潜力之后，一般以总成本最小为目标，以各行业部门资源、技术、经济的投入产出为约束条件，在考虑污染与排放等外部指标的情况下，综合规划碳中和目标下各行业的减排路径。需要特别指出：各行业的发展规模、技术水平、资本市场等存在时空分布差异，排放约束、技术经济等边界条件也因时间和地区的不同而不同，故在碳中和路径优化汇总须充分考虑不同的时空分布特征，因地、因时地定义转型路径，才能为碳中和目标的实现提出更贴合实际的参考。

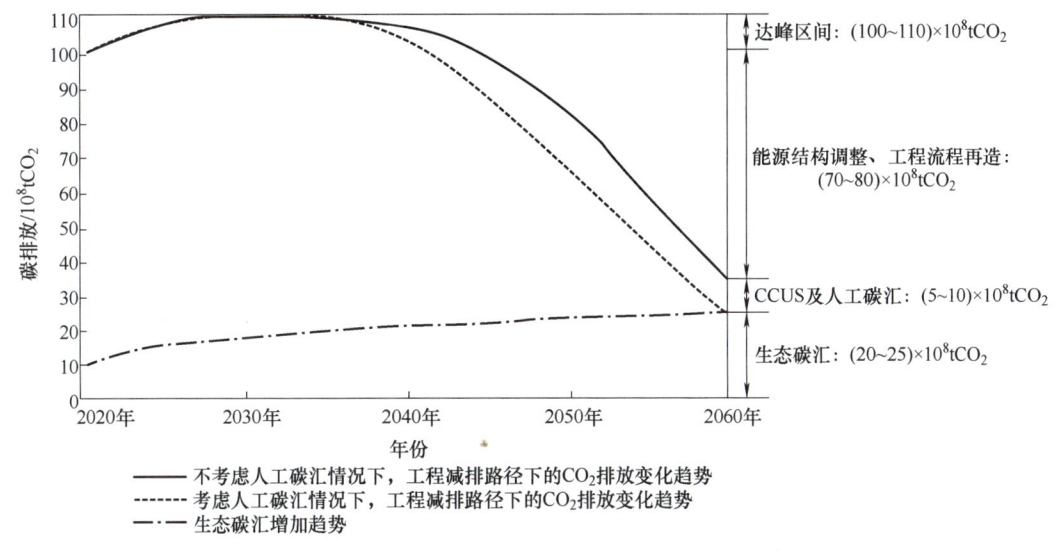

图 1-1　实现碳达峰、碳中和路径的中国 CO_2 排放趋势

对实现碳中和最为关键的能源转型领域，应重点考虑如下趋势：供给侧的低碳化，消费侧的电气化、氢能化、综合减排的数字化和智能化，以及最终推动能源转型的市场化。

1）低碳化是指能源类型从传统化石能源向清洁能源转变。预计到 2060 年，太阳能发电量、风能发电量、天然气发电量、水力发电量、核能发电量将稳步增长，煤炭发电量将逐步下降，从而实现 2060 年能源系统以可再生能源为主的目标。同时，电力系统可再生能源比例越高，其稳定性越差，因此储能设备的发展及电力系统灵活性改造将影响系统可容纳的可再生能源量。

2）电气化是指消费侧主要能源载体由煤、油、气等能源品类转变为电力。现阶段多数碳中和路径预期 2050 年终端电能消费量超过 60%，其中工业领域再电气化率超过 50%，交通领域超过 50%，建筑领域超过 60%。

3）氢能化是指氢在二次能源消费，尤其是燃料消费中推广。当前重型、长途运输和大功率工程机械的大规模电气化仍受技术水平制约，故为减少化石能源消费，需要发展氢能作为燃料。氢燃料的制取、储存、运输均比传统化石燃料的成本高，所以需要在合理产业布局下，完善氢能技术路线配套的基础设施。

4）数字化和智能化是指在能源的开发、储运、加工、转换与利用中的数字化、智能化管理。数字化指的是对数据进行储存、收集和管理，智能化则是通过机器学习和数据挖掘在决策、管理和规划中走向智能。无论是智能油田、智能煤矿、智能风光等能源生产的智能化，还是电网、热网、天然气管网等能源运输的智能化，以及智慧家居、智能工厂、智能交通等终端用能的智能化，本质上都是数字技术与能源有机融合促进能源系统转型的有效手段。

5）市场化是指以市场作为主要条件手段，管理能源系统的供需两侧。当前主要集中体现在电力市场化上，电力市场化通过改变电力定价机制改变居民和企业的用电行为，促进能源节约，推进可再生能源并网，推动能源系统减排目标的实现。

在面向碳中和的能源转型中，应以推进"五化"为抓手，推进清洁、高效、可靠、低碳的能源供给，这不仅有助于提升我国在全球气候治理中的地位，也将为全球绿色发展贡献中国智慧。

习题与思考题

1. 什么是碳中和？
2. 如何理解自然过程固碳和人为过程固碳？
3. 什么是碳库？碳库可分为哪些类型？
4. 什么是温室效应？温室效应对地球气候的影响包括哪些方面？
5. 如何理解人类活动是工业革命以来造成大气温室气体浓度增加的主要原因？
6. 全球温控目标是什么？确定温控目标的依据有哪些？
7. 请阐述全球主要国家的碳中和政策体系的共同点和侧重点。
8. 世界各国的碳排放量存在哪些明显差异？
9. 我国碳排放经历了哪些阶段？各阶段有哪些典型特征？
10. 如何理解碳中和路径优化中减排与增汇的作用？
11. 实现碳中和关键的领域是指什么？

第2章 碳捕集、利用与封存（CCUS）

2.1 概述

2.1.1 概念及技术环节

碳捕集与封存（Carbon Capture and Storage，简称为 CCS）是指将从火电厂、水泥厂、化工厂和钢铁厂等排放产生的或大气中的 CO_2 分离并收集起来，通过专门管道将 CO_2 运输至特定存储地点，例如通过注入岩层深处进行永久封存，使之长期与空气隔绝的过程。碳捕集、利用与封存（Carbon Capture，Utilization and Storage，简称为 CCUS）是指对捕集的 CO_2 再利用，它是一种非常有前景的应对气候变化的技术体系。CCUS 主要包括四大环节，分别是 CO_2 捕集、CO_2 运输、CO_2 利用和 CO_2 封存，CCUS 的主要技术构成与主要过程如图 2-1 所示。

碳捕集利用与封存的主要环节

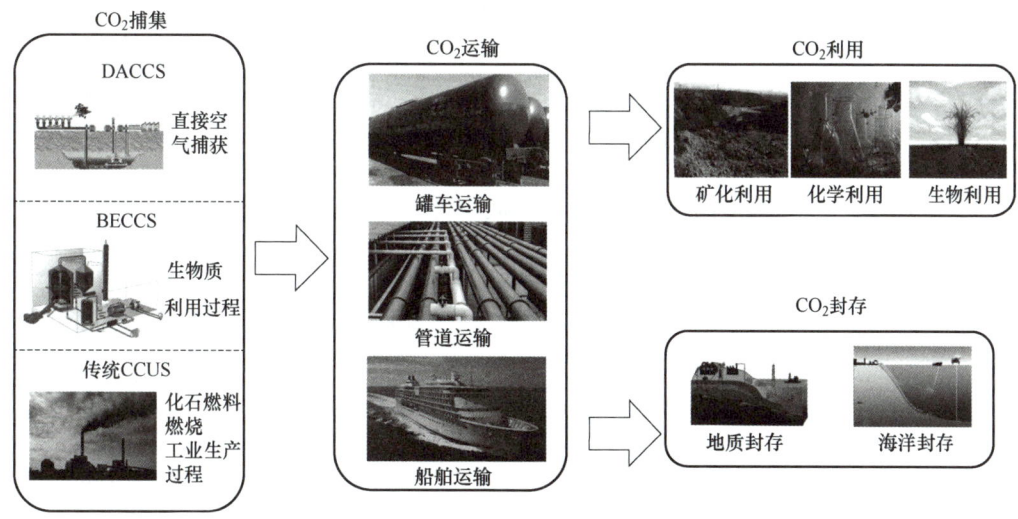

图 2-1 CCUS 的主要技术构成与主要过程

CCUS四大环节的基本特征如下：

1. CO_2 捕集

CO_2 捕集是CCUS的首要步骤，是防止大量 CO_2 释放到空气中的一套技术手段。碳捕集指从工业生产过程、能源利用过程中或者直接从空气中将 CO_2 分离出来的过程，传统的方式主要有燃烧前 CO_2 捕集、燃烧后 CO_2 捕集、富氧燃烧。

燃烧前 CO_2 捕集是指在燃烧前将燃料转化为氢气和 CO_2 的气体混合物，其中氢气被分离出来，可以在不产生任何 CO_2 的情况下燃烧，而 CO_2 则被压缩，用于运输和存储，如图2-2所示。通常所说的燃烧前 CO_2 捕集是指基于煤气化或整体煤气化联合循环（Integrated Gasification Combined Cycle，简称为IGCC）的燃烧前 CO_2 捕集技术。燃烧前 CO_2 捕集过程所需的燃料转换步骤比燃烧后涉及的 CO_2 捕集过程更加复杂，因此，燃烧前 CO_2 捕集技术应用比较困难。

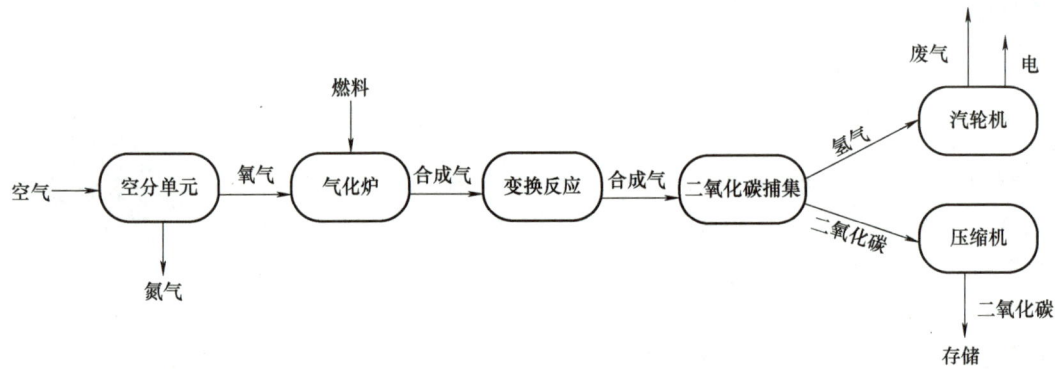

图2-2　燃烧前 CO_2 捕集示意图

燃烧后 CO_2 捕集是指将 CO_2 从燃烧后产生的氮气、氧气和蒸汽等不可燃气体中分离出来，这些气体主要来自工业过程释放的烟道气，利用液体溶剂或其他分离技术捕集 CO_2，如图2-3所示。由于混合气体的常压和低浓度特性，燃烧后 CO_2 捕集的成本一般高于燃烧前 CO_2 捕集，但常压设备投资和维护成本较低。在基于吸收的方法中，CO_2 被吸收后，通过加热可以释放产生高纯度的 CO_2 气流，该技术已经被广泛应用于捕集 CO_2 并用于食品和饮料行业。

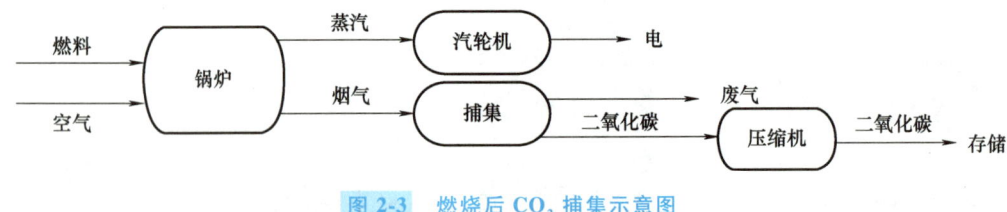

图2-3　燃烧后 CO_2 捕集示意图

富氧燃烧是指使用氧气而不是空气来燃烧燃料，这样燃烧产生的主要是蒸汽和 CO_2，便可以较容易地分离出高纯度的 CO_2，减少 CO_2 和空气中氮气等惰性气体的分离难度和能耗。其中氧气是利用工业级的空分装置获得的，CO_2 是通过烟气循环的方式从锅炉排放的烟气中获得的，通过不断的 CO_2 循环和富集使烟气中的 CO_2 浓度不断提高，从而便于 CO_2 的压缩和分离，这种方式具有成本低、易于规模化、适于存量机组改造等优点。富氧燃烧过程示意图如图 2-4 所示。

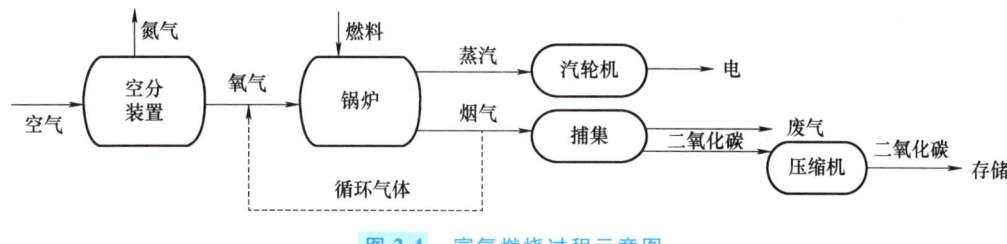

图 2-4 富氧燃烧过程示意图

此外，化学链捕集正处于不断研究和完善的过程中。化学链捕集是指借助载氧体，使燃料无须与空气接触，燃烧产物只有 CO_2 和水，经冷凝后可以直接回收 CO_2，不需要额外的分离装置。化学链捕集系统由空分装置、燃料反应器和载氧体组成，其中载氧体由金属氧化物与载体组成，金属氧化物真正参与反应传递氧，而载体是承载金属氧化物并提高化学反应特性的物质。化学链捕集过程示意图如图 2-5 所示。

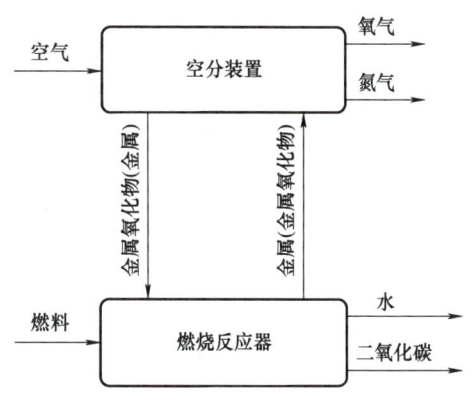

图 2-5 化学链捕集过程示意图

2. CO_2 运输

将 CO_2 从捕集的地点运输到存储地点是 CCUS 过程的重要环节。目前全世界已经有数百万公里的管道运输各类气体，管道运输也是大规模运输 CO_2 的最常用方式。通过汽车和铁路来运输小规模的 CO_2 也是可行的，可以使用罐车将 CO_2 从其捕获地点运输到附近的封存地点，随着未来 CCUS 需要运输的 CO_2 规模增加，汽车和铁路运输将会面临挑战。此外，对一些地区和特定需求，船舶运输也是一种重要运输方式。

3. CO_2 利用

CO_2 利用是指利用各种技术手段将捕集到的 CO_2 进行资源化利用的过程，利用方式主要包括矿化利用、生物利用和化学利用等。矿化利用通常是指将 CO_2 注入地下，以实现强化能源生产、促进资源开发的过程，如提高石油、天然气的采收率，开采地热、深部咸（卤）水和铀矿等；生物利用是指植物通过光合作用吸收利用 CO_2；化学利用是指将 CO_2 作为原料，与其他物质发生化学反应，生产出有价值的化工产品。

4. CO_2 封存

CO_2 地质封存是指利用各种技术手段，将从工业过程捕集的 CO_2 注入地下深部岩层，从而使其与大气永久隔绝的过程。CO_2 地质封存的主要类型如下：

（1）咸水层封存 CO_2　咸水层是指含有大量地下盐水溶液的岩层，它分布广泛。从陆地

或海底将 CO_2 注入深部咸水层，CO_2 将溶解于咸水层或者与咸水层发生化学反应，通过这种方式可以永久封存 CO_2。

（2）深部不可开采煤层封存 CO_2　将 CO_2 注入深部不可开采煤层可以置换出煤层气，利用煤的吸附特性实现 CO_2 的封存。

（3）废弃油气藏封存 CO_2　将 CO_2 注入具有封存条件的枯竭油气田以驱油或者驱气的方式提高原油采收率，同时可多次回收循环注入随原油采出的 CO_2，实现 CO_2 的永久封存。

此外，CO_2 海洋封存是指通过海洋将 CO_2 存储到地质构造中，实现其与大气长期隔绝。BECCS 和 DACCS 作为重要的负碳技术，受到越来越广泛的关注。BECCS 是指对生物质燃烧或转化过程中产生的 CO_2 进行捕集、利用或封存的过程，DACCS 是指直接从大气中捕集 CO_2，并将其利用或封存的过程。

2.1.2　国内外 CCUS 发展概况

1. 国际 CCUS 发展概况

《巴黎协定》提出要将全球平均气温较前工业化时期的上升幅度控制在 2℃ 以内，并努力限制在 1.5℃ 之内。CCUS（含 CCS）是应对气候变化问题的有效技术手段之一，也是有效大幅减少电力和工业 CO_2 排放的技术，是化石能源低碳利用的重要技术。如果没有 CCUS，在绝大多数气候模式下难以实现减排目标，减排成本将会成倍增加。CCUS 技术不仅在控制化石燃料燃烧 CO_2 排放上起着关键作用，而且可以大幅降低很多工业生产过程中的直接 CO_2 排放。

近年，全球范围内 CCUS 示范项目的数量和规模不断增加和扩大。全球 CCS 研究所（Global CCS Institute）统计的 CCS 2020 年全球现状数据显示，截至 2020 年年底，全球范围内，处于运行阶段的大规模 CCUS 项目共有 28 个，其中美国有 14 个，加拿大有 4 个，中国有 3 个，挪威有 2 个，巴西、沙特阿拉伯、阿拉伯联合酋长国、卡塔尔、澳大利亚各有 1 个。表 2-1 显示了国外部分已投运的 CCUS 项目。

表 2-1　国外部分已投运的 CCUS 项目

项目名称	所在地	工业类型	捕集规模/(10^4 t/a)	封存/利用方式	运行年份
Terrell	美国得克萨斯州	天然气加工	40~50	EOR	1972
Enid	美国俄克拉何马州	化肥生产	70	EOR	1982
Shute Creek	美国怀俄明州	天然气加工	700	EOR	1986
Sleipner	挪威	天然气加工	90	咸水层	1996
Val Verde	美国得克萨斯州	天然气加工	130	EOR	1998
Weyburn	美国、加拿大	煤气化	100	EOR	2000
Snohvit	挪威	天然气加工	70	咸水层	2008
Century	美国得克萨斯州	天然气加工	840	EOR	2010

（续）

项目名称	所在地	工业类型	捕集规模/ (10^4 t/a)	封存/利用方式	运行年份
Coffeynille	美国堪萨斯州	化肥厂	80	EOR	2013
Boundary Dam	加拿大	燃煤电厂	100	EOR/咸水层	2014
Uthmaniyah	沙特阿拉伯	天然气加工	80	EOR	2015
Quset	加拿大	甲烷重整	110	咸水层	2015
Kemper	美国密西西比州	燃煤电厂	340	EOR	2016
Gorgon	澳大利亚	天然气加工	400	咸水层	2016
占小牧CCS示范项目	日本	氢气产品	10	咸水层	2016
Petra Nova	美国得克萨斯州	发电行业	140	EOR	2017
Great Plains Synfuels Plant and Weyburn Midale	美国北达科他州	合成天然气	300	EOR	2000
Alberta Carbon Trunk Line（ACTL）with Agrium CO_2 Stream	加拿大艾伯塔省	化肥厂	30~60	EOR	2020

注：EOR是指强化采油（Enhance Oil Recovery）。

全球范围内在运行的主要大型CCUS示范项目中，有26个项目的碳捕集类型为工业分离，主要是天然气处理、化肥生产等行业，仅有2个CCUS项目是电力行业的燃烧后CO_2捕集。对于工业分离过程来说，工艺过程中可能包含CO_2脱除工序，可以减少额外投入，降低捕集成本，有利于CCUS的开展。全球一些大规模CCUS项目处于在建或开发阶段，其中燃烧后CO_2捕集项目有所增加。大部分碳封存利用项目为专用地质封存，CO_2-EOR已成为比较成熟的CO_2封存利用方式。

2. 我国CCUS发展概况

发展CCUS是实现"双碳"目标的重要手段和关键技术，是实现绿色低碳可持续发展和保障国家能源安全和生态安全的必然选择。多年来，我国政府部门、工业企业和科研机构等一直高度关注CCUS相关技术的发展，并投入很多资源支持相关技术的前沿探索和应用示范。

我国的CCUS技术起步较晚，但是地质封存CO_2潜力很大。《中国CO_2捕集利用与封存（CCUS）年度报告（2023）——中国CCUS路径研究》数据显示，截至2022年年底，我国已投运和规划建设中的CCUS示范项目已接近百个，其中已投运项目超过半数。从技术环节来看，CCUS的项目中捕集类、化工与生物利用类、地质利用与封存类示范项目的占比约为4∶2∶4。我国CCUS项目遍布19个省份，主要集中在华北和东北。由于CCUS技术受技术、成本、政策、市场等因素影响，现阶段开展的示范项目规模仍然较小。

我国已投运和规划建设中的CCUS示范项具备CO_2捕集能力约为400万t/a，主要集中在电力、石油、煤化工等行业小规模的捕集驱油示范，大规模的组合式全流程应用示范仍然欠缺。商业设施仅有6个，利用主要以地质利用、矿化利用和化学利用为主，封存主要以咸水层封存为主。其中，2010年神华集团在鄂尔多斯开展的10^5t级CCS项目是全流程咸水层封存项目。国华锦界电厂开展的$1.5×10^5 tCO_2$捕集项目为燃煤电厂全流程项目。中石化开展的齐鲁石化-胜利油田CCUS百万吨级项目已建成CCUS示范基地。另外，中海油也宣布恩平15-1油田群正式启动我国首个海上CO_2封存示范工程。我国已投运的主要CCUS示范项目见表2-2。

表2-2 我国已投运的主要CCUS示范项目

项目名称	所在地	工业类型	捕集规模/$(10^4 t/a)$	封存/利用方式	运行状态
国家能源集团鄂尔多斯咸水层封存示范项目	内蒙古鄂尔多斯	煤制气	10	咸水层	于2016年停止注入，监测中
延长石油陕北煤化工$5×10^4 t/a$ CO_2捕集与示范项目	陕西西安	煤制气	30	EOR	运行
中石油吉林油田CO_2-EOR研究与示范项目	吉林松原	天然气处理	60	EOR	运行
华能绿色煤电IGCC电厂捕集利用和封存示范项目	天津	燃煤电厂	10	放空	试验验证完毕，停止封存
国电集团天津北塘热电厂示范项目	天津	燃煤电厂	2	食品应用	运行
连云港清洁能源动力系统研究设施示范项目	江苏连云港	燃煤电厂	3	放空	运行
华能石洞口电厂示范项目	上海石洞口	燃煤电厂	12	工业利用与食品	间歇式运行
中石化胜利油田CO_2-EOR示范项目	山东东营	燃煤电厂	4	EOR	运行
中石化中原油田CO_2-EOR示范项目	河南濮阳	化肥厂	10	EOR	运行
中电投重庆双槐电厂碳捕集示范项目	重庆	燃煤电厂	1	用于焊接保护、电厂、发电机氢冷置换等	运行
中联煤驱煤层气示范项目（柿庄）	山西沁水	外购气	—	ECBM	运行
华中科技大学35MW富氧燃烧示范项目	湖北武汉	燃煤电厂	10	工业应用	运行
中联煤驱煤层气示范项目（柳林）	山西柳林	—	—	ECBM	运行

(续)

项目名称	所在地	工业类型	捕集规模/(10^4t/a)	封存/利用方式	运行状态
卡拉玛依敦华石油新疆油田 CO_2-EOR 示范项目	新疆克拉玛依	甲醇厂	10	EOR	运行
长庆油田 CO_2-EOR 示范项目	陕西西安	甲醇厂	5	EOR	运行
大庆油田 CO_2-EOR 示范项目	黑龙江大庆	天然气处理	—	EOR	运行
海螺集团芜湖白马山水泥厂 $5×10^4$t 级 CO_2 捕集与纯化示范项目	安徽芜湖	水泥厂	5	—	运行
华润电力海丰碳捕集测试平台示范项目	广东海丰	燃煤电厂	2	—	运行
中石化华东油气田 CCUS 全流程示范项目	江苏东台	化工厂	10	EOR	运行
中石化齐鲁石油化工 CCS 示范项目	山东淄博	化工厂	35	EOR	运行
国家能源集团国华锦界电厂 $5×10^4$t/a 燃烧后 CO_2 捕集与封存全流程示范项目	陕西榆林	燃煤电厂	15	EOR	运行
中海油恩平 15-1 油田群 CO_2 封存示范项目	珠江口盆地	高含 CO_2 的油田群	146	海底储层封存	运行
中石化齐鲁石化-胜利油田 CCUS 示范项目	山东淄博	化工厂	100	驱油封存	运行
国家能源集团 $50×10^4$t 级碳捕集资源化利用示范项目	江苏泰州	燃煤电厂	50	驱油/制甲醇	运行
大唐集团 $100×10^4$t/a CO_2 捕集与利用示范工程	黑龙江大庆	燃煤电厂	100	EOR	运行

2.1.3 CCUS 对碳中和的贡献

针对日益严峻的气候问题，我国提出了"双碳"目标。从能源结构来看，我国当前的能源结构仍以传统化石能源为主，占比超过 80%，其中煤炭作为我国消费量最大的一次能源占我国能源消费总量的 57% 左右，这意味着我国能源转型压力较重，且化石能源主体地位短时间内不会改变，所以实现"双碳"目标需要克服很多困难。CCUS 作为实现化石能源大规模直接减排的关键技术，在我国能源绿色转型过程中将发挥重要作用。

据国际能源署（International Energy Agency，简称为 IEA）预测，若减少 CCUS 技术，碳减排成本将上升约 70%。此外，预计到 2060 年 CCUS 技术将贡献我国累计碳减排总量的

8%，全球碳捕集总量的50%。其中，火力发电行业将累计捕集约 13.0×10^8tCO_2，约占我国碳捕集总量的50%；重工业将累计捕集约 8.2×10^8tCO_2，约占我国碳捕集总量的32%；生物质能碳捕集与封存（Bioenergy with Carbon Capture and Storage，简称为BECCS）与直接空气捕获（Direct Air Capture，简称为DAC）将合计贡献约 6.0×10^8tCO_2。

2.2 CO_2 捕集技术与方法

2.2.1 液体吸收

液体吸收式是应用广泛的 CO_2 捕集方法。当采用某种液体处理气体混合物时，在气-液相的接触过程中，气体混合物中的不同组分在同一种液体中的溶解度不同，气体中的一种或多种溶解度大的组分将进入液相中，从而使气相中各组分相对浓度发生改变，即混合气体得到分离液化，这个过程称为吸收。

液体吸收 CO_2 捕集工艺流程如图2-6所示，主要涉及吸收塔和再生塔两个操作单元。基本过程为：脱硫脱硝后的烟气预处理后，经增压风机从底部进入吸收塔，同时吸收液从吸收塔的顶部喷淋而下，烟气和吸收液在吸收塔内逆流接触后，吸收液吸收烟气中的 CO_2 变成含有大量 CO_2 的富液，富液经过液体泵进入再生塔塔顶，在再生塔由再沸器加热释放出 CO_2，实现 CO_2 的分离与回收及吸收液的再生。再生后的吸收液贫液经过热交换器降温后，通过液体泵循环进入吸收塔吸收 CO_2。

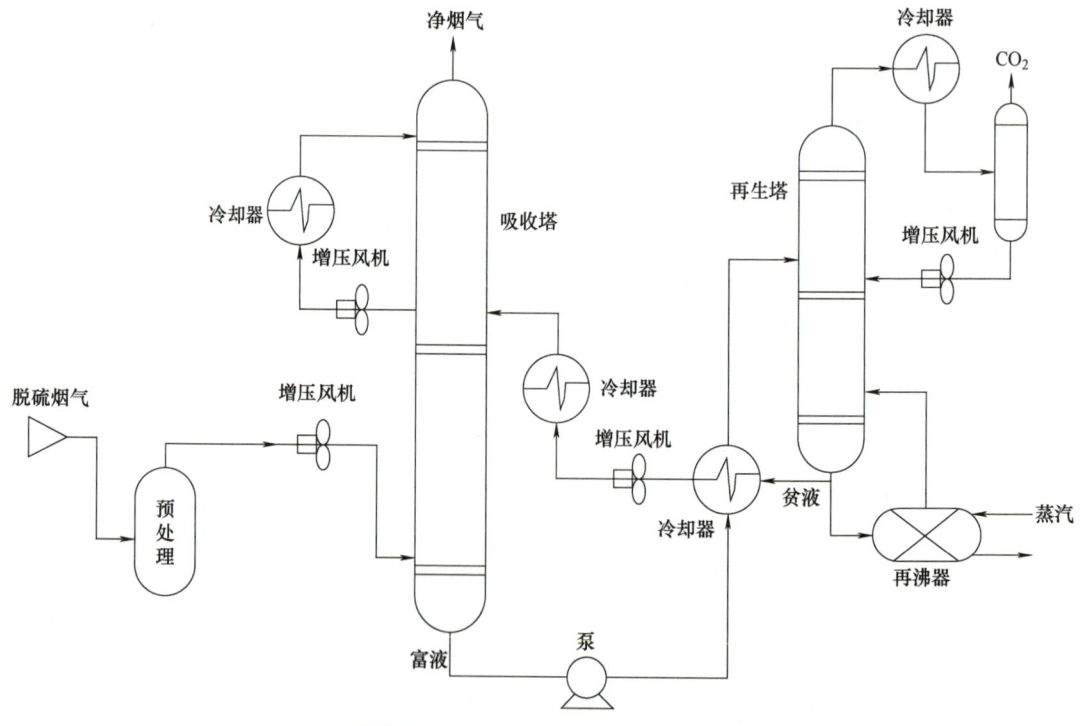

图2-6 液体吸收 CO_2 捕集工艺流程

在 CO_2 捕集过程采用的液体吸收过程中，按照 CO_2 吸收原理不同，液体吸收 CO_2 捕集技术主要分物理吸收法、化学吸收法和物理化学联合吸收法，其中化学吸收法应用较为广泛。以下简要介绍物理吸收法和化学吸收法。

1. 物理吸收法

物理吸收法是指吸收剂不与 CO_2 发生化学反应，仅通过 CO_2 在吸收剂中的物理溶解实现 CO_2 吸收的方法。相比于其他吸收法，物理吸收法的优势是，物理吸收剂没有腐蚀性，管道和设备不需要敷设合金钢，设备成本低；吸收过程不需要外部热量，能耗集中在溶剂循环泵和循环气体压缩机，运营成本低。物理吸收法的缺点是，当 CO_2 分压较低时，物理吸收法的选择性较差。由于 CO_2 在吸收剂中服从亨利定律，即气体溶解性会随着压力升高和温度降低而增加，因此实际应用中 CO_2 分压通常大于 350kPa，且气流初始温度不高时才考虑选择物理吸收法。常用的物理吸收剂包括甲醇（MeOH）、碳酸丙烯酯（PC）、聚乙二醇二甲醚（DEPG）和 N-甲基-2-吡咯烷酮（NMP）。

2. 化学吸收法

化学吸收法是指碱性吸收剂有选择性地与混合烟气中 CO_2 发生化学反应，生成不稳定的盐类，如碳酸盐、碳酸氢盐、氨基甲酸盐等。当外部条件（如温度、压力）发生改变时，该盐类可逆向解吸出 CO_2，从而实现 CO_2 的脱除和吸收剂的再生。化学吸收法一般分为有机胺法、热钾碱法、氨法、离子液体法、相变吸收剂法和酶促法。其中，有机胺法捕集 CO_2 有近一百年的发展历史，是 CO_2 捕集方法中常见的工艺。

有机胺法捕集 CO_2 的反应原理：有机胺中的氨基基团与 CO_2 发生酸碱中和反应，进而实现 CO_2 的分离与吸收。常用的有机胺主要包括醇胺、烷基胺、位阻胺和多氮胺等，其中以乙醇胺（MEA）为代表的醇胺法捕集技术较为成熟，在国内外工业生产中被广泛应用。混合胺吸收剂是将不同类型的有机胺按照一定比例混合后所得的溶液，混合胺吸收剂可弥补单一有机胺的缺陷，在吸收过程中发挥不同有机胺的优势，从而提升整体吸收 CO_2 的性能。它的反应机理与伯胺、仲胺和叔胺一致，但溶液中不同类型的有机胺会按照活性大小同时进行或先后进行反应，且反应过程中还可能存在交互作用。

2021 年 6 月，我国 15 万 t/a CCUS 示范项目通过 168h 试运行。该项目的吸收剂以新型复合胺为主，兼容相变吸收剂、离子液体的化学吸收法等 CO_2 捕集核心技术，集成了"级间冷却+分流解吸+机械式蒸汽再压缩（Mechanical Vapor Recompression，简称为 MVR）闪蒸"的新一代节能工艺。试运行期间，该项目能够连续生产 -20℃、压力为 2.0MPa、纯度为 99.5% 的工业级合格液态 CO_2 产品。

2.2.2 固体吸附

近年，固体吸附技术取得了长足的进步，一系列高 CO_2 吸附量、快速吸附、有良好的选择性和稳定性的吸附剂被开发出来；碳捕集的吸附循环过程发展了变温、变压、变湿、真空、蒸汽吹扫等多种再生手段。固体吸附技术的工作条件比液体吸收覆盖了更宽的温度、压力范围，应用的捕集工况更多，还可以避免胺类溶剂在使用过程中产生的有毒和腐蚀性物质。

固体吸附分为低温吸附法（温度<200℃）和中高温吸附法（温度>200℃）。

1. 低温吸附法

低温吸附法捕集 CO_2 通过改变温度和压力等条件使吸附剂再生。常用的吸附法有变温吸附法（Temperature Swing Adsorption，简称为 TSA）和变压吸附法（Pressure Swing Adsorption，简称为 PSA）等。

TSA 利用在不同温度下气体组分的吸附容量或吸附速率不同而实现气体分离，该方法采用升降温度的循环操作，循环过程中的热量由蒸汽直接或间接地提供。单独依靠 TSA 进行吸附剂的再生循环周期较长，因而通常采用多种方法相结合进行 CO_2 捕集。PSA 利用吸附剂在不同压力下对不同气体的吸附容量或吸附速率不同而实现气体分离。通常吸附压力高于大气压，解吸压力为大气压，采用升降压力的循环操作。为了实现操作的连续性，工业上装置设备采用多个吸附床共同完成。变压吸附双塔循环工艺在 1960 年被提出，现阶段工业上应用的 PSA 是以此循环工艺为基础而发展的，是目前工业应用中较成熟的气体分离技术。要想使得变压吸附法在 CO_2 捕集上大规模应用，还需要开发价格低廉，具有高选择性和高吸附容量、强解吸能力的吸附剂。

低温 CO_2 吸附剂需要具备以下 3 个条件：优先选择吸附 CO_2；有较高的 CO_2 吸附容量；使用寿命较长，有较高的商业价值。低温固体吸附剂主要有碳质吸附材料、沸石分子筛、金属有机骨架（简称为 MOF）、共价有机骨架（简称为 COFs）、多孔炭等，该类材料的主要特点是能在相对低温（通常在 200℃ 以下）下吸附 CO_2。根据吸附剂与 CO_2 之间的作用，低温吸附剂可分为低温物理吸附剂和低温化学吸附剂。低温物理吸附剂主要利用多孔结构吸附 CO_2 分子，而低温化学吸附剂一般由多孔材料负载固态胺或者离子液体等，通过与 CO_2 反应增加吸附量，能在常压下吸附数量可观的 CO_2。

2. 中高温吸附法

中高温吸附材料主要有水滑石类化合物、锂基陶瓷材料、氧化钙及碱金属类化合物。该类材料一般在 200℃ 以上进行吸附/解吸行为。

水滑石类化合物（简称为 LDHs）是一类新型的无机功能材料，是由层间具有可交换的阴离子及带正电荷层板堆积而成的层状材料。这类材料适合作为 CO_2 吸附剂，其吸附/解吸温度一般在 200~400℃，LDHs 对 CO_2 良好的吸附能力和稳定的吸附行为，归因于其稳定的离子交换能力、较高的比表面积、较好的骨架稳定性，以及材料中阴离子和水分子的高迁移率。

锂基材料也是一种新型的 CO_2 吸附剂，其高温下吸附性能优越，相比氧化铝和水滑石等吸附材料，对 CO_2 吸附性能明显提高。锂基聚合物包括锆酸锂（Li_2ZrO_3）、正硅酸锂（Li_4SiO_4），以及一系列的含锂氧化物，它们能立即与周围的 CO_2 发生反应，反应温度最高可达 700℃，并且能可逆地还原成氧化物。但该材料存在合成条件苛刻、能耗高、成本高、反应过程难以控制等问题。

金属氧化物化学吸附剂主要包括碱金属和碱土金属类的氧化物。利用金属氧化物的碱性吸收 CO_2，生成碳酸盐，反应在高温条件下具有可逆性，使金属氧化物再生利用，常用的金属氧化物吸附剂有氧化锂和氧化钙等。氧化钙具有成本低、原料分布广泛和对 CO_2 的吸收容量大等特点，成为较有工业应用前景的吸附剂之一。氧化钙在高温循环煅烧/碳酸化反应吸附CO_2，尽管其对CO_2的吸附容量大，但是随着循环次数的增加，吸附剂颗粒有团聚、烧结等现象，使得氧化钙的活性下降，对CO_2吸附转化率也急剧下降。通常采用溶液改性和掺杂添加剂等方法来提高氧化钙吸附CO_2的能力。

2.2.3 直接空气捕集

直接空气捕集CO_2是直接从大气捕集CO_2，并将其利用或封存的过程，该技术在工业领域的发展还处于初步阶段，目前只进行了小规模的工业示范。国内尚无直接空气捕集CO_2示范装置。现有的直接空气捕集CO_2中试示范项目均在国外，分别是加拿大碳工程公司、瑞士气候工程公司和美国Global Thermostat公司的示范项目，其中瑞士气候工程公司的示范项目已达到每年千吨级规模。它的优势在于可以对小型化石燃料燃烧装置和交通工具等移动式排放源排放的CO_2进行捕集处理。与其他主要针对固定排放源捕集的技术相比，直接空气捕集CO_2装置的布置地点具有更大的灵活性，且直接空气捕集CO_2技术可与CCUS技术结合使用，对CCUS技术储存中泄漏的CO_2进行捕集。

直接空气捕集CO_2工艺流程示意如图2-7所示。空气中部分CO_2与吸收剂或吸附剂结合，结合CO_2后的吸收剂或吸附剂通过改变温度或压力进行再生或释放CO_2，再生后的吸收剂或吸附剂再次用于吸收或吸附过程，而纯的CO_2则被压缩储存。

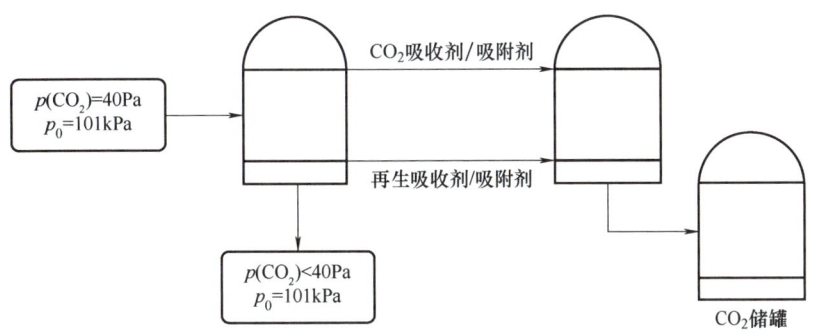

图2-7 直接空气捕集CO_2工艺流程示意

直接空气捕集CO_2主要分为高温溶液吸收和低温吸附两种形式，其中，高温溶液吸收利用一定浓度的高碱性溶液[如$Ca(OH)_2$、$NaOH$或KOH溶液]，吸收CO_2并生成未稳定的碳酸盐，并且使用高温热源进行再生。低温吸附法在常温常压条件下吸附空气中的CO_2，并在较低的温度（80~100℃）下进行吸附剂的再生。

相比于常规的碳捕集技术，直接空气捕集CO_2的主要技术难点在于空气中的CO_2分压远低于燃烧后烟气的分压，约为40Pa。为保证一定的捕集率，一般先通过引风机等设备提高CO_2分压，再通过固体吸附或液体吸收材料吸附CO_2，因此，在进行直接空气捕集CO_2技术的研发时需要特别关注捕集的压降问题，通过开发高效的气固接触器降低风机功耗。直接空气捕集CO_2技术面临的关键挑战为能耗和成本。捕集CO_2及提高CO_2浓度的过程中，能耗随着捕集对象中CO_2浓度的降低而上升。对于直接空气捕集CO_2技术而言，空气中

CO_2 浓度（0.04%左右，体积分数）远低于电厂烟气（10%左右，体积分数），这导致该技术的热力学理论分离能耗是烟气分散的数倍。同时，直接空气捕集 CO_2 需要利用风机使空气流动以通过捕集装置，风机功耗也不能忽视。

利用分布式可再生能源直接驱动技术是目前共识度较高的解决方案，该技术仍然面临进一步降低能耗和成本的挑战，其关键问题及解决方案如下：

（1）吸收/吸附材料成本高，吸收/吸附能力有待提高　开发兼具高吸附容量和高选择性的吸附材料是直接空气捕集 CO_2 技术未来商业化应用的关键。探索有机胺类等新型吸附剂对低浓度 CO_2 的吸附能力，开展直接空气捕集 CO_2 吸收/吸附材料稳定性、寿命及循环性能的长周期测试，为后续直接空气捕集 CO_2 技术的规模化应用奠定基础。

（2）高效设备的成本较高　对直接空气捕集 CO_2 技术进行过程强化及对工艺系统进行整合优化是降低成本的关键。应研发能够快速装载和卸载吸附剂的直接空气捕集 CO_2 相关设备，提出适用于直接空气捕集 CO_2 工艺的过程强化技术，并开发基于不同吸附剂的高效工艺，对工艺系统进行整合和优化，并构建出成本低廉、装置简易的直接空气捕集 CO_2 工艺系统。直接空气捕集 CO_2 技术研发需要特别关注捕集系统的压降问题，通过使用结构性吸附剂的新型气固接触器，可以有效降低风机功耗。

（3）捕集成本高　可以利用可再生能源或工业废热提供吸附剂的再生能耗，例如，通过在负压条件下的蒸汽吹扫降低直接空气捕集 CO_2 的再生温度，从而更好地耦合可再生能源或工业废热进行吸附剂再生。

2.3　CO_2 利用技术与方法

CO_2 利用是指利用高于大气浓度的 CO_2 生产具有经济价值产品的工业过程，大致可分为矿化利用、地质利用、化学利用和生物利用，它的技术特点为兼具经济效益和环境效益。最早的 CO_2 大规模工业化利用技术是 CO_2-EOR，20 世纪 70 年代，美国得克萨斯州就进行了首次现场试验，目前已发展为应用规模最大的 CO_2 利用技术。我国绝大多数 CCUS 大规模全流程示范项目均与 CO_2-EOR 相关，其中地浸采矿、强化煤层气开采、强化地热开采等新型地质利用技术从研究走向应用。近年，已建成或正在建设 CO_2 重整甲烷制备合成气技术，CO_2 合成碳酸酯技术、CO_2 加氢制备甲醇技术、微藻固碳等传统 CO_2 利用技术的工业示范，以及不断涌现的 CO_2 电催化转化技术、CO_2 光催化还原技术、CO_2 人工合成淀粉技术等新兴 CO_2 利用技术，都证明化工与生物领域的 CO_2 利用技术正在快速发展。

图 2-8 为不同的产品目标和转化路径的 CO_2 资源化利用方式，包括直接利用、化学利用、地质利用、生物利用、矿化利用和传统化学转化利用。作为一种储量丰富、安全、廉价易得的气体，CO_2 可直接用于碳酸饮料、工业保护气、植物气肥、纸浆和废水处理、超临界萃取、消防安全、提高石油采油率等多项工业领域。作为可再生资源，CO_2 可通过化学转化获得高附加值的能源、材料及化工产品。在传统化学转化利用中，CO_2 是生产纯碱、小苏打、白炭黑、金属碳酸盐等无机化工产品以及尿素、碳酸氢铵等化肥和水杨酸的重要原料。在化学利用方面，通过光、电、热等催化方式使 CO_2 发生还原反应，生成合成气、甲醇、

二甲醚、醇类、胺类、酯类、聚酯类，以及烃类等诸多有机化工产品，是CO_2资源化利用的一大方向。CO_2资源化利用在碳减排的同时具有产生经济效益的潜力，为国家碳中和战略提供一条经济可行的技术路径。

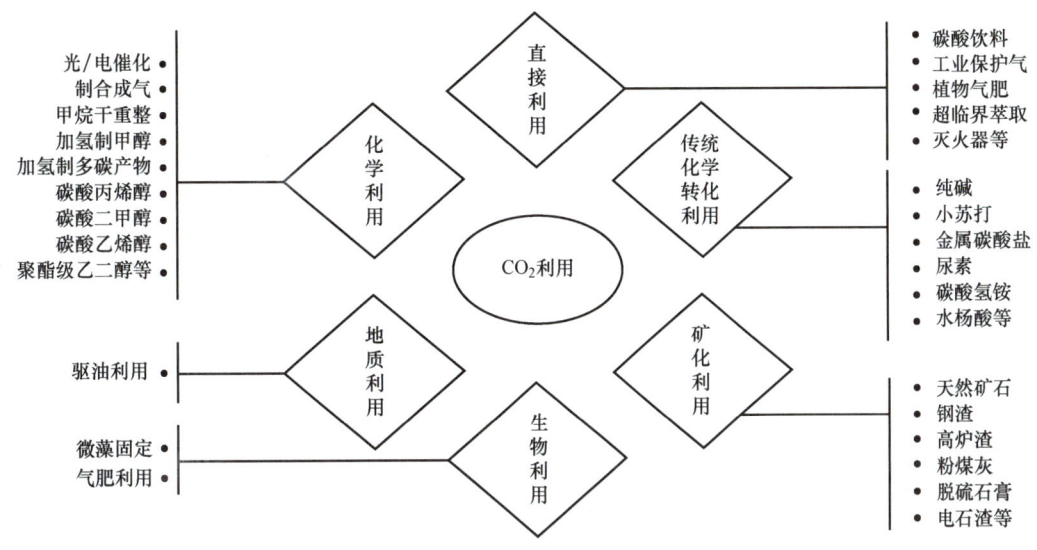

图 2-8　不同产品目标和转化路径的 CO_2 资源化利用方式

2.3.1　矿化利用

矿化是指利用富含钙、镁的天然矿物或碱性固体废物与 CO_2 进行矿化反应，将 CO_2 以碳酸盐的形式固定的一种技术。矿化利用通常与碱性工业固体废物相结合进行"以废治废"。工业固体废物主要包括钢渣、高炉渣、粉煤灰、电石渣和脱硫石膏等碱性物质，具有反应活性高、临近 CO_2 排放源等优点，矿化利用被普遍认为是实现 CO_2 大规模减排和工业固体废物资源化的重要途径。其中，CO_2 矿化养护建材技术因具备 CO_2 减排和高附加值建材产品的双重效益，在 CO_2 大规模利用方面颇具潜力，其基本原理是利用材料体系中的碱性组分，如未水化的硅酸二钙和硅酸三钙，在一定条件下进行碳酸化反应，完成材料的养护和强度增强。CO_2 矿化养护建材经过多年的基础研究和发展，从实验室逐步走向工业示范。当前世界范围内正在运行的示范项目主要包括加拿大麦吉尔大学和 CarbonCure 公司开展的千吨级矿化养护常规混凝土砌块中试项目、加拿大蒙特利尔 CarbiCrete 公司的 8000tCO$_2$/a 的矿化养护钢渣混凝土商业试点、美国加利福尼亚大学洛杉矶分校团队开发的 CO_2 混凝土千吨级工业示范，以及浙江大学与河南强耐新材股份有限公司合作的全球第一个万吨级的工业规模 CO_2 养护混凝土示范工程。

2.3.2　化学利用

化学利用是将 CO_2 作为碳源，通过加氢等反应还原生成合成气，如甲醇、甲酸、低碳烷烃等燃料或化学品（图 2-9）。具有工业化应用潜力的路线是甲烷干重整技术和 CO_2 加氢制甲醇技术。同时，模仿"人工光合作用"进行光/电催化CO_2生成碳氢化合物燃料是学术界研究的热点，但其产业化应用需要技术突破。

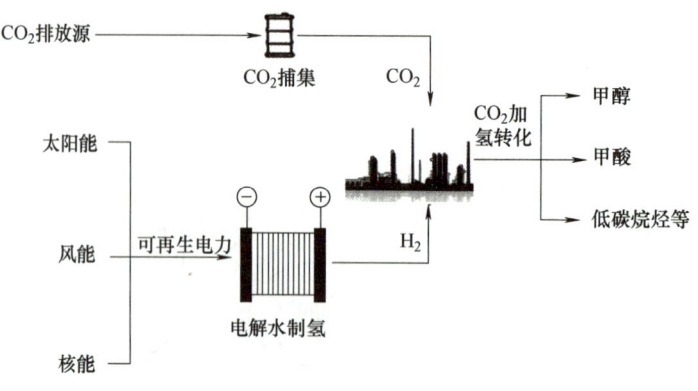

图2-9 CO_2加氢制燃料化学品技术路线

1. 甲烷干重整

甲烷干重整是利用甲烷的还原性质与CO_2反应生成合成气的过程，此工艺能够同时实现温室气体甲烷的综合利用和CO_2的资源化利用，兼具环保和经济双重效益。甲烷干重整技术基于甲烷热催化转化，近年通过耐高温抗积碳高效催化剂的开发和规模化制备、工业系统的热能利用和系统强化及反应器的设计和优化，该技术已从试验研究逐步走向了工程示范。中国科学院上海高等研究院、潞安集团和荷兰壳牌公司三方联合实现了全球首套60t/d的甲烷干重整万立方米级装置，并实现了稳定运行，合成气制备成本预计在500~600元/t，比传统的蒸汽重整生产成本降低20%。世界首个$30×10^4$t/a焦炉气干重整制合成气工程示范在山西左权开工建设。据报道，该项目CO_2排放仅为传统高炉炼铁的1/3，碳氧化物排放为传统高炉的1/10，几乎没有硫氧化物的排放，具备较高的环保和经济效益。

2. CO_2加氢制甲醇

甲醇是一种需求巨大的重要有机化工原料，也是一种理想的清洁能源，在石油化工、燃料电池和发电等领域均有广泛的应用。甲醇主要采用CO_2或CO在高温高压条件下加氢制备获得。由于CO_2来源广泛、价格低廉，所以CO_2直接制甲醇在碳减排和经济效益上更具优势。高效催化剂是CO_2加氢制甲醇的核心，其中铜基催化剂被证明是最具备工业应用潜力的。1996年，日本建立了世界上第一座50kg/d的CO_2加氢制甲醇中试装置，得到99.9%纯度的甲醇。我国的CO_2加氢制甲醇技术处于世界领先地位。2020年，中国科学院大连化学物理所在甘肃兰州建成了全球首套千吨级"液态太阳燃料合成示范项目"，其太阳能制甲醇的能量转化效率大于14%，该项目标志着我国CO_2加氢制甲醇技术也从实验室迈向了工业示范应用。从经济成本上来看，未来CO_2甲醇转化有可能取代传统的煤制甲醇工艺。现有煤制甲醇在煤价为800元/t时的成本约为2000元/t。CO_2加氢制甲醇在H_2为0.6元/Nm^3（标准状态为101.325kPa、293.15K）、CO_2为200元/t、运维费用为400元/t的条件下，其生产成本接近煤制甲醇成本，考虑到持续上涨的碳排放交易价格，该技术在碳中和约束下具备很好的经济潜力。

3. 光/电催化 CO_2 转化

与传统热催化相比,光/电催化还原 CO_2 可采用太阳能或者可再生电力等清洁能源,在常温、常压条件下,将 CO_2 直接一步转化为 CO、HCOOH、CH_3OH、碳氢化合物等燃料及化学品。光/电催化已在基础科研领域取得了重要进展。例如,中国科学技术大学与加拿大多伦多大学首次在 CO_2 电还原过程中通过调控反应步骤实现了多碳醇的高效选择性制备;但是研究开发的催化剂还不能同时满足高活性、高选择性和高稳定性的要求。其中,电催化过程中如何减少过电位、提升转化效率和提高产物选择性,光催化还原 CO_2 过程中如何提高太阳能利用率、提高光催化材料对 CO_2 吸附性能及提高碳氢化合物的产率等问题有待解决。综上,光/电催化 CO_2 转化暂时还不具备商业化应用的条件。

2.3.3 生物利用

生物利用技术是指以 CO_2 为原料、以生物转化为主要手段生产目标产物的过程,具有产品附加值高、转化周期短、过程无污染等优点,主要产物包括生物燃料、化学品、生物饲料、食品和气肥等。现阶段,生物利用技术主要集中在微藻固定和气肥利用方面。对于微藻固定,该领域常见的微藻包括螺旋藻、小球藻、盐藻等,上述微藻通过光合作用对 CO_2 进行转化利用,从而得到生物燃料、有机肥等高附加值生物产物。对于气肥利用,在冬季封闭管理且空气不流通的大棚或温室内,作物光合作用消耗的 CO_2 得不到及时补充时可作为气肥使用,一般可使作物产量提高 20%~30%。此外,近年来利用 CO_2 为原料人工合成淀粉、葡萄糖、脂肪酸等技术也得到了快速发展,这一类新型的生物利用技术结合了代谢工程,合成生物学和化学催化等众多领域,开拓了 CO_2 利用的新途径和新思路,是 CO_2 利用的重要发展方向。

2.3.4 地质利用

1. 强化采油

CO_2-EOR 技术是指将 CO_2 以连续注入、交替注入、气水同注和碳酸水等方式注入油层中以提高油田采油率和进行 CO_2 地质封存的技术。它不仅适用于常规油藏,对于低渗、特低渗、致密页岩储层也具有较好的应用前景。在一定的温度、压力条件下,CO_2 不仅能溶于原油,还可以置换出原油中的轻质和中间组分的烃类物质,这种置换作用称为 CO_2 对原油的抽提。CO_2-EOR 过程中,注入地层的高压 CO_2 与原油接触后发生溶解、抽提等物理化学作用,造成原油降黏、体积膨胀、界面张力降低甚至消失,因此,可提高驱油效率和波及系数。如果 CO_2 与原油形成混相效应,驱油效率会明显提升。混相效应是指 CO_2 注入地层后与原油完全互溶,界面消失,形成均一的混合物。该过程实质是 CO_2 对原油组分的不断抽提和 CO_2 在原油中不断溶解的过程。在储层温度下,注入气一次或多次与地层原油接触后,能够达成混相的最小操作压力称为最小混相压力(简称为 MMP),最小混相压力是决定 CO_2-EOR 效果的重要参数。

评价 CO_2-EOR 的效果有 3 个关键性能指标,即提高的原油采收率、注入 CO_2 的地质封存比例,生产单位原油所需要的 CO_2 量。各指标的大小取决于特定的地质和生产条件,如

CO_2 注入模式和注入体积等。现有的生产数据显示，CO_2-EOR 可使原油采收率平均提高 4%～25%，注入 CO_2 的地质封存比例可达 95%，每吨 CO_2 可以生产 0.9～3.8 桶原油。CO_2-EOR 具有巨大的潜力。研究表明，全球 CO_2-EOR 项目可增产 4700 亿桶石油，封存 $1400 \times 10^8 tCO_2$。

2. 强化采气

强化采气（CO_2 Enhanced Gas Recovery，简称为 CO_2-EGR）技术是指将 CO_2 注入气藏以恢复地层压力，驱替出常规手段无法采出的天然气。随着天然气的大量采出，一部分 CO_2 将滞留在地层中永久埋存。在油藏条件下，CO_2 通常处于超临界状态，密度与液体相近，比气体的密度高出 2 个数量级。高密度的 CO_2 沉入气藏底部，在天然气下方形成"垫气"，有助于天然气的开采。另外，气藏条件下 CO_2 的黏度比天然气高 1 个数量级，CO_2 与天然气具有良好的流度比，驱替前缘推进均匀，波及范围较大。影响 CO_2-EGR 采收率的因素有很多，例如，岩石性质、气体性质、操作条件和气/岩相互作用等。CO_2-EGR 示范项目显示，平均注入 $1tCO_2$ 可以生产 0.03～0.05t 天然气。强化采气技术具有巨大的封存和提高采收率潜力。研究表明，全球范围内传统的天然气储层的 CO_2 封存量为 $(1600～3900) \times 10^8 t$。天然气采收率可相应提高 5%～15%。我国 CO_2-EGR 封存量约为 $51.8 \times 10^8 t$，预计可增产天然气 $(0.5～1.4) \times 10^8 t$。

3. 强化煤层气开采

我国煤炭资源丰富，煤层分布广泛，其中深部不可采煤层占有很大比例。在长期成煤过程中，成煤物质由于生物作用和热作用生成的以甲烷为主的煤系伴生气体称为煤层气。CO_2 强化煤层气开采（CO_2 Enhanced Coalbed Methane Recovery，简称为 CO_2-ECBM）是指将 CO_2 注入深部不可采煤层，通过竞争吸附等方式提高煤层气的采收率。

煤层中发育很多孔裂隙结构，是气体的主要储存和运移通道。气体在煤层中的赋存状态包括吸附态、游离态和溶解态，以吸附态为主，约占 80%～90%。煤基质对气体分子的吸附以物理吸附为主，同时可能存在化学吸附。CO_2 注入煤层后，沿着孔裂隙结构进入煤层内部，一方面降低甲烷分压，迫使吸附的甲烷解吸，成为游离态，沿裂隙流入井筒，另一方面由于同温、同压条件下，煤基质对 CO_2 的吸附性高于甲烷，二者发生竞争吸附，吸附性弱的甲烷被置换出来，通过扩散和渗流的方式进入生产井，而 CO_2 则储存于煤层中。煤层注入 CO_2 能够维持地层能量，可以实现保压开采，降低压缩效应对煤层的影响。煤层气的开采效果可以用甲烷解吸率来表征，即在解吸过程中甲烷的解吸量占甲烷总吸附量的比例。研究显示，CO_2 驱替时的甲烷解吸率远高于纯甲烷解吸时的甲烷解吸率。然而，CO_2-ECBM 也存在一些问题：CO_2 注入后溶于地下水，形成酸性溶液，可能与煤中的矿物反应，导致矿物溶解；注入深部煤层中的 CO_2 多以超临界状态储存，而超临界 CO_2 能有效萃取煤基质和煤孔中的部分有机质，导致有机物流失；煤体吸附气体后膨胀，解吸时收缩，最终产生残余变形，造成渗透率显著变化，对煤层气开采和 CO_2 封存具有很大影响。

4. 强化地热开采

干热岩是一种低渗透性高温岩体，普遍埋藏于距地表 3～10km 的深处，其温度范围广，在150~650℃。保守估计，地壳中干热岩所蕴含的能量相当于全球所有石油、天然气和煤炭蕴含能量的30倍。CO_2强化地热开采（CO_2 Enhanced Geothermal Systems，简称为CO_2-EGS）技术利用CO_2作为吸热工质进行深层地热开发，将高温岩体热量经过微裂隙带到地面上进行热利用。以超临界CO_2代替水作为工质流体有许多优势：可以节约水资源，降低注入泵能耗，不会产生明显的矿物溶解和沉淀问题，还能部分封存CO_2。CO_2-EGS仍处于研究阶段，目前还未实现商业应用。

5. 地浸采铀

地浸采铀（CO_2 In-situ Uranium Leaching，简称为CO_2-IUL）技术是指使用CO_2和O_2配置溶浸液，与矿石反应形成含铀溶液，由抽液孔将含铀溶液提升至地表，经过处理加工得到最终产品。CO_2-IUL是一种重要的铀矿开采技术，环境污染小，成本低廉，建设周期短，形成产能快且适用于低品位、低渗透、高碳酸盐、高矿化度的复杂型铀矿资源开发。这项技术可以提高铀矿的回收率，并且在地层中封存CO_2，CO_2-IUL技术使我国已探明砂岩型铀矿资源得以有效开发利用，适用于我国的砂岩型铀矿，例如鄂尔多斯盆地、吐哈盆地、松辽盆地、塔里木盆地等。

6. 强化采水

强化采水（CO_2 Enhanced Water Recovery，简称为CO_2-EWR）技术是指将CO_2注入深部咸水层或卤水层，驱替高附加值液体矿产资源（如锂盐、钾盐、溴素等）或开采深部水资源，同时实现CO_2封存。通过咸水的开采可以释放储存压力，提高储存CO_2的可注性和封存量，同时有效避免上覆盖层破裂或断层活动等地质风险。开采出的低矿化度咸水经过处理后可用于生活和工农业用水，高矿化度咸水或卤水可以提取液体矿产资源，或进行矿化利用萃取高附加值化工产品。开发的水资源和矿产资源在降低封存项目成本的同时可以缓解我国水资源和矿产资源短缺的状况。

2.4　CO_2封存技术与方法

2.4.1　地质封存技术

1. 封存原理

地质封存是指将CO_2注入特定地质体中以达到永久封存的效果。通常，注入的CO_2须处于超临界状态，以保证相同的孔隙空间体积可以封存更多质量的CO_2。地质封存是涉及地质力学、渗流力学、传热学、化学和生物学的耦合问题，其机理主要包括地质和构造捕获、残余气捕获、溶解捕获和矿化捕获。

1）CO_2注入地层后，受储层非均质性和浮力作用，聚集在圈闭地质体（如背斜、阻断隔层、地层尖灭等）顶部的封盖层下方，这一过程称为地质和构造捕获。CO_2注入后，地质和构造捕获发生作用，在CO_2地质封存早期具有重要意义。

2）CO_2注入地层后驱替原位流体（如地层水或烃类物质），并在浮力和压力梯度的作用下运移。随着CO_2的运移，地层流体回流，分散的CO_2气泡受到毛管力作用，被封隔在孔隙空间内无法移动，该过程称为残余气捕获。

3) CO_2 在岩石孔隙中运移，与地层水或原油接触后溶解，这一过程称为溶解捕获。溶解 CO_2 的地层流体比原生流体密度更大，受重力作用向地层深处沉落，这一对流过程增强了 CO_2 和流体的混合，促使 CO_2 进一步溶解，同时可以减少 CO_2 返回大气的可能性。CO_2 通过分子扩散的方式溶解于地层流体中，因此，这一过程非常缓慢。CO_2 的溶解速率与溶解量主要取决于储层温度、压力，地层流体的成分及与 CO_2 的接触率。

4) CO_2 与地层水中的离子发生一系列反应生成碳酸盐矿物，如方解石（$CaCO_3$）、菱镁矿（$MgCO_3$）、白云石 [$CaMg(CO_3)_2$] 和菱铁矿（$FeCO_3$）等，此过程称为矿化捕获。CO_2 矿化是最稳定的储存形式，但是耗时最长，通常需要几千至数万年。影响矿化捕获速率的主要因素包括化学反应过程、流体类型和矿物组成。

上述 CO_2 地质封存机理并非单独发生，而是同时作用。随着 CO_2 的迁移及与岩石和流体的反应，主导机理不断发生变化（图 2-10）。在封存时期，地质和构造捕获起主要作用，随后残余气捕获、溶解捕获和矿化捕获的贡献逐渐凸显。随着封存时间的延长，CO_2 封存安全性升高。采用常规封存技术，进入溶解捕获占主导的阶段需要成千上万年，因此，需要研究能够快速安全封存 CO_2 的技术。

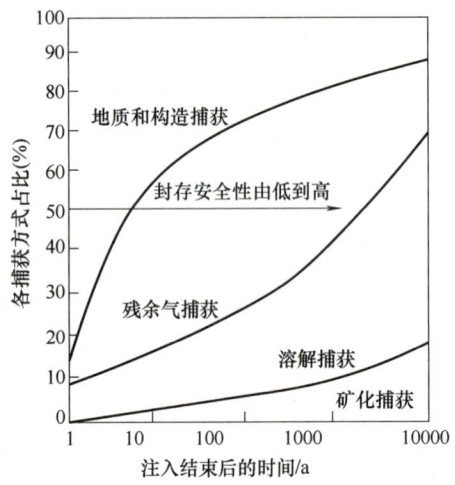

图 2-10 CO_2 地质封存机理随注入时间的变化

2. 封存地质体

地质封存目前被认为是有前景的封存方式。主要封存地质体包括深部咸水层、油气藏、煤层及其他地质体或地质结构。

(1) 深部咸水层封存　深部咸水层封存是指 CO_2 被注入并封存在深度 800m 以下的具有较高孔隙度和渗透率的地下咸水层中。由于 CO_2 处于超临界状态，在相同孔隙空间内可以封存更多的 CO_2。4 种封存机理均发挥作用，其中地质和构造捕获及残余气捕获占主导，控制着溶解捕获和矿化捕获的作用范围。我国深部咸水层的地质封存潜力巨大，占总封存潜力的 90%以上。超油田、天然气田和煤层气田，是实现未来规模化 CO_2 地质封存的主力储集空间。深部咸水层选址时须考虑储存特征、盖层特征及淡水层、地热等其他相关因素。

(2) 油气藏封存　油气藏尤其是衰竭的油气藏是 CO_2 封存的适宜场所。油气藏通常具有以下特点：良好的圈闭条件，可以保证封存的安全性；勘探程度高，在油气田开发阶段已掌握了大量的储层信息和成熟的地质模型；大多数油气藏埋藏较深，CO_2 注入后处于超临界状态；具有完备的井场设备、运输管网和其他配套设施。此外，CO_2 在油气藏中的封存还能够提高油气田采收率，在一定程度上抵消 CO_2 封存的成本。

(3) 煤层封存　CO_2 在煤层中的封存主要通过吸附过程实现。在内生裂隙之间的煤体中发育有许多微孔,这些微孔能够充分、牢固地吸收裂隙中的 CO_2 分子,实现地质封存。但是,现有的煤层普遍渗透率较低、目标层厚度较薄,限制了 CO_2 在其中的封存能力。

(4) 其他地质体或地质结构　如玄武岩、油气页岩、盐穴和废弃矿山等也可作为地质封存的场地。

2.4.2　其他封存技术

CO_2 海洋封存的方法主要包括海洋水柱封存、海洋沉积物封存、CO_2 置换天然气水合物封存。

将 CO_2 捕获、压缩后直接注入海洋的方式称为海洋水柱封存。海水中的碳主要以 HCO_3^-、CO_3^{2-}、H_2CO_3 和溶解态的 CO_2 形式存在,构成相对稳定的庞大的缓冲体系,注入海洋的 CO_2 通过一系列的物理化学反应被溶解和吸收,达到封存的目的。通常认为 CO_2 注入海洋的深度越大,封存效果越好。当注入深度大于 3000m 时,液态 CO_2 的密度大于海水,CO_2 会沉入海洋底部,形成 CO_2 湖(俗称"碳湖"),此时 70% 以上的 CO_2 的封存时间超过 500 年,甚至可达上千年。CO_2 海洋封存效果与海洋循环周期密切相关。

CO_2 通过管线注入海床的沉积层中,由于密度大于沉积层中孔隙水的密度,而被封存于沉积层的孔隙水之下的过程称为海洋沉积物封存。在低温高压的深海条件下,海床沉积层中极易形成 CO_2 化合物。水合物的生成可以降低 CO_2 对海洋生物的影响,同时可以充填沉积物孔隙,降低渗透率,降低 CO_2 泄漏的风险。

天然气水合物储量巨大,然而在深海作业开采过程中,甲烷气体的快速释放容易引起海底滑坡、地震等物质灾害。CO_2 置换天然气水合物封存在开采甲烷气体、封存 CO_2 的同时,还能保持海底水合物沉积层的稳定性。CO_2 置换天然气水合物的反应可以自发进行,且不受热力学和动力学条件的严格限制。然而,该技术的主要限制因素是置换反应速率小,置换效率理论最大值为 75%。

2.5　CCUS 案例

2.5.1　美国 CCUS 项目

2009 年 2 月 13 日,美国通过了为期 10 年,总额为 7872 亿美元的"一揽子"刺激经济复苏的方案,即《2009 年美国复苏与再投资方案》。在该方案中,强化资助与化石能源有关的清洁能源技术领域的研究开发、工业示范和商业化示范;专门支持具有创新和竞争力的工业产 CO_2 的捕集、CO_2 封存与资源化利用一体化的商业化示范项目。项目的门槛是年捕集 CO_2 百万 t 或以上,2009 年美国能源部资助的 CCUS 工业示范项目:FE0002381、FE0001547 和 FE0002314,见表 2-3。

表 2-3　美国 CCUS 工业示范项目

项目编号	所在地	项目名称
FE0002381	得克萨斯州	大规模制氢的甲烷蒸汽重整工艺排放 CO_2 的捕集与封存示范
FE0001547	伊利诺伊州	生物燃料制造过程排放 CO_2 的捕集与西蒙山砂岩中的封存示范
FE0002314	路易斯安那州	查尔斯湖碳捕集与封存项目

1. FE0002381 项目

FE0002381 项目承担企业是空气产品和化学品公司（Air Products and Chemical Inc，简称为 Air Products）。项目以热电联产类 CO_2 源为对象，通过工业示范方式评价将 CO_2 捕集、驱油利用与封存技术推进至商业化的可行性。项目的总投资为 4.3 亿美元，国家和项目承担企业的分担比例是 66% 和 34%。项目设计的 CO_2 捕集能力是 3000t/d。

项目选址在美国得克萨斯州的阿瑟港市。Air Products 于 1999 年和 2006 年先后在阿瑟港市建设两座日产超过 1 亿 ft^3（1ft＝30.48cm）的甲烷蒸汽重整（SMR）制氢厂（阿瑟港 I 和阿瑟港 II）。通过 FE0002381 项目，Air Products 公司将甲烷蒸汽重整制氢工艺改进与驰放气中 CO_2 捕集装置建设相结合，设计、制造以真空变压吸附（VSA）为核心技术的 CO_2 捕集系统，捕集两座甲烷蒸汽重整制氢厂排放的 CO_2。

2011 年 6 月，Air Products 公司与瓦莱罗能源公司（Valero Energy Corporation）和丹伯里陆上（Denbury Onshore）签订协议，将 Air Products 公司捕集的作为驱油剂的 CO_2 通过 Denbury Pipeline-Texas 的管道输送至 Denbury Onshore 所属的 West Hastings 油田。项目与 2012 年底开始供气，自 2013 年以来，Air Products 公司每年从两个氢气工厂中捕集并回收约 100 万 tCO_2。截至 2023 年 12 月底，FE0002381 项目已累计捕集和输送了超过 1000 万 t 的 CO_2。

2. FE0001547 项目

承担 FE0001547 项目的企业是阿切丹尼尔斯米德兰公司（Archer Daniels Midland Company，简称为 ADM），主要合作单位是伊利诺伊州地质调查局、斯伦贝谢碳服务公司和瑞奇兰社区学院。项目以生产生物燃料副产的高浓度（大于 99%）CO_2 源为对象，通过工业示范方式评价将 CO_2 捕集与地质封存技术推进，使其具有商业化的可行性。项目总投资为 2.07 亿美元，国家和项目承担企业的分担比例是 68% 和 32%。项目设计碳捕集能力为 3000t/d。图 2-11 是 ADM 项目 CO_2 捕集与封存流程图。项目有效借鉴 IBDP（Illinois Basin-Decatur Project，伊利诺伊州迪凯特盆地项目，简称为 IBDP）的经验，建成和运行年捕集与地质封存百万 tCO_2 的工业示范项目。

FE0001547 项目选址于 ADM 在美国伊利诺伊州迪凯特市的乙醇厂附近。ADM 是美国生产乙醇的主要生产商之一，迪凯特市是 ADM 的农产品加工和生物燃料生产基地。根据文献记载，采用生物质发酵技术路线，理论上每生产 1t 乙醇就会副产 0.96t 高纯 CO_2。基于此，ADM 遴选为项目的主要承担单位。ADM 将生物制乙醇生产工艺流程改造与碳捕集流程建设相结合，设计、建设以高浓度 CO_2 提纯、压缩装置为主的 CO_2 捕集系统。

项目捕集的 CO_2 将通过管道输送至距 IBDP 项目工区约 1200m 的 ADM 在伊利诺伊州迪凯特市的乙醇厂附近占地 81 万 m^2 的工作区进行地质封存。参照 IBDP 注入井的设计，

FE0001547 注入井在西蒙·桑德顿山下部 7000ft 左右完井。在项目实施 CO_2 地质封存过程中，ADM 将在伊利诺伊州地质调查局、斯伦贝谢碳服务公司和瑞奇兰社区学院的协助下，实施 CO_2 地质封存的动态监测、CO_2 封存量核查和效能评价工作。

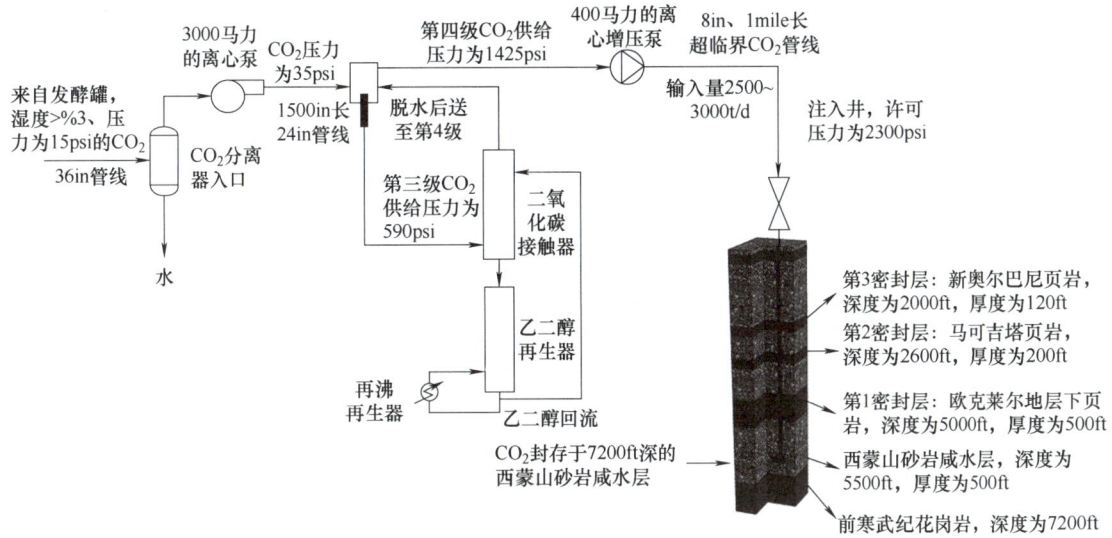

图 2-11　ADM 项目 CO_2 捕集与封存流程图

注：1psi=6894.8Pa；1mile=1.61km；1 马力=735.5W。

3. FE0002314 项目

承担 FE0002314 项目的企业是卢卡迪亚能源（Leucadia Energy，简称为 Leucadia），主要合作单位是丹伯里陆上（Denbury Onshore）、福陆公司（Fluor Corporation）、得克萨斯大学经济地质办公室（University of Texas Bureau of Economic Geology）。项目的对象是以石油焦为原料的热电联产过程副产的 CO_2 源，通过工业示范方式评价将 CO_2 捕集、驱油与地质封存技术推进至商业化可行。项目总投资为 4.356 亿美元，政府和项目承担企业的分担比例是 60% 和 40%。

Leucadia 旗下的 Lake Charles Clean Energy（简称 LLC）是以石油焦为原料，采用热电联产技术生产能源与化工产品的专业公司。该公司每年外购石油焦的数量超过 250 万 t，生产过程排放 CO_2 超过 4000 万 t。项目的主要工作之一是改造生产流程，即建设两套鲁奇低温甲醇洗酸性气体脱除装置（Lurgi Rectisol Acid Gas Removal unit，简称为 AGR）。通过 AGR 净化含有 H_2、CO、蒸汽、CO_2 和少量 N_2、H_2S 以及微量 CH_4、羟基硫、氨等的合成气。净化后的合成气主要成分是 H_2 和 CO，用于生产 AA 级甲醇，余热用于产蒸汽，供给汽轮机发电。净化合成气过程副产的 CO_2 的纯度大于 99%，AGR 流程示意，如图 2-12 所示。

项目的另一个重要工作是建设两套压缩机系统，一套压缩机对应一套 AGR。压缩机将 CO_2 加压到 2250psi（15.5MPa），CO_2 将以超临界状态进行管输。为了把捕集的 CO_2 输送到 Denbury Onshore 所有的 West Hastings 油田，项目新建 12mile 的 CO_2 输送管线，与横跨路易斯安那州和得克萨斯州的绿色管道相连，实现 CO_2 "井网"。

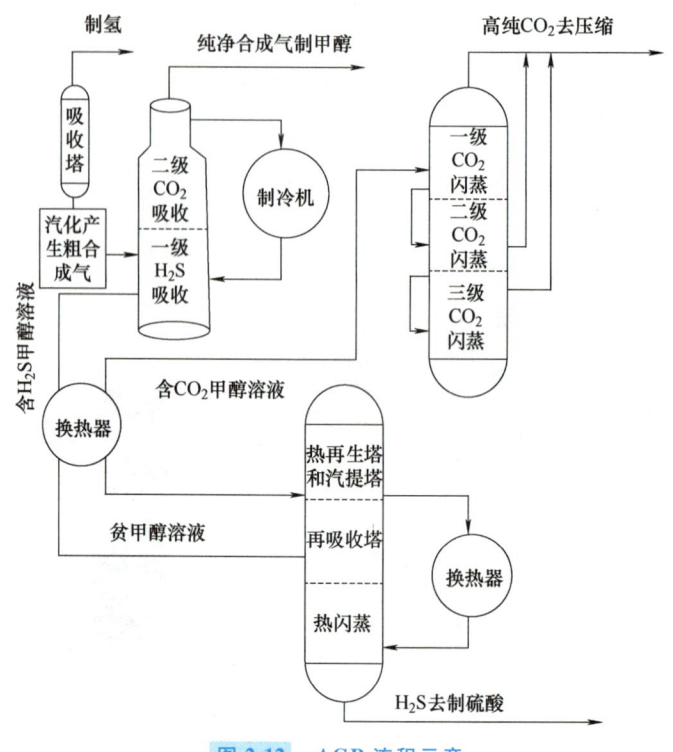

图 2-12 AGR 流程示意

根据 Leucadia 与美国能源局的协议，Leucadia 和 Air Products 在得克萨斯州的 West Hastings 油田联合实施 CO_2 驱油与封存的动态监测、CO_2 用量核查和效能评价工作。

2.5.2 我国 CCUS 项目

CCUS 作为一项有望实现化石能源大规模低碳利用的新兴技术，是我国未来减少 CO_2 排放、保障能源安全和实现可持续发展的重要手段。作为负责任的发展中国家，我国高度重视、积极应对全球气候变化，通过国家自然科学基金、国家重点基础研究发展计划（973 计划）、国家高技术研究发展计划（863 计划）、国家科技支撑计划、国家重点研发计划等一系列国家科技计划和专项支持了 CCUS 领域的基础研究、技术研发和工程示范等，有序推进 CCUS 技术研发和示范。近年，我国在 CCUS 各技术环节均取得了较大进步，已经具备大规模示范基础；我国高度重视 CCUS 技术的研发与示范，积极发展和储备 CCUS 技术，并为推动其发展开展了一系列工作。我国代表性 CCUS 试验项目见表 2-4。

表 2-4 我国代表性 CCUS 试验项目

序号	项目名称
1	中石油吉林油田 CCUS-EOR 研究与示范项目
2	中石油大庆油田 CCUS-EOR 研究与示范项目
3	中石油长庆油田 CCUS-EOR 研究与示范项目

（续）

序号	项目名称
4	中石油胜利油田燃煤电厂 CO_2 捕集与 EOR 示范项目
5	中石化中原油田 CCUS-EOR 项目
6	中联煤层气有限责任公司 CO_2-ECBM 开采煤层气项目
7	华中科技大学 35MW 富氧燃烧技术研究与示范项目
8	国电集团天津北塘热电厂项目
9	华能石洞口电厂碳捕集系统项目
10	华能绿色煤电 IGCC 电厂捕集利用和封存示范项目
11	延长石油陕北煤化工 CO_2 捕集与 EOR 示范项目
12	中核北方铀业有限公司通辽钱家店 CO_2-EUL 工程项目

驱油类 CCUS 技术具备增产石油和减排 CO_2 双重功能，因在各类 CCUS 技术中世纪减排能力居首位而备受青睐，也是国际上最为重视的 CO_2 利用与减排技术。陕西延长石油于 2009 年启动了 CO_2 捕集、封存与提高采收率技术示范项目，已经形成具有鲜明特色的 CCUS 一体化减排模式，在陕北油区建成两个 CO_2 驱油及封存先导性试验区，累计注入了液态 CO_2 超过 13 万 t，取得明显增油效果，同时累计动态封存 CO_2 达 10 万 t，节约了大量水资源。经过近 20 年集中攻关，我国基本形成了驱油类 CCUS 配套的理论和技术。我国累计开展 30 多个驱油类 CCUS 项目，矿山试验井组近 300 个，涵盖了多种气源和油藏类型。我国 CO_2 驱技术年产油约 35 万 t，年注入 CO_2 达到百万 t 规模。中石油吉林油田和大庆油田都已经实现 CO_2 注入、驱替和采出系统密闭循环，取得了良好的国际影响。

2014 年 11 月 12 日，中美两国在北京发表了具有历史意义的《中美气候变化联合声明》。声明指出，推进碳捕集、利用和封存重大示范，经由中美两国主导在中国建立一个重大碳捕集新项目，以深入研究和监测利用工业排放 CO_2 进行碳封存，并就向深盐水层注入 CO_2 以提高淡水采水率新试验项目进行合作。2015 年 9 月 25 日，中美共同发布了《中美元首气候变化联合声明》，明确提出关于 2014 年《中美气候变化联合声明》中提到的 CCUS 项目，两国选定由陕西延长石油公司运行的位于延安-榆林地区的项目场址。

2015 年，延长石油靖边项目通过了碳封存领导人（CSLF）的国际认证，成为我国第一个独立得到认证的 CCS 项目。在中美气候变化工作组提交的第六轮中美战略与经济对话的报告中，将延长石油与美国西弗吉尼亚大学、怀俄明大学及美国空气化学公司的合作，作为两国加快 CCUS 部署的重要途径之一。发展 CO_2 驱替在提高低渗透油田采收率的现实需要，契合国家低碳发展战略。从机理上，CO_2 驱替具有增产石油和碳减排的双重功能。我国陆上油田技术可行 CO_2 驱替潜力约为 68.4 亿 t，其中鄂尔多斯盆地为 37 亿 t，CO_2 驱替年产油有望达到千万 t 规模，年减排 CO_2 可超过 3000 万 t，减排潜力巨大。

我国 CCUS 的发展目标与愿景是构建低成本、低能耗、安全可靠的 CCUS 技术体系，推进产业化，为化石能源低碳化利用提供技术选择，为全球应对气候变化活动提供技术保障，为全球经济可持续发展提供技术支撑。

习题与思考题

1. 什么是碳捕集与封存？
2. CCUS 包括哪些主要环节？请阐述其基本步骤。
3. CO_2 地质封存有哪些主要类型？
4. 全球范围运行的主要大型 CCUS 项目主要采用哪种 CO_2 封存和利用方式？
5. 我国 CCUS 地质潜力如何？已投运的 CCUS 示范项目采用哪种 CO_2 封存和利用方式？
6. CO_2 捕集技术与方法有哪些？CO_2 固体吸附材料有哪些？请阐述其具体工作原理。
7. 试简述液体吸收 CO_2 捕集技术的工艺流程。
8. 相比液体吸收，固体吸附技术具有哪些优点？有哪些固体吸收 CO_2 的方法？
9. 请阐述空气捕集 CO_2 的工艺流程。与常规碳捕集技术相比，空气捕集 CO_2 有哪些技术难点？
10. 请阐述 CO_2 利用的主要技术与方法。
11. 请举例说明 CO_2 地质利用的主要技术方法。
12. 什么是 CO_2-EOR 技术？如何评价 CO_2-EOR 的应用效果？
13. 请阐述 CO_2 封存的主要技术与方法。
14. 我国在 CCUS 项目中与国际社会的合作体现在哪些方面？

第3章 工业低碳化转型与发展

3.1 概述

3.1.1 我国工业低碳发展形势

"十四五"时期，是我国应对气候变化、实现碳达峰目标的关键期和窗口期，也是工业实现绿色低碳转型的关键五年。作为全球最大的工业化国家，我国正在加速推进工业转型与低碳发展。工业部门是我国 CO_2 排放的主要部门，也是 CO_2 减排的重要潜在贡献者。实现低碳发展对工业部门破解资源环境约束、塑造核心竞争力具有重要意义，也将为全社会低碳转型提供基础保障和支撑。

改革开放以来，我国工业发展取得的成绩显著，但水平式扩张特点明显。2000—2023年，工业部门增加值增长了5倍以上，工业部门能源消费总量随之增长了3倍，钢铁、水泥等高耗能原材料产品产量也增长了3~6倍。工业部门排放出全国70%~90%的二氧化硫、氮氧化物和粉尘，排放的污水、废弃物中含有汞、铅、砷等高危害、致病致畸等环境污染物，这些会严重破坏水体和土壤生态系统。未来工业部门应承担起破解资源环境约束的主要责任，走上绿色低碳转型的道路。

"十三五"以来，工业领域以传统行业绿色化改造为重点，以绿色科技创新为支撑，以法规标准制度建设为保障，大力实施绿色制造工程，工业绿色发展取得明显成效。产业结构不断优化。初步建立落后产能退出长效机制，钢铁行业提前完成1.5亿t去产能目标，电解铝、水泥行业落后产能已基本退出。2020年，高技术制造业、装备制造业增加值占工业增加值的比重分别达到15.1%、33.7%，比2019年分别提高了3.3和1.9个百分点。

1）能源资源利用效率显著提升。2020年，规模以上工业单位增加值能耗比2019年降低约16%，单位工业增加值用水量比2019年降低约40%。重点大中型企业吨钢综合能耗及水耗、原铝综合交流电耗等已达到世界先进水平。2022年，我国废钢铁、废有色金属、废塑料、废纸、废轮胎、废弃电器电子产品、报废机动车、废旧纺织品、废玻璃、废电池10个品种再生资源回收总量约为3.71亿t，综合利用量为23.7亿t，清洁生产水平明显提高。燃煤机组全面完成超低排放改造，2.07亿t粗钢产能开展超低排放改造。预计到2025

年，重点行业主要污染物排放强度比 2019 年降低 10%。

2）绿色低碳产业初具规模。截至 2022 年年底，我国节能环保产业产值约为 8 万亿元。新能源汽车累计推广量为 688.7 万辆，连续多年位居全球第一。太阳能电池组件在全球市场份额占比已超 80%。

3）绿色制造体系基本构建。研究制定 468 项节能与绿色发展行业标准，建设 2121 家绿色工厂、171 家绿色工业园区、189 家绿色供应链企业，推广近 2 万种绿色产品，绿色制造体系建设已成为绿色转型的重要支撑。

我国已成为全球最大的铁矿石、原油、铝土矿、煤炭等大宗产品进口国和消耗国。当前，我国仍处于工业化、城镇化深入发展的历史阶段，传统行业所占比重依然较高，战略性新兴产业、高技术产业尚未成为经济增长的主导力量，能源结构偏煤、能源效率偏低的状况没有得到根本性改变，重点区域、重点行业污染问题没有得到根本解决，资源环境约束加剧，碳达峰、碳中和时间窗口偏紧，技术储备不足，推动工业绿色低碳转型任务艰巨。同时，绿色低碳发展是当今时代科技革命和产业变革的方向，绿色经济已成为全球产业竞争重点。一些发达经济体正在谋划或推行碳调节机制等绿色贸易制度，提高技术要求，对经贸合作和产业竞争提出新的挑战，增加了我国绿色低碳转型的成本和难度。

我国工业产能过剩已成为可持续发展面临的重大挑战。2023 年全国工业产能利用率为 75.1%，粗钢、水泥、焦炭、风机设备、造船的产能利用率均低于 70%，光伏与电解铝不足 60%。城镇化、消费升级等因素将导致全社会对传统工业产品的需求不稳，加剧产能过剩问题。由此可见，过去一段时间以传统产业为主导的发展模式所创造的经济增长动能正在逐渐减弱，需要开辟新动能。与工业低碳发展相关的新技术、新业态和新模式正是新动能的重要组成部分，促进工业部门深度减碳有利于形成新的经济增长点并提升发展质量。

推动工业部门低碳发展和深度脱碳，除了 CO_2 排放本身得以控制，还具有更加深远的多重价值和协同效益。首先，将为工业实现由大到强、由高速发展向高质量发展的战略转变提供强大驱动力。其次，将有助于建立绿色、高效的工业组织和生产体系。再次，将为其他部门和全社会提供高质量、环境友好型的原材料和产品。最后，工业部门能源消费和碳排放率先达到峰值，将为全社会绿色发展留出空间、赢得时间。

3.1.2 环境库兹涅茨曲线

经济增长与环境质量之间的关系一直都是环境经济学研究的热点问题之一，目前对于这一问题研究比较成熟的理论就是环境库兹涅茨曲线（Environmental Kuznets Curve，简称为 EKC）。20 世纪 50 年代中期，诺贝尔奖经济学获得者、经济学奖库兹涅茨在研究人均收入与分配公平程度之间的关系时提出，随着人均收入水平不断提高，收入不公平等现象会先升高后降低，成一条倒 U 形曲线，即著名的库兹涅茨曲线。

环境库兹涅茨曲线应用于工业低碳发展领域，解释了一个非常重要的概念，即碳排放峰值。根据环境库兹涅茨曲线，当一个国家或地区的工业发展水平较低时，碳排放水平一般也比较低。随着工业不断发展，碳排放水平会不断提升。当工业发展到一定水平后，工业的碳排放水平就会开始下降，呈现出低碳化发展趋势。在整个过程中，临界值非常重要。在达到临界值之前，工业发展、人均收入水平提升会导致碳排放增长；在达到临界值之后，碳排放会开始下降，这个临界值称为工业碳排放的峰值。

根据环境库兹涅茨曲线，工业低碳化发展要经历一个倒 U 形过程，即在工业化初期，工业碳排放开始增加，进入工业化中后期乃至后期，工业碳排放会达到峰值，之后开始下降。这个过程说明在工业化发展的不同阶段，工业低碳化发展会呈现出不同的特征。例如，某国家在工业化初期强调低碳减排，很有可能导致工业化发展不充分，给人们的生活水平、生活质量造成不良影响，无法实现可持续低碳发展。

根据工业低碳化发展的阶段性特征，工业低碳化发展可以划分为以下 4 个阶段：

（1）高碳阶段　具体表现在工业化初期或者中期，随着工业化水平不断提高，碳排放不断增加。目前，印度等发展中国家处于该阶段。

（2）低碳阶段　具体表现在工业化后期，碳排放达到临界值，之后随着工业化水平不断提高，碳排放开始下降，工业增长与碳排放脱钩。目前，英国、美国等发达国家处于该阶段。

（3）稳定阶段　具体表现是碳排放稳定在峰值阶段，不受工业化发展的影响。目前，丹麦等国家正处于该阶段。

（4）转型阶段　即从工业化中后期向工业化后期转化阶段，在此阶段，碳排放不断接近峰值。目前，我国正处于该阶段。

3.1.3　工业部门低碳发展目标

工业部门低碳发展目标具体包括以下几点：

1）碳排放强度持续下降。单位工业增加值 CO_2 排放降低 18%，钢铁、有色金属、建材等重点行业碳排放总量控制取得阶段性成果。

2）污染物排放强度显著下降。有害物质源头管控能力持续加强，清洁生产水平显著提高，重点行业主要污染物排放强度降低 10%。

3）能源效率稳步提升。规模以上工业单位增加值能耗降低 13.5%，粗钢、水泥、乙烯等重点工业产品单耗达到世界先进水平。

4）资源利用水平明显提高。重点行业资源产出率持续提升，大宗工业固体废物综合利用率达到 57%，主要再生资源回收利用量达到 4.8 亿 t。单位工业增加值用水量降低 16%。

5）绿色制造体系日趋完善。重点行业和重点区域绿色制造体系基本建成，完善工业绿色低碳标准体系，推广万种绿色产品，绿色环保产业产值达到 11 万亿元。布局建设一批标准、技术公共服务平台。

Kaya 恒等式用于分析温室气体碳排放驱动因素（GHG），解释全球历史碳排放的变化原因。基于 Kaya 恒等式，工业部门 GHG 分解为

$$GHG = VA \times \frac{P}{VA} \times \frac{M}{P} \times \frac{E}{M} \times \frac{GHG}{E} \tag{3-1}$$

由式（3-1）可知，工业部门 GHG 由 5 个部分组成：

（1）VA（Value-Added）　该因素是工业经济产出增量，它为正向影响因子，即到 2050

年工业部门的经济产出还将出现倍数级增长,随着经济产出的增加,在不考虑其他变量的条件下,工业部门碳排放量也会随之增加。

(2) $\dfrac{P}{VA}$(Products/Value-added) 该因素为工业"去物质化"因子,推动产业结构、产品结构方面的深度调整。其中,P 表示工业产能。

(3) $\dfrac{M}{P}$(Manufacture/Products) 该因素为生产减量化因子,即在满足全社会物质消耗需求的前提下,通过合理手段减小国内生产规模。其中,M 表示生产规模。

(4) $\dfrac{E}{M}$(Energy/Manufacture) 该因素为用能集约化因子,即用更少的能源来支撑工业实际生产,提升能源利用率。其中,E 表示能源消费量。

(5) $\dfrac{GHG}{E}$(GHG/Energy) 该因素为能源低碳化因子,即尽可能使用低碳能源或应用碳减排措施,降低能源消费带来的碳排放量。

综上,得到工业部门转型升级和低碳发展的主要途径:工业"去物质化"、生产减量化、用能集约化和能源低碳化,如图 3-1 所示。

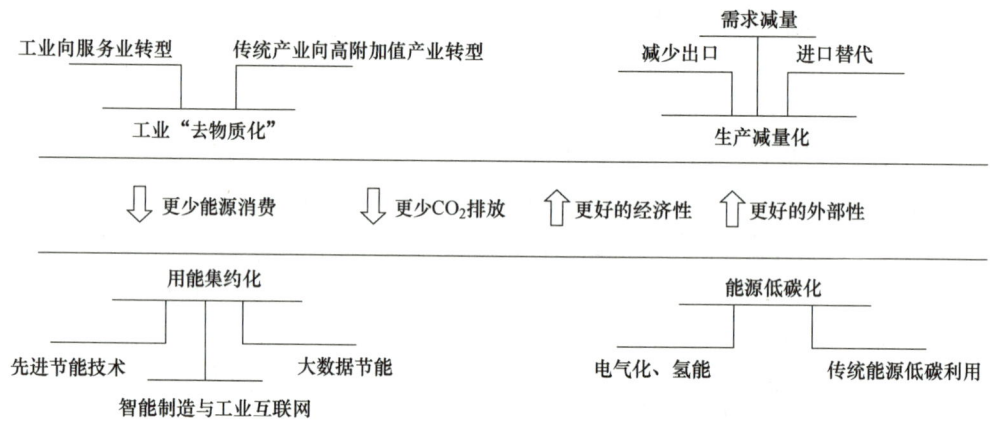

图 3-1 工业部门转型升级和低碳发展的主要途径

工业低碳发展涉及理念转变、模式转变和路径创新,是战略性、全局性、系统性的变革过程,必须坚持在发展中实现低碳,以低碳促发展,具体如下:

1)坚持把技术可支撑、经济可持续作为低碳发展的出发点。
2)坚持把提高质量、提升效益、重塑竞争力作为工业低碳发展的落脚点。
3)坚持把理念转变、科技引领、体制创新作为低碳发展的强大动力。
4)坚持把需求减量、智能制造、系统集成、循环链接、能源替代等作为工业低碳发展的核心内容。
5)坚持把循序渐进、目标倒逼、破旧迎新作为工业低碳发展的实施策略。

工业部门设置的中长期低碳发展目标是,2030 年前按照国家应对气候变化的国家自主贡献目标对工业部门提出的要求来确定，2030—2050 年按基本实现全球 2℃ 温升控制目标对我国工业部门提出的要求来确定，同时考虑工业部门自身发展需要、全球碳排放空间对我国的配额分配、工业部门与其他部门的减排任务分配、外部约束条件的发展变化及关键政策措施实施的可能性等诸多隐私进行适当调整，工业部门低碳发展的阶段性目标如图 3-2 所示。

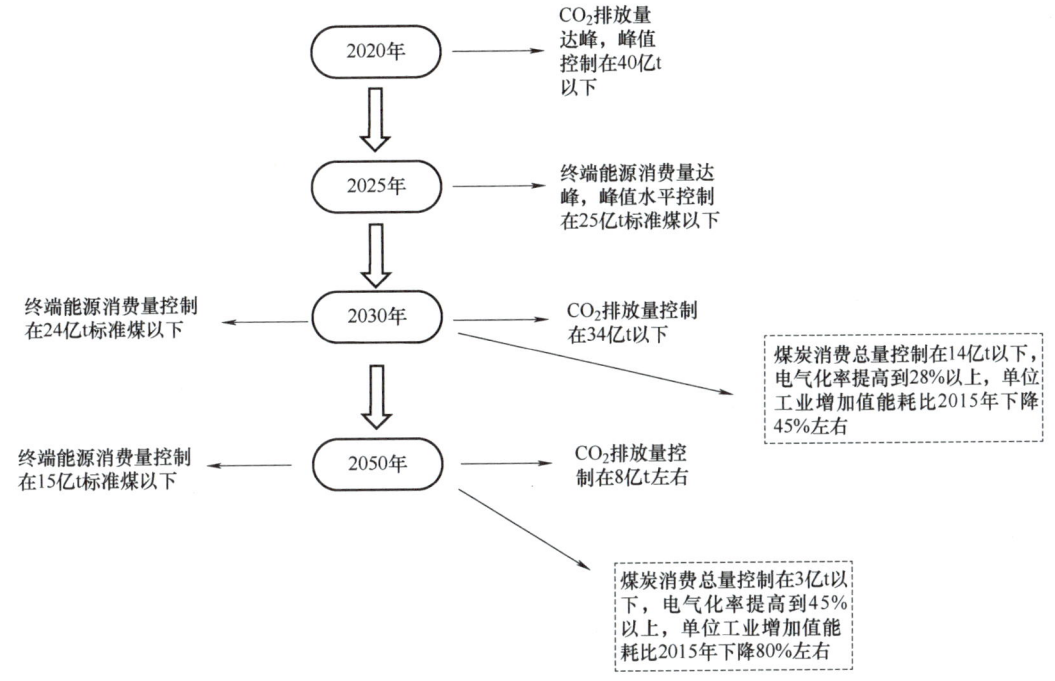

图 3-2 工业部门低碳发展的阶段性目标

2030 年前，工业部门终端能源消费量和 CO_2 排放量均达到峰值，其中终端能源消费量在 2025 年前后达峰，峰值水平控制在 25 亿 t 标准煤以下。到 2030 年，工业部门终端能源消费量控制在 24 亿 t 标准煤以下，CO_2 排放量控制在 34 亿 t 以下，煤炭消费总量（不包括发电和供热用煤，下同）控制在 14 亿 t 以下，电气化率提高到 28% 以上，单位工业增加值能耗比 2015 年下降 45% 左右，单位工业增加值 CO_2 排放量比 2015 年下降 55% 左右。2050 年，工业部门终端能源消费量控制在 15 亿 t 标准煤以下，CO_2 排放量控制在 8 亿 t 左右，煤炭消费总量（不包括发电和供热用煤，下同）控制在 3 亿 t 以下，电气化率提高到 45% 以上，单位工业增加值能耗比 2015 年下降 80% 左右，单位工业增加值 CO_2 排放量比 2015 年下降 90% 左右。

3.1.4 工业低碳发展"三步走"战略

工业转型升级与低碳发展是一个复杂的系统工程，不仅涉及能源和排放的问题，还涉及工业部门增长动能转换、生产方式革新、用能形态升级、竞争力重塑等重大议题，需要实施"三步走"战略（图 3-3），根据不同时代的特点来制定不同的战略任务、路线图，从而更好地指引、评价战略实施效果。

阶段特点	产业结构升级与新业态培育			需求减量与新材料应用			生产方式变革与能效倍增			用能形态革新与低碳能源替代		
	工业占GDP的比重	工业增加值率	高附加值产业比重	主要高能耗产品产量	隐含能源净出口	再生工艺产量比重	工业能源强度(指数)	节能设备市场占有率	工业机器人使用密度	煤炭及焦炭比重	电力及天然气比重	智慧用能水平
2020年	32.8%	26.0%	37.7%	6亿t标准煤			100	<15%	75	44.2%	32.6%	在高耗能企业普及能源管控中心和能源管理师
2025年	29.7%	33.0%	41.5%			电炉钢、再生金属等工艺比重显著提升	69	60%	140	39.3%	37.4%	
2035年	24.2%	38.0%	48.6%		基本实现进出口能源账户平衡	全社会"生态链接"网络基本形成	44	85%	360	30.6%	45.0%	综合能源服务、多能互补、大数据节能模式普遍应用
2050年	19.0%	40.0%	61.6%	比2015年减量30%~60%			26	100%	>600	11.3%	56.9%	

图 3-3 工业部门转型升级与低碳发展"三步走"战略图

(1) 2020—2025年 控产能、提质量、抓能效、促环保 该阶段工业占GDP的比重持续回落，服务型制造模式、生产性服务业发展迅速，为工业提质增效提供支撑。规模效应、技术改进和管理水平提高将大幅度提高工业部门全要素生产率水平，工业部门增加值率明显提升。循环型工业生产体系初步确立，废旧钢材、铝材、纸等废弃物利用水平明显提升。开展智能制造试点项目，以试点形式开展智能制造示范项目，鼓励企业应用自动化、智能化生产控制技术。高能耗行业为这一阶段的战略重点，其发展态势是主要高能耗产品产量持续达到峰值并进入平台期；企业兼并重组进程加速，产业集中度有所提高；企业规模化、装备高端化、产品多元化将成为各行业发展的共同趋势，产品综合能效得到进一步提高。

(2) 2025—2035年 优势重构、系统优化、产城融合 该阶段工业部门转型升级和低碳发展的主题是"优势重构、系统优化、产城融合"。优势重构主要表现在产业结构的深度调整，高附加值产业取代传统产业，成为工业发展新动能。届时，我国将形成一批有较强国际竞争力的跨国公司和产业集群，在全球产业分工和价值链中的地位明显提升，出口产品价值含量更高，并基本实现进出口能源账户平衡。系统优化表现在工业企业通过优化工艺路线、能源梯级利用、区域物质循环，"单点、多点、流程"并重挖掘节能潜力，重点行业单位工业增加值能耗、物耗及污染物排放达到世界先进水平。产城融合表现在全社会"生态链接"全面建立，工业化与城镇化融合发展，循环性社会体系基本建成。

(3) 2035—2050年 智能化、数字化、网络化、低碳化 该阶段工业部门转型升级和低碳发展的主题是全面智能化、数字化、网络化和低碳化。基于工业互联网、大数据和智能控制技术的新一代工业交互生产方式将在各行业、各企业得以确立，关键工序数控化率达到80%以上，工业机器人全面普及，信息物理系统得以广泛应用，大规模量身定制和柔性生产方式成为主导。工业发展质量和对社会进步的支持作用本质性提高，医药、机械制造等高附加值产业在工业增加值结构中占多数,工业增加率提升至40%以上。废物综合回收再利用体系将覆盖我国主要城市,生产、生活垃圾无害化处理率达到100%。电力、天然气、氢能的大规模应用将使工业终端能源消费日趋清洁化、低碳化。

3.2 传统工业的低碳转型

3.2.1 电力系统低碳转型

推动电力系统的低碳化发展是实现碳中和的关键。电力系统的低碳化发展需要充分发挥风电、光电等可再生电力的重要作用。未来新能源的装机容量将大幅提升,由风光电等可再生电力占主导,其装机容量可达电力系统中装机的容量80%,相应的由风光电提供的电量占比约为60%。

新型电力系统是面向"双碳"目标与能源革命需要构建的电力系统,是以风、光、水、核、生物质等新能源的电力为主体,以火电等传统电力为补充的电力系统,与当前电力系统相比在电力系统中的"源网荷储"各个环节均有显著区别,是破解能源"不可能三角"(不能同时实现能源安全、经济、绿色目标)需要面对的关键领域。

建设新型电力系统的初衷,与我国"双碳"目标、能源革命有着相同的着眼点和出发点,这一任务的提出更多的是从推动自身可持续发展、实现更好的经济社会建设的内因出发而产生的主动作为,并非单纯为实现"双碳"目标而出现的。从推动经济社会可持续发展的目标需求来看,可持续的能源系统是实现上述目标的关键支撑,而当前依靠传统化石能源为基础的能源系统显然无法支撑完成我国经济社会永续发展的任务。在化石燃料之外,利用可再生能源成为促进人类文明未来发展、实现人类社会永续发展的重要根基,可再生能源利用就需要整个能源系统的供给侧与需求侧均做出变革,并且应协同变革。从需求侧考虑,不能再完全依赖化石燃料,而应当从利用可再生能源的角度出发,充分解决自身需求,促使其用能结构由化石燃料转向电气化;供给侧也不能再以化石燃料为主力,而应当转变供给侧结构,转向以风光电等可再生能源为主体的供给。这样供需两侧都需要向充分可再生能源利用的方向发展,这也是驱动新型电力系统构建的关键内生动力。

新型电力系统不仅意味着电源结构的改变,也并非简单地将原有的火电等化石电源替换为风光电等可再生电力,而是整个电力系统的全面变革,"源网荷储"各方面都需要适应新型电力系统的发展需求。由当前以煤电为主导的电力系统转变为未来以风光电等可再生能源为主体的电力系统(图3-4),需要应对多方面的调整,克服多种基础性、系统性难题。

(1) 在电力供应保障方面 风光电等新能源为主体的电力系统将面临可再生能源波动大、预

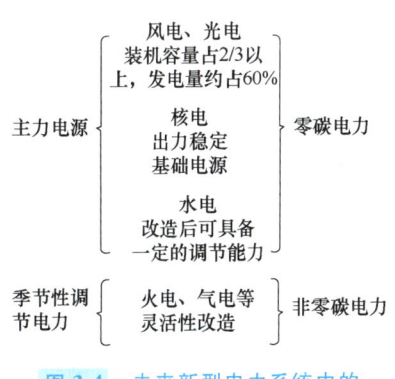

图3-4 未来新型电力系统中的电源结构示意图

测难等问题，以及气候变化进程下可再生能源未来长期演化存在不确定性等问题，这是电源结构改变导致的重大变化。极端天气下可再生能源电力处理特性会受到明显影响，例如，我国在 2021 年发生的东北电荒、2022 年夏季发生的川渝电荒很大程度上都是由于风、光、水电等可再生电力供应不足导致的。该挑战推进了我们对电力系统保障任务的认识，在以风光电等可再生电力为主体的电力系统中，电网承担的任务不能再以简单地完全保障用户需求为目标，需要统筹供给侧和用户侧的特征来实现更好调节，适应未来可再生电力占主导的发展需求。

（2）在系统平衡调节方面　现有化石电力为主体的电力系统中能够实现更好的"源随荷动"，其根源在于系统中有较好的调节资源，例如，足够的转动惯量、同步电源，但当未来以风光电为主体时，供给侧的不确定性突出，依靠传统的供需平衡理论要想实现"源随荷动"就需要具有巨大的调节资源和储能能力，但这种系统显然无法实现；风光电的不确定性突出，使得未来电力系统面临全年、季节性、日间或日内供需不匹配的难题，依靠什么技术手段、怎么解决这些调节问题都需要逐一解答；同时，电力系统中将呈现集中于分布电源并存的状态，未来将有海量的分布式电源存在于用户侧，很难单纯依靠电力系统来实现对这些分布式电源的统一集中调度。这就需要转变供需平衡调节理念，当前的集中式、统一式电力系统的调节应大幅转变，需要逐步由"源随荷动"变为"荷随源变"，甚至"荷随源动"，实现这种转变，各环节应协调配合。

（3）在安全稳定运行方面　呈现"双高"（即高比例电力电子、高比例新能源）特征的新型电力系统面临新的运行控制问题。传统电力系统的控制资源主要是同步发电机等同质化大容量设备，新能源发电有别于常规机组的同步机制及动态特性；新型电力系统中，海量新能源和电力电子设备从各个电压等级接入，高比例的电力电子设备导致系统动态呈现多时间尺度交织、控制策略主导、切换性与离散性显著等特征，传统集中式控制难以适应。随着新能源大量替代常规电源，维持电力系统安全稳定的根本要素被削弱，例如：旋转设备被静止设备替代，缺少转动惯量，电网频率控制更加困难；电压调节能力下降，高比例新能源接入地区的电压控制困难，高比例受电地区的动态无功支撑能力不足；同步电源占比下降、电力电子设备支撑能力不足导致宽频振荡等新形态稳定问题。这些问题都需要在构建新型电力系统中加以解决。

党的二十大报告指出，"立足我国能源资源禀赋，坚持先立后破，有计划分步骤实施碳达峰行动。"新型的电力系统的建设是实现"双碳"目标的关键，必须遵守我国能源革命与"双碳"工作的整体思路，循序渐进、先立后破，要着眼于未来，兼顾当前，统筹推进"源网荷储"各部分的逐步转变，协同推进新型电力系统的构建目标。

在当前电力系统向碳达峰阶段发展过程中，风光电等可再生能源快速发展，"双高"影响处于"量变"阶段，常规电源仍是电力电量供应主体，风光电等可再生电力作为补充。发用电的平衡仍然是主要特征，跨区输电、交流电网互联的规模进一步扩大并"达峰"。该时期要做好"源网荷储"各部分支撑能力建设，面向未来以可再生能源为主体的电力系统结构要逐步适应，例如：电源侧应加快促进既有机组的灵活性改造；电网侧积极建设抽水蓄能等储能设备；负荷侧要主动转变，开发自身分布式可再生能源并使得自身具备柔性用电能力，为向"荷随源动"的转型提供支撑。不同阶段的电力系统特点见表3-1。

表3-1　不同阶段的电力系统特点

类别/阶段	碳达峰期	碳中和期
电源侧	新能源逐渐发展为装机主体，煤电保容减量转变为灵活调节电源	清洁能源发展为电力电量主体，部分煤电"退而不拆"，保障安全备用
电网侧	呈现大电网与分布式并举，总体维持较高转动惯量和交流同步运行特点	交直流混联大电网、柔直电网、主动配网、微电网等多种形态电网并存
负荷侧	清洁取暖等多种形式的电能替代加速、电动汽车等可调节灵活负荷加快发展	与建筑、工业、交通等终端部门深度融合，建成清洁智慧的未来能源互联网
储能侧	抽蓄与电化学储能快速发展	多尺度多技术类型的储能体系与共享模式
体制机制	基本建成全国统一电力市场体系	全面建成全国统一电力市场和电碳市场

在新型电力系统形成期，"双高"影响转入质变，风光电等可再生能源成为装机主体，具备相当程度的主动支撑能力；常规电源功能逐步转向调节与支撑。存量电力系统向新形态转变，交直流互联大电网与局部全新能源直流组网、微电网等多种形态共存。到新型电力系统建成期，风光电等可再生能源成为主力带能源，发用电基本解耦，电力系统实现"源网荷储"各部分协同发挥作用。

3.2.2　交通系统低碳转型

交通是指所有通过运输设备（如火车、汽车、轮船、飞机等）或仅靠人力进行的人流、客流和货流的交通运输。根据不同的运输方式，交通领域主要包括公路运输、铁路运输、水路运输、航空运输。在运输工具方面，公路运输工具包括客运车辆和货运车辆；铁路运输工具主要包括铁路机车、铁路车辆和列车等；水路运输工具也称为浮动工具（即浮动器），包括船、驳、舟、筏；航空运输工具通常是指专门用于运输旅客或货物的民用飞机。

交通行业是全球温室气体主要排放源之一。2021年全球温室气体排放总量达到49.55Gt CO_2e（$10^9 tCO_2$排放当量），其中75.3%的温室气体排放来源于能源消耗，12.0%来源于农业，6.6%来源于工业工程，3.4%来源于废物处理，2.7%来源于林业和土地利用。在能源排放活动中，发电和供热行业排放占全球温室气体排放比重最高，达46.0%；交通行业是另一主要排放源，占全球排放量的25.0%。

2021年10月，国务院印发《2030年前碳达峰行动方案》，给出了在碳达峰目标下交通运输的具体发展方向，未来要以能源安全战略和交通强国战略为指引，加快建立交通强国所需的科技创新体系，发挥科技创新的支撑引领作用，推动交通工具装备低碳转型，构建绿色高效交通运输体系，加快绿色交通基础设施建设，发展低碳可持续交通。

我国交通基础设施发展迅速，基本形成以"十纵十横"综合运输大通道为主骨架、内畅外通的综合立体交通网络。高速铁路营业里程、高速公路里程、内河航道通航里程、民用运输机场数量等位居世界前列。2023年我国交通基础设施主要规模见表3-2。

表 3-2　2023 年我国交通基础设施主要规模

项目	规模	世界排名	项目	规模	世界排名
公路总里程	544.1 万 km	世界第一	高速公路总里程	18.4 万 km	世界第一
铁路营业里程	15.9 万 km	世界第一	高速铁路营业里程	4.5 万 km	世界第一
城市轨道交通运营里程	10165.7km	世界第一	内河航道通航里程	12.8 万 km	世界第一
港口万 t 级及以上泊位数量	2751 个	世界第一	民用运输机场数量	259 个	世界前列

交通部门能源消费量快速增长。成品油占交通终端用能比重高。虽然近年来国内高铁和电动汽车发展迅猛，但汽油、柴油、煤油、燃料油等成品油仍是交通用能的主体。2023 年我国交通部门能源消费中成品油约占交通终端用能的 85%。

交通碳排放总量增长迅速，公路运输碳排放最多。随着国民经济快速发展，全社会货运量和客运量均大幅增长，交通部门的 CO_2 排放也增长迅速。国际能源署（IEA）统计数据显示，1990—2021 年，我国交通领域碳排放量从 9400 万 t 增至 9.6 亿 t 左右，增长 9 倍，但 2022 年我国交通领域 CO_2 排放比 2021 年减少了 3.1%。现阶段，我国交通领域碳排放量约占我国碳排放总量的 10%。其中，公路运输 CO_2 排放占比最大，占交通部门总碳排放的 75% 左右，是交通碳减排的重点；航空、水运和铁路运输产生的碳排放占比虽小，却是碳减排的难点。

公路、铁路、水运、航空各领域中的能源低碳技术，其技术内涵、未来发展趋势以及需要解决的关键科技问题如下：

（1）纯电动汽车技术　纯电动汽车是完全由可充电蓄电池提供动力源的汽车，它具有无直接排放、能源转换效率高等优势，是实现公路交通碳减排的主力，是新能源汽车发展的主要方向。2023 年纯电动汽车占新能源汽车保有量的 76.04%。伴随纯电动汽车产业规模的扩大，其技术在不断趋于完善成熟。《新能源汽车产业发展规划（2021—2035 年)》明确提出：到 2025 年，纯电动乘用车新车平均电耗降至每百公里 12kW·h。纯电动汽车成为新销售车辆主流，公共领域用车全面电动化。

纯电动汽车技术的核心系统包括蓄电池系统、能量管理系统、充换电技术等。其中，蓄电池是关键核心部件，其技术水平和安全性关系到电动汽车的发展进程，需重点研发高安全、长寿命、低成本、规模化的先进蓄电池。能量管理系统、充换电技术逐步趋向完善，充换电技术将向慢充为主、快充为辅、部分场景采用换电模式的方向发展。

需要解决的关键科技问题：

1）加快蓄电池的技术创新，提升锂离子电池的能量密度及安全性，开展高功率液流电池关键材料、电堆设计及系统模块的集成设计等研究，研发固态电池、钠离子电池、钠硫电池等新一代高性能、低成本蓄电池。

2）通过发展智能充电、V2G 等技术，提高充电设施便利性、安全性、经济性，完善充电服务体系。

3）增强电动汽车电能利用与可再生能源发电的融合协同，持续提升绿色电能的应用比例。

（2）氢燃料电池汽车技术　氢燃料电池汽车是将氢气的化学能转换成电能作为动力的汽车，行驶中排放物只有水，可实现零碳排放，是新能源汽车发展的重要方向。它具有能量转换效率高（50%~60%）、续航里程长（>500km）、加注时间短（<5min）等优点，更适用于长距离、重型运输的场景。我国氢燃料电池汽车已从技术开发阶段进入商业化导入期，具备整车的研发和制造能力，并开展了客车、物流车等商用车型的示范推广。氢燃料电池汽车技术的核心系统包括燃料电池堆及关键材料、燃料电池系统、加氢站等。燃料电池堆及关键材料是氢燃料电池汽车的核心部件，其研发向高性能、低成本、长寿命方向发展。中国科学院大连化学研究所研制的薄金属板电堆功能密度达到4kW/L，武汉理工新能源有限公司的膜电极功率密度已达$1.35W/cm^3$，性能均已接近国际先进水平，有待实现规模稳定化生产。目前燃料电池系统的性能已满足车辆使用要求，未来研究重点将集中在智能化、高性能方面。

需要解决的关键科技问题如下：

1）推进燃料电池堆及关键材料的基础研究和技术转化，改进质子交换膜、催化剂、双极板等关键材料的性能，提高电堆功率密度，减小电堆催化剂中铂的用量，降低电堆成本。

2）加强燃料电池系统的重载集成、结构设计及智能控制研究，提升系统运行的可靠性和耐久性。

3）发展高密度、轻质固态氢储运，长寿命、高效率的有机液体氢储运，管道输运等储运技术。

4）研制高安全性、低能耗的加氢机和加氢站压缩机等关键装备以及核心零部件，建成加氢站示范工程。

（3）氢燃料电池列车技术　氢燃料电池列车以氢燃料电池提供主体电能、以蓄电池或超级电容作为辅助动力源，能量转换效率是传统内燃机组的1.7倍，续航里程更长，具有无直接排放、高效能的优势，可替代所有燃油列车，并对电力列车难以涉及的短的运输起到补充作用。我国氢燃料电池列车技术处于起步阶段，但已取得了关键性突破，2021年我国首台自主研发的氢燃料电池混合动力机车成功下线，开启了清洁高效能源发展的新阶段。氢燃料电池列车在相对密闭的地铁、隧道、矿山等环境下使用优势更加明显，无须借助架空线等基础设施供电，应用和维护成本更低；列车车厢空间充裕，对燃料电池与储氢罐体积要求低，技术难点相对较少。氢燃料电池列车技术的核心系统包括燃料电池、燃料电池与蓄电池集成系统、能源管理系统等。未来发展需重点提升燃料电池性能、寿命，降低成本；进一步研发和升级燃料电池与蓄电池高效集成和能量管理系统，提升能量转换效率，保障动力系统处于高效、经济的能量输出状态。

需要解决的关键科技问题：

1）加快氢燃料电池技术的迭代升级，开发大功率、高安全、低成本、长寿命的列车燃料电池系统。

2）优化能量管理控制策略，提升燃料电池和蓄电池的集成系统效率。

3）研发先进的储氢材料和储氢技术，降低车载氢气和氢气瓶占牵引质量的比重，实现商业运营的最优化。

4）推动氢能供应及加注基础设施体系的建设，加大绿色氢能的应用比例。

（4）磁悬浮列车技术　磁悬浮列车通过电磁力实现列车与轨道之间的无接触悬浮和导向，利用直线电动机产生的电磁力牵引列车运行。因为没有轮轨的摩擦，可实现10%~30%的节能，最高速度可达600km/h以上，有效填补了轮轨高铁和航空之间的速度空白，具有无废气排放、噪声小、能耗与维护成本低等优点。磁悬浮列车主要由常规导体（常导）、低温超导、高温超导、真空管道四种磁悬浮类型。常导和低温超导技术已经比较成熟，作为其代表的国家分别是德国和日本，我国主要研发常导和高温超导磁悬浮技术，并已实现了中低速常导磁悬浮的商业运营。未来常导和低温超导的研发主要集中在降低成本、提高效率和安全性方面，将深化研究高速领域直线电动机轨道制动技术、非接触供电技术、磁热泵系统公路提升等方面。现阶段高温超导和真空管道磁悬浮均处于研发和测试阶段，高温超导研究重点集中在超导块材组合在永磁轨道上的动态特性分析、运行试验、中试线建设等方面；真空管道磁悬浮系统研发时间尚短，研究集中在真空管道的设计和制造、管道结构特征和优化方法、施工方法方面。

需要解决的关键科技问题如下：

1）针对磁悬浮技术中牵引电动机效率、超导材料、储能等关键系统开展深入研究，低温、高温超导磁悬浮分别使用液氦（-269℃）、液氮（-196℃）来保证超导材料的性能，冷却系统的成本高，体积和自重大，需重点研发高效、轻量化的冷却系统和新型高温超导材料。

2）真空管道磁悬浮需重点研制高效率、高可靠性的大功率同步直线电动机，解决高速下牵引动力的难题，同时在低成本和安全的前提下，实现管道的可靠密封与高效抽真空。

（5）电动船舶技术　电动船舶是指以电池动力替代燃油驱动的船舶，主要分为两种：一种以蓄电池提供动力；另一种以氢燃料电池提供动力。电动船舶技术具有能耗低、零排放、低噪声传动效率高等优势，已成为航运业实现绿色转型的重点方向。电动船舶技术在全球范围内仍处于初级发展阶段，但世界各国已纷纷加快电动船舶的研发。蓄电池动力船舶续航里程偏短，适用于内河航道短里程场景，氢燃料电池船舶更适用于重载、长续航里程的场景。电动船舶核心系统包括动力电池系统、充电或储氢/加氢系统等。国内船用蓄电池必须经过中国船级社的认证才能在船舶上使用，当前以磷酸铁锂电池为主，电池续航能力不足，未来需重点提升电池能量密度、使用寿命等；船用充电技术和设施发展较为落后，需通过充电方式的革新缩短充电时间，提高运营效率。氢燃料电池动力系统面临功率密度低、寿命短、成本高等问题，未来重点提升电池单体功率和研发兆瓦级电池模组，延长使用寿命；船用氢气储存及加注技术存在短板，目前国内尚无船用氢燃料加注先例，未来需重点研发高密度储氢和氢气加注技术，布局氢燃料加注设施。

需要解决的关键科技问题如下：

1）提升蓄电池的能量密度、循环寿命、电池管理系统性能，开发高效、低成本的固态锂电池、金属空气电池等新型船用蓄电池。

2）研发快速充电、无线充电等先进技术，加大充电、换电设施的建设投入，解决船舶充电及续航问题。

3）研发高功率、长寿命氢燃料电池技术，突破高安全、高储氢密度的船用储氢技术，建立氢燃料加注基础设施系统。

（6）液化天然气动力船舶技术　液化天然气（LNG）动力船舶采用更清洁的LNG作为驱动燃料，与燃油船舶相比，具有绿色低碳、燃料成本低、推进效率高等优势，是实现航运业碳减排的关键途径。我国LNG动力船舶技术已取得一定进展。LNG动力船舶技术的核心系统包括燃料发动机、LNG加注技术等。燃料发动机可分为单一燃料发动机（仅使用LNG燃料）和双燃料发动机（LNG和柴油同时或独立使用）两种。单一燃料发动机可减少CO_2排放量20%~50%，提高燃烧效率30%左右，但建造成本比同规格的柴油船舶高10%~20%，未来需重点开发高性能、低成本的发动机系统；双燃料发动机是在柴油机的基础上，增加燃气供应和控制系统，受柴油机固有结构限制，该型机难以充分发挥天然气的减排优势，未来需重点对配气正时、配油正时等技术参数进行优化，使用合理的油-气掺烧策略，优化减排效果；LNG加注技术和基础设施发展不足，需进一步完善加注技术体系和设施布局。

需要解决的关键科技问题：

1）对于单一燃料发动机，通过对发动机结构、关键零部件、工作参数等进行优化，并降低成本，实现最优的节能和减排效益。

2）对于双燃料发动机，重点研发支管多点顺序喷射和油-气掺烧等技术，提升燃烧效率，减少氮氧化物（NO_x）排放。

3）对于LNG加注，重点探索内河船舶以岸基和趸船加注站为主，沿海船舶以移动加注船为主、槽车加注为辅的技术体系。

（7）生物航空煤油技术　生物航空煤油是从动植物油脂、农林废物、藻类等生物质原料中提炼，供航空器使用的可持续航空燃料（可持续航空燃料是传统石油基燃料的低碳替代品，它来自可再生资源或废物副产品），它的成分与传统航空煤油基本一致，无须更换发动机和燃油系统，它的温室气体减排幅度为67%~94%，是航空领域可行的碳减排途径。生物航空煤油技术发展迅速，我国已成为世界上少数可自主研发和生产生物航空煤油的国家之一。生物航空煤油的生产工艺主要包括加氢法、费-托合成法、生物质热裂解和催化裂解等，其中加氢法和费-托合成法较为常用。加氢法以动植物油、微藻油和餐饮废油为原料生产航空煤油，燃料的芳烃含量偏低，冰点偏高，稳定性较差；费-托合成法以农林废物、城市垃圾为原料生产航空煤油，原料收集成本高，燃料的润滑性较差；未来需重点通过催化剂技术的革新，优化生物航空煤油的性能参数。生物航空煤油的原料成本占总成本的85%，过高的原料成本使生物航空煤油的价格使普通航空煤油的2~3倍，需重点建立稳定的原料供应体系，保证原料持续低成本的供应。

需要解决的关键科技问题如下：

1）加快生物航空煤油新型加氢脱氧催化剂及选择性加氢裂化、异构化等催化剂的突破，提升生物航空煤油的稳定性、润滑性等关键性能。

2）建设生物质能源林基地，发展原料作为的培育、基因改造技术，完善原料的收集及供应机制，降低原料成本。

（8）氢动力飞机技术　氢动力飞机是以氢作为能量载体的飞机，主要分为两种：一种以氢燃料电池提供动力；另一种以氢直接燃烧为发动机提供动力，具有清洁无污染、能量密度高等优势，是航空业实现零排放、可持续发展的关键突破。氢动力飞机技术在世界范围内仍处于起步阶段，但已得到航空业的高度重视。2020年，英国氢动力飞机开发商ZeroAvia完成了全球首次商业规模的氢燃料电池飞机的试飞。氢动力飞机技术的核心系统包括动力推进系统、机载储氢系统、机场加氢系统等。氢燃料电池动力系统面临功率密度低、使用寿命短和单体输出功率低等问题，未来需重点提高电池功率密度，延长寿命（超过25000h）；氢直接燃烧动力系统需重点开发高效氢燃烧系统，提升氢燃料发动机的效率；机载储氢系统需在低于-253℃下储存液氢，在同等能量下，液氢所需储罐的体积是航空煤油的4倍，未来需重点研发高效冷却系统及轻型安全的液氢储罐；机场加氢系统需重点向低成本运氢、安全储氢和高效加氢方向发展。

需要解决的关键科技问题如下：

1）研发大功率、长寿命氢燃料电池系统，扩大电池系统输出功率，满足中、大型科技动力需求。

2）开发高效氢直接燃烧发动机系统，优化燃烧室、燃料控制系统、热管理系统的设计，提升氢燃烧效率。

3）研发非圆柱形或球形储氢罐，以及轻型安全的储罐材料，并与翼身融合设计，降低储罐重量与尺寸的负面影响。

4）探索天然气管道输氢、现场可再生能源电解水制氢、高效液氮加注等技术，降低氢的使用成本。

3.2.3　化工行业低碳转型

化工行业中化石原料既是能源，又是原材料。化工行业实现碳中和的路径包括全产业链碳减排技术、零碳原料和零碳能源替代技术，以及CO_2制备化学品碳负排技术等（图3-5）。

（1）全产业链碳减排技术　常见的化工生产工艺有分离、精馏、纯化等，其中分离是耗能较大的一项工艺。美国橡树岭国家实验室提出，美国化学、炼油、林业和采矿业的分离占其总能源消耗的5%~7%，分离工艺的节能增效技术最多可以减排CO_2约1亿t/a。欧洲提出，重点发展解决能源和化工生产问题的清洁、可持续的绿色催化剂，并将其应用于化石燃料、生物质利用、CO_2利用、环境保护的催化技术等领域，提高化工过程的可持续性。高耗能通用设备电气化改造时碳减排的重要方向，如蒸汽裂解装置电气化改造。蒸汽裂解器目前主要以化学燃料为能源，由于高温要求，蒸汽裂解装置电气化改造非常困难。

产品提质耐用主要包括发展高效耐用的化工新材料，与传统化工材料相比性能更优异或具备某种特殊功能，如轻质化等，一定程度上可促使航空航天、信息产业、新能源汽车、健康医药等领域原材料耗损减少，从而实现碳减排。另外，高效耐用材料与一些新型增材技术相结合，还可以进一步节省原材料。例如，3D打印技术仅需要消耗材料本身需要用到的材料量，可大大节省原料的使用。现阶段，3D打印技术主要以熔融沉积技术、选择性激光烧结技术和立体光固化技术为主。

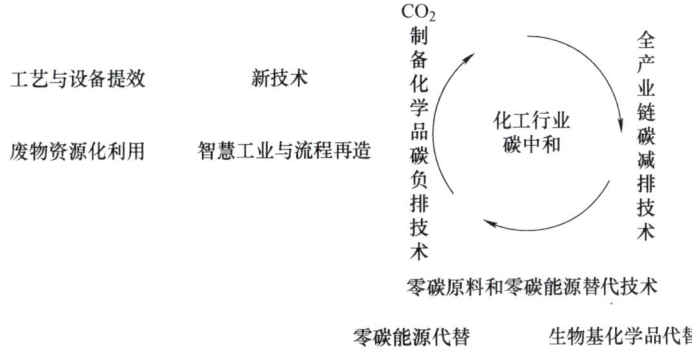

图 3-5　化工行业碳中和技术路径

废弃聚合物可作为原料回收使用，使用这些"次级原料"可以降低所需的能源，并减少初级原料的用量，实现碳减排。聚合物循环主要包括：基于可再生原料的循环；直接重复使用（约18%的聚合物可以直接重复使用）；对材料要求重复使用（如包装塑料材料再利用）；化学循环，即使用化工产品作为二次原料，替代其他原料（如塑料废弃物经过一系列的化学反应重新生成有价值的化学品）；废弃聚合物的燃烧以回收热能和利用所产生的 CO_2。

可利用大数据、物联网等信息工具对化工生产流程进行分析，结合 CO_2 减排，精简或延伸现有生产系统和流程来满足生产需求，实现工业流程再造碳减排。某磷化工集团采用低品位硫铁矿制硫酸联产铁精矿技术、湿法磷酸高效萃取净化技术、晶体磷酸一铵新技术、高品质白炭黑和氟化铵技术、磷矿石伴生碘资源回收技术等多种先进实用技术改进传统产业流程，不断调整产业及产品结构，将产业链延伸至伴生资源综合利用、废物资源化利用等，实现了资源高效利用，以及污染物及 CO_2 的减排。

不同部门或企业之间可进行材料、能源、水和副产品/废物交换的合作。共生的工厂、企业相互之间的依赖程度不断提高，形成了具有成本、规模、市场和创新竞争优势的产业集群，从而实现工业共生、绿色生产，促进碳减排。在化工生产中，H_2 既是能源的清洁替代品，也是重要的产品和化学反应的原料，通过产业集群可以创造一个内部的 H_2 市场，将生产和消费集中在一起。西班牙电力公司 Iberdroa 与化肥制造商 Fertiberia 合作建造了绿色 H_2 生产厂，采用太阳能光伏电力，为电解槽提供动力，产生的绿氢用于化肥制备，从而大大减少碳排放。

化工行业非 CO_2 温室气体主要为 N_2O 和三氟甲烷（CHF_3），分别来自乙二酸、硝酸、己内酰胺及氟化工等生产过程。非 CO_2 温室气体的来源不一样，其处理方式也不相同。在乙二酸生产中常用的 N_2O 处理技术分为催化分解法、热分解法和循环回收生产硝酸法三种：①催化分解法在我国和德国均有应用；②热分解法主要在韩国、巴西、德国有应用；③循环回收生产硝酸法主要在法国应用。在硝酸生产领域中，常用的 N_2O 处理技术也分为三类：

①一级处理法主要是通过源头铂金网改良抑制 N_2O 产生；②二级处理法是在铂金网下方安装 N_2O 催化分解剂，减少 N_2O 排放，又称为高温选择性催化还原法；③三级处理法是指在尾气中处理 N_2O，又称为尾气处理法。实现工业化的有二级处理法和三级处理法。CHF_3 减排主要采用热分解的方法，根据高温的获取方式，又可以分为燃气热分解技术、过热蒸汽分解技术和等离子体高温分解技术。

（2）零碳原料和零碳能源替代技术　在化工生产中，采用可再生原料即生物质制备化学品可以避免使用化石原料作为碳原料，实现碳零排。据美国的规划，2030 年生物基化学品将替代 25% 有机化学品和 20% 的石油燃料，2050 年生物基化学品和材料占整个化学品和材料市场的 50%；据欧盟的规划，2030 年生物基原料将替代 6%~12% 的化工原料和 30%~60% 的精细化学品，在高附加值化学品和高分子材料中，生物基化学品占 50%。我国生物基化学品经济近年来保持 20% 左右的年均增长速度，产量已达到 600 万 t/a，部分技术接近国际先进水平。据规划，我国未来现代生物制造产业产值超 1 万亿元，生物基化学品在全部化学品产量中的比重达到 25%。

在化工生产过程中，以电代煤、以电代油、以电代气、以电代柴，采用清洁发电即零碳电力，让能源使用更绿色。零碳非电能源替代是以 H_2 或者生物质作为燃料，为化工生产提供热量。零碳电力替代较适用于中低温度要求的化工行业，而氢能和生物质能可用于满足高温要求的化工行业，但大部分化工厂使用零碳电力和零碳非电能源需要对硬件设施及装置进行升级改造。因此，化工行业可以通过逐步推进过程电气化和零碳能源替代，实现碳零排。2021 年 5 月，德国建成一座总装机输出达到 2GW 的近海风电场，为化学品生产基地提供绿色电力，并助力实现绿氢生产工艺。

（3）CO_2 制备化学品碳负排技术　CO_2 耦合绿氢转化技术以太阳能、风能、核能为能源电解水，以电解水制备的绿氢作为原料，将 CO_2 转化为甲醇、甲酸等碳氢化合物、合成气等高价值化学品的技术。所得的化学品可作为原料进一步反应，形成化工行业价值链中的众多重要产品。其中，CO_2 可来自燃烧尾气、化学工业过程等，从而实现碳零排。

CO_2 直接转化碳负排技术以 CO_2 作为共聚单体生产具有高附加值的产品，如尿素、甲醇、有机酸酯、可降解聚合物、聚合物多元醇、碳酸盐矿等。图 3-6 所示为欧洲 CO_2 直接转化碳负排技术的目标产品。目前，尿素、水杨酸、聚（丙烯）碳酸酯循环碳酸盐等技术最为成熟，已达商业应用阶段。无机碳酸盐、聚碳酸酯醚醇、甲酸、甲醇等技术处于中试阶段；有机酸、有机氨基甲酸盐、醛类、醇类、二甲醚等技术尚处于实验室阶段。

近年，我国 CO_2 化工利用技术取得了较大进展，部分技术完成了中试及示范，如合成甲醇技术、合成可降解聚合物技术、合成有机碳酸酯技术及矿化利用技术等。通过化工过程及装备的节能提效、绿色高效催化剂的开发等措施，可提高化学品及材料生产相关资源与能源利用效率，构建低碳发展体系。化工行业应推进电气化升级及清洁能源替代，加大采用生物质等零碳材料作为原材料，形成资源的最大循环利用，实现零碳能源和资源替代；加大 CO_2 的捕集用于制备化学品，实现碳负排。

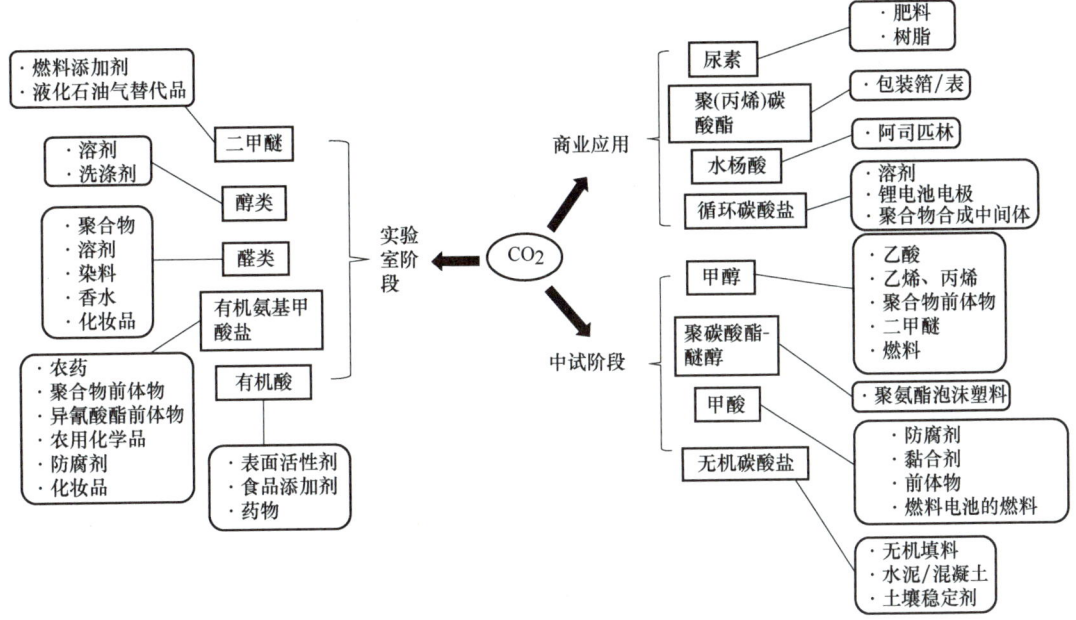

图 3-6　欧洲 CO_2 直接转化碳负排技术的目标产品

3.2.4　建材行业低碳转型

建筑材料行业为我国经济发展提供了重要的原材料支撑，在经济高速发展过程中做出了突出贡献，但它是典型的资源能源承载型行业。我国建筑材料生产与消费连续多年高居世界第一，是我国碳减排的重点行业之一。以下以建材行业碳减排的重点产业——水泥产业为例进行介绍。

由于水泥生产的规模及其生产过程的特点，水泥工业被认为是人为 CO_2 排放的主要来源之一，占全球碳排放的 8%。其过程排放约占直接 CO_2 排放量的 60% 以上，其次是燃料燃烧、电耗（间接 CO_2 排放）。水泥工业碳排放中的直接工艺排放，主要来源于碳酸钙（石灰石）转化成氧化钙（生石灰）的过程，碳酸钙分解释放出大量的 CO_2，因此降低水泥的熟料使用量将有助于水泥行业的减碳。而对于燃料燃烧环节，目前在我国水泥业的能源投入中，煤炭约占 75%，其余投入包括电力、天然气，以及少量的石油产品、废弃物和生物能。先进的节煤技术和煤炭替代燃料技术等也将大幅度减少水泥生产中的煤炭消耗。此外，水泥生产过程的特殊性，即原料碳酸盐化合物的分解，决定了水泥行业实现碳中和还需要 CCUS、林业碳汇等负碳技术的普及应用。我国水泥和水泥熟料消费预测见表 3-3。

表 3-3　我国水泥和水泥熟料消费预测

年份	2035	2050	2060
熟料消费量/10^8t	10.8	7.5	6
水泥熟料系数（%）	75	75	75
水泥消费量/10^8t	14.4	10	8

依据上述熟料消费量预测,针对一般情景下水泥行业能耗提升和实施技术性减碳措施估算我国水泥行业煤炭消耗量及碳减排,见表3-4。

表3-4 我国水泥行业煤炭消耗量及碳减排估算

年份		2020	2025	2035	2060
煤炭消耗量/10^8t	基准情景	1.71	1.64	1.06	0.58
	退出情景		1.55	0.97	0.39
	加强情景		1.36	0.8	0.27
备注		实际数据	基准情景,单耗为108kgce/t[①];退出情景,燃料替代率为5%;加强情景,单耗为100kgce/t,燃料替代率为10%	基准情景,单耗为101kgce/t;退出情景,单耗为98kgce/t,燃料替代率为6%;加强情景,单耗为95kgce/t,燃料替代率为20%	基准情景,单耗为100kgce/t;退出情景,单耗为95kgce/t,燃料替代率为30%;加强情景,单耗为92kgce/t,燃料替代率为50%
燃煤碳排放量/10^8t(退出情景)		4.55	4.12	2.58	1.04

注:单耗指熟料单位产品煤耗。
① 表示千克标准煤每吨。

由表3-4可知,相比2020年退出情景下2035年、2060年水泥行业的煤炭消耗量将分别下降43.27%($0.74×10^8$t)、19%($1.32×10^8$t),影响的主要因素为水泥消费下降。而在加强情景下,水泥行业的煤炭消耗量将下降53.22%($0.91×10^8$t)、84.21%($1.44×10^8$t),此时能效水平和燃料替代率提升等技术因素影响显著增加。可见制定有效的碳中和路径和开发先进的减碳技术对我国建材行业如期实现碳中和目标非常重要。

在碳中和背景下,建筑材料行业的碳减排有利于推进文明建设,对我国如期实现碳达峰、碳中和目标有着积极的推动作用。"十四五"时期,经济高质量发展、生态环境持续改善仍是社会经济发展的主旋律。在碳达峰目标背景下,建材行业应坚持高质量发展理念,面向碳达峰、碳中和目标,立足于行业实际规划碳减排路径,制定碳减排措施,尽可能提前实现碳达峰目标。具体做到以下几点:

(1)调整优化建材产业产品结构 建材行业要对行业发展目标进行修订,新增能耗、限制排放、资源综合利用等约束性指标,从源头减少CO_2排放,尽快淘汰落后产能,严格推行减量置换政策,尽快消化过剩产能,坚决遏制违约新增产能,向终端化、轻型化、制品化方向发展。建材行业要鼓励行业内企业研发新产品、新技术、新装备,发展新业态、优化生产流程,开展柔性化、集约化生产、全面较少碳排放总量;同时鼓励行业领军企业对各类资源进行优化整合,提高产业链、价值链的附加值,推动其向着高品质方向发展。

(2)加强低碳技术在建材行业的研发与应用 建材行业要围绕碳减排探索技术性路径,优化生产工艺,致力于新型胶凝材料技术、低碳混凝土技术和吸碳技术的研发,同时加强对低碳建材的研发,例如,低碳水泥等,将建材对废弃物的消纳能力充分发挥出来,提高行业利用废弃物的水平,最大限度地实现工业副产品循环利用,节约资源,减少产品生产过程中的温室气体排放。同时，建材行业要推广应用窑炉协同处置垃圾（如生活垃圾、污泥、废弃物等）技术，提高燃烧替代率，同时对碳捕集、利用等技术进行推广。

（3）提升能源利用效率，加强全过程节能管理　建材行业要坚持"节能优先"的原则，对重点用能单位进行监管，明确能耗限额标准并严格执行，将在节能减排、提高能效方面表现优异的企业打造成行业标杆，引领其他企业达到能效利用标准；面向企业的能源使用建立专门的管理体系，利用信息化、数字化和智能化技术加强能耗管理；对水泥、平板玻璃、陶瓷等高能耗行业开展节能诊断，全面提高能源利用效率，探索碳减排路径，全面挖掘碳减排空间，提高碳减排质量。建材行业可以对各细分产业与产业发展地区进行评估，鼓励经济发展水平提高、在节能减排方面有天然优势的地区率先实现碳达峰。

（4）做好建筑材料行业进入碳市场的准备工作　建材行业要配合政府部门建设碳排放权交易市场，对建材行业各分产业的碳排放限额做出明确规定，研究制定建筑材料各主要产业的碳排放标准；鼓励水泥和平板玻璃两大产业率先进入碳市场，制定企业参与碳交易的方案，开展碳交易模拟试算与运行测试；引导其他产业对碳排放情况进行全面调查，有序进入全国碳市场。

3.3　工业转型的主要目标与任务

3.3.1　主要目标

我国《"十四五"工业绿色发展规划》指出，到2025年，工业产业结构、生产方式绿色低碳转型取得显著成效，绿色低碳技术装备广泛应用，能源资源利用效率大幅提高，绿色制造水平全面提升，为2030年工业领域碳达峰奠定坚实基础。具体要做到以下几点：

（1）碳排放强度持续下降　单位工业增加值 CO_2 排放降低18%，钢铁、有色金属、建材等重点行业碳排放总量控制取得阶段性成果。

（2）污染物排放强度显著下降　有害物质源头管控能力持续加强，清洁生产水平显著提高，重点行业主要污染物排放强度降低10%。

（3）能源效率稳步提升　规模以上工业单位增加值能耗降低13.5%，粗钢、水泥、乙烯等重点工业产品单耗达到世界先进水平。

（4）资源利用水平明显提高　重点行业资源产出率持续提升，大宗工业固废综合利用率达到57%，主要再生资源回收利用量达到4.8亿t。单位工业增加值用水量降低16%。

（5）绿色制造体系日趋完善　重点行业和重点区域绿色制造体系基本建成，完善工业绿色低碳标准体系，推广万种绿色产品，绿色环保产业产值达到11万亿元。布局建设一批标准、技术公共服务平台。

3.3.2　主要任务

主要任务包括以下几方面：

（1）实施工业领域碳达峰行动　加强工业领域碳达峰顶层设计，提出工业整体和重点行业碳达峰路线图、时间表,明确实施路径,推进各行业落实碳达峰目标任务,实行梯次达峰。

1) 制定工业碳达峰路线图。深入落实《2030 年前碳达峰行动方案》,制定工业领域和钢铁、石化化工、有色金属、建材等重点行业碳达峰实施方案,统筹谋划碳达峰路线图和时间表。强化标准、统计、核算和信息系统建设,提升降碳基础能力。结合不同行业技术现状和发展趋势,力争有条件的行业率先实现碳达峰。

2) 明确工业降碳实施路径。基于流程型、离散型制造的不同特点,明确钢铁、石油化工、有色金属、建材等行业的主要碳排放生产工序或子行业,提出降碳和碳达峰实施路径。推动煤炭等化石能源清洁高效利用,提高可再生能源应用比重。加快氢能技术创新和基础设施建设,推动氢能多元利用。支持企业实施燃料替代,加快推进工业煤改电、煤改气。对以煤、石油焦、渣油、重油等为燃料的锅炉和工业窑炉,采用清洁低碳能源替代。通过流程降碳、工艺降碳、原料替代,实现生产过程降碳。发展绿色低碳材料,推动产品全生命周期减碳。探索低成本 CO_2 捕集、资源化转化利用、封存等主动降碳路径。

3) 开展降碳重大工程示范。发挥中央企业、大型企业集团示范引领作用,在主要碳排放行业及绿色氢能与可再生能源应用、新型储能、碳捕集利用与封存等领域,实施一批降碳效果突出、带动性强的重大工程。推动低碳工艺革新,实施降碳升级改造,支持取得突破的低碳零碳负碳关键技术开展产业化示范应用,形成一批可复制、可推广的技术和经验。

4) 加强非 CO_2 温室气体管控。有序开展对氧化亚氮、氢氟碳化物、全氟化碳、六氟化硫等其他温室气体排放的管控。落实《〈蒙特利尔议定书〉基加利修正案》,启动聚氨酯泡沫、挤出基苯乙烯泡沫、制冷空调等重点领域含氢氯氟烃淘汰管理计划,加强生产线改造、替代技术研究和替代路线选择,推动含氢氯氟烃削减。

(2) 推进产业结构高端化转型 加快推进产业结构调整,坚决遏制"两高"项目盲目发展,依法依规推动落后产能退出,发展战略性新兴产业、高技术产业,持续优化重点区域、流域产业布局,全面推进产业绿色低碳转型。

1) 推动传统行业绿色低碳发展。加快钢铁、有色金属、石化化工、建材、纺织、轻工、机械等行业实施绿色化升级改造,推进城镇人口密集区危险化学品生产企业搬迁改造。落实能耗"双控"目标和碳排放强度控制要求,推动重化工业减量化、集约化、绿色化发展。对于市场已饱和的"两高"项目,主要产品设计能效水平要对标行业能耗限额先进值或国际先进水平。严格执行钢铁、水泥、平板玻璃、电解铝等行业产能置换政策,严控尿素、磷铵、电石、烧碱、黄磷等行业新增产能,新建项目应实施产能等量或减量置换。强化环保、能耗、水耗等要素约束,依法依规推动落后产能退出。

2) 壮大绿色环保战略性新兴产业。着力打造能源资源消耗低、环境污染少、附加值高、市场需求旺盛的产业发展新引擎,加快发展新能源、新材料、新能源汽车、绿色智能船舶、绿色环保、高端装备、能源电子等战略性新兴产业,带动整个经济社会的绿色低碳发展。推动绿色制造领域战略性新兴产业融合化、集群化、生态化发展,做大做强一批龙头骨干企业,培育一批专精特新"小巨人"企业和制造业单项冠军企业。

3) 优化重点区域绿色低碳布局。在严格保护生态环境前提下,提升能源资源富集地区能源资源的绿色供给能力，推动重点开发地区提高清洁能源利用比重和资源循环利用水平，引导生态脆弱地区发展与资源环境相适宜的特色产业和生态产业，鼓励生态产品资源丰富地区实现生态优势向产业优势转化。加快打造以京津冀、长三角、粤港澳大湾区等区域为重点的绿色低碳发展高地，积极推动长江经济带成为我国生态优先绿色发展主战场，扎实推进黄河流域生态保护和高质量发展。

（3）加快能源消费低碳化转型　着力提高能源利用效率，构建清洁高效低碳的工业用能结构，将节能降碳增效作为控制工业领域 CO_2 排放的关键措施，持续提升能源消费低碳化水平。

1）提升清洁能源消费比重。鼓励氢能、生物燃料、垃圾衍生燃料等替代能源在钢铁、水泥、化工等行业的应用。严格控制钢铁、煤化工、水泥等主要用煤行业的煤炭消费，鼓励有条件地区新建、改建、扩建项目实行用煤减量替代。提升工业终端用能电气化水平，在具备条件的行业和地区加快推广应用电窑炉、电锅炉、电动力设备。鼓励工厂、园区开展工业绿色低碳微电网建设，发展屋顶光伏、分散式风电、多元储能、高效热泵等，推进多能高效互补利用。

2）提高能源利用效率。加快重点用能行业的节能技术装备创新和应用，持续推进典型流程工业能量系统优化。推动工业窑炉、锅炉、电动机、泵、风机、压缩机等重点用能设备系统的节能改造。加强高温散料与液态熔渣余热、含尘废气余热、低品位余能等的回收利用，对重点工艺流程、用能设备实施信息化、数字化改造升级。鼓励企业、园区建设能源综合管理系统，实现能效优化调控。积极推进网络和通信等新型基础设施绿色升级，降低数据中心、移动基站功耗。

3）完善能源管理和服务机制。加快节能标准更新，强化新建项目能源评估审查。依据节能法律法规和强制性节能标准，定期对各类项目特别是"两高"项目进行监督检查。规范节能监察执法、创新监察方式、强化结果应用，探索开展跨地区节能监察，实现重点用能行业企业、重点用能设备节能监察全覆盖。强化以电为核心的能源需求侧管理，引导企业提高用能效率和需求响应能力。开展节能诊断，为企业节能管理提供服务。

（4）促进资源利用循环化转型　坚持总量控制、科学配置、全面节约、循环利用原则，强化资源在生产过程的高效利用，削减工业固废、废水产生量，加强工业资源综合利用，促进生产与生活系统绿色循环链接，大幅提高资源利用效率。

1）推进原生资源高效化协同利用。统筹国际国内资源，加强资源跨区域跨产业优化配置，全面合理开发铁矿石、磷矿石、有色金属等矿产资源，加强钒钛磁铁矿中钒钛资源、磷矿石中氟资源等共伴生矿产资源的开发。加强钢铁、有色金属、建材、化工企业间原材料供需结构匹配，促进有效、协同供给，强化企业、园区、产业集群之间的循环链接，提高资源利用水平。

2）推进再生资源高值化循环利用。培育废钢铁、废有色金属、废塑料、废旧轮胎、废纸、废弃电器电子产品、废旧动力电池、废油、废旧纺织品等主要再生资源循环利用龙头骨干企业，推动资源要素向优势企业集聚，依托优势企业技术装备，推动再生资源高值化利用。统筹用好国内、国际两种资源，依托互联网、区块链、大数据等信息化技术，构建国内国际双轨、线上线下并行的再生资源供应链。鼓励建设再生资源高值化利用产业园区，推动企业聚集化、资源循环化、产业高端化发展。统筹布局退役光伏、风力发电装置、海洋工程装备等新兴固废综合利用。积极推广再制造产品，大力发展高端智能再制造。

3) 推进工业固废规模化综合利用。推进尾矿、粉煤灰、煤矸石、冶炼渣、工业副产石膏、赤泥、化工渣等大宗工业固废规模化综合利用。推动钢铁窑炉、水泥窑、化工装置等协同处置固废。以工业资源综合利用基地为依托，在固废集中产生区、煤炭主产区、基础原材料产业集聚区探索建立基于区域特点的工业固废综合利用产业发展模式。鼓励有条件的园区和企业加强资源耦合和循环利用，创建"无废园区"和"无废企业"。实施工业固体废物资源综合利用评价，通过以评促用，推动有条件的地区率先实现新增工业固废能用尽用、存量工业固废有序减少。

4) 推进水资源节约利用。按照以水定产的原则，加强对高耗水行业的定额管理，开展水效对标达标。推进企业、园区用水系统集成优化，实现串联用水、分质用水、一水多用和梯级利用。鼓励重点行业加大对市政污水及再生水、海水、雨水、矿井水等非常规水的利用，减少新水取用量。推动企业建立完善节水管理制度，建立智慧用水管理平台，实现水资源高效利用。开展工业废水循环利用试点示范，引导重点行业、重点地区加强工业废水处理后回用。

(5) 推动生产过程清洁化转型　强化源头减量、过程控制和末端高效治理相结合的系统减污理念，大力推行绿色设计，引领增量企业高起点打造更清洁的生产方式，推动存量企业持续实施清洁生产技术改造，引导企业主动提升清洁生产水平。

1) 健全绿色设计推行机制。强化全生命周期理念，全方位、全过程推行工业产品绿色设计。在生态环境影响大、产品涉及面广、产业关联度高的行业，创建绿色设计示范企业，探索行业绿色设计路径，带动产业链、供应链绿色协同提升。构建基于大数据和云计算等技术的绿色设计平台，强化绿色设计与绿色制造协同关键技术供给，加大绿色设计应用。聚焦绿色属性突出、消费量大的工业产品，制定绿色设计评价标准，完善标准采信机制。引导企业采取自我声明或自愿认证的方式，开展绿色设计评价。

2) 减少有害物质源头使用。严格落实电器电子、汽车、船舶等产品有害物质限制使用管控要求，减少铅、汞、镉、六价铬、多溴联苯、多溴二苯醚等使用。研究制定道路机动车辆有害物质限制使用管理办法，更新电器电子产品管控范围的目录，制定、修订电器电子、汽车产品有害物质含量限值强制性标准，编制船舶有害物质清单及检验指南，持续推进有害物质管控要求与国际接轨。强化强制性标准约束作用，大力推广低（无）挥发性有机物含量的涂料、油墨、胶黏剂、清洗剂等产品。推动建立部门联动的监管机制，建立覆盖产业链上下游的有害物质数据库，充分发挥电商平台作用，创新开展大数据监管。

3) 削减生产过程污染排放。针对重点行业、重点污染物排放量大的工艺环节，研发推广过程减污工艺和设备，开展应用示范。聚焦京津冀及周边地区、汾渭平原、长三角地区等重点区域，加大氮氧化物、挥发性有机物排放重点行业清洁生产改造力度，实现细颗粒物（$PM_{2.5}$）和臭氧协同控制。聚焦长江、黄河等重点流域及涉重金属行业集聚区，实施清洁生产水平提升工程，削减化学需氧量、氨氮、重金属等污染物排放。严格履行国际环境公约和有关标准要求，推动重点行业减少持久性有机污染物、有毒有害化学物质等新污染物产生和排放。制定限期淘汰产生严重环境污染的工业固体废物的落后生产工艺设备名录。

4）升级改造末端治理设施。在重点行业推广先进适用环保治理装备，推动形成稳定、高效的治理能力。在大气污染防治领域，聚焦烟气排放量大、成分复杂、治理难度大的重点行业，开展多污染物协同治理应用示范。深入推进钢铁行业超低排放改造，稳步实施水泥、焦化等行业超低排放改造。加快推进有机废气（VOCs）回收和处理，鼓励选取低耗高效组合工艺进行治理。在水污染防治重点领域，聚焦涉重金属、高盐、高有机物等高整治难度废水，开展深度高效治理应用示范，逐步提升印染、造纸、化学原料药、煤化工、有色金属等行业废水治理水平。

（6）引导产品供给绿色化转型　增加绿色低碳产品、绿色环保装备供给，引导绿色消费，创造新需求，培育新模式，构建绿色增长新引擎，为经济社会各领域绿色低碳转型提供坚实保障。

1）加大绿色低碳产品供给。构建工业领域从基础原材料到终端消费品全链条的绿色产品供给体系，鼓励企业运用绿色设计方法与工具，开发推广一批高性能、高质量、轻量化、低碳环保产品。打造绿色消费场景，扩大新能源汽车、光伏光热产品、绿色消费类电器电子产品、绿色建材等消费。倡导绿色生活方式，继续推广节能、节水、高效、安全的绿色智能家电产品。推动电商平台设立绿色低碳产品销售专区，建立销售激励约束机制，支持绿色积分等"消费即生产"新业态。

2）大力发展绿色环保装备。研发和推广应用高效加热、节能动力、余热余压回收利用等工业节能装备，低能耗、模块化、智能化污水、烟气、固废处理等工业环保装备，源头分类、过程管控、末端治理等工艺技术装备。加快农作物秸秆、畜禽粪污等生物质供气、供电及农膜污染治理等农村节能环保装备推广应用。发展新型墙体材料一体化成型、铜铝废碎料等工业固废智能化破碎、分选及综合利用成套装备，退役动力电池智能化拆解及高值化回收利用装备。发展工程机械、重型机床、内燃机等再制造装备。

3）创新绿色服务供给模式。打造一批重点行业碳达峰碳中和公共服务平台，面向企业、园区提供低碳规划和低碳方案设计、低碳技术验证和碳排放、碳足迹核算等服务。建立重点工业产品碳排放基础数据库，完善碳排放数据计量、收集、监测、分析体系。推广合同能源管理、合同节水管理、环境污染第三方治理等服务模式。积极培育绿色制造系统解决方案、第三方评价、城市环境服务等专业化绿色服务机构，提供绿色诊断、研发设计、集成应用、运营管理、评价认证、培训等服务，积极参与绿色服务国际标准体系和服务贸易规则制定。

（7）加速生产方式数字化转型　以数字化转型驱动生产方式变革，采用工业互联网、大数据、5G等新一代信息技术提升能源、资源、环境管理水平，深化生产制造过程的数字化应用，赋能绿色制造。

1）建立绿色低碳基础数据平台。加快制定涵盖能源、资源、碳排放、污染物排放等数据信息的绿色低碳基础数据标准。分行业建立产品全生命周期绿色低碳基础数据平台，统筹绿色低碳基础数据和工业大数据资源，建立数据共享机制，推动数据汇聚、共享和应用。基于平台数据,开展碳足迹、水足迹、环境影响分析评价。

2) 推动数字化智能化绿色化融合发展。深化产品研发设计、生产制造、应用服役、回收利用等环节的数字化应用,加快人工智能、物联网、云计算、数字孪生、区块链等信息技术在绿色制造领域的应用,提高绿色转型发展效率和效益。推动制造过程的关键工艺装备智能感知和控制系统、过程多目标优化、经营决策优化等,实现生产过程物质流、能量流等信息采集监控、智能分析和精细管理。打造面向产品全生命周期的数字孪生系统,以数据为驱动提升行业绿色低碳技术创新、绿色制造和运维服务水平。推进绿色技术软件化封装,推动成熟绿色制造技术的创新应用。

3) 实施"工业互联网+绿色制造"。鼓励企业、园区开展能源资源信息化管控、污染物排放在线监测、地下管网漏水检测等系统建设,实现动态监测、精准控制和优化管理。加强对再生资源全生命周期数据的智能化采集、管理与应用。推动主要用能设备、工序等数字化改造和上云、用云。支持采用物联网、大数据等信息化手段开展信息采集、数据分析、流向监测、财务管理,推广"工业互联网+再生资源回收利用"新模式。

(8) 构建绿色低碳技术体系 推动新技术快速大规模应用和迭代升级,抓紧部署前沿技术研究,完善产业技术创新体系,强化科技创新对工业绿色低碳转型的支撑作用。

1) 加快关键共性技术攻关突破。针对基础元器件和零部件、基础工艺、关键基础材料等实施一批节能减碳研究项目。集中优势资源开展减碳、零碳、负碳技术,碳捕集、利用与封存技术,零碳工业流程再造技术,复杂难用固废无害化利用技术,新型节能及新能源材料技术,高效储能材料技术等关键核心技术攻关,形成一批原创性科技成果。开展化石能源清洁高效利用技术、再生资源分质分级利用技术、高端智能装备再制造技术、高效节能环保装备技术等共性技术研发,强化绿色低碳技术供给。

2) 加强产业基础研究和前沿技术布局。加强基础理论、基础方法、前沿颠覆性技术布局,推进碳中和、CO_2移除与低成本利用等前沿绿色低碳技术研究。开展智能光伏、钙钛矿太阳能电池、绿氢开发利用、一氧化碳发酵制酒精、CO_2负排放技术以及臭氧污染、持久性有机污染物、微塑料、游离态污染物等新型污染物治理技术装备基础研究,稳步推进团聚、微波除尘等技术集成创新。

3) 加大先进适用技术推广应用。定期编制发布低碳、节能、节水、清洁生产和资源综合利用等绿色技术、装备、产品目录,遴选一批水平先进、经济性好、推广潜力大、市场需要的工艺装备技术,鼓励企业加强设备更新和新产品规模化应用。重点推广全废钢电弧炉短流程炼钢、高选择性催化、余热高效回收利用、多污染物协同治理超低排放、加热炉低氮燃烧、干法粒化除尘、工业废水深度治理回用、高效提取分离、高效膜分离等工艺装备技术。组织制定重大技术推广方案和供需对接指南。优化完善首台(套)重大技术装备、重点新材料首批次应用保险补偿机制,支持符合条件的绿色低碳技术装备、绿色材料应用。鼓励各地方、各行业探索绿色低碳技术推广新机制。

4) 激发各类市场主体创新活力。以市场为导向,鼓励绿色低碳技术研发,实施绿色技术创新攻关行动,在绿色低碳领域培育建设一批制造业创新中心、产业创新中心、工程研究中心、技术创新中心等创新平台,着力解决跨行业、跨领域关键共性技术问题。强化企业创新主体地位，支持企业整合科研院所、高校、产业园区等力量建立市场化运行的绿色技术创新联合体。加速科技成果转化，支持建立绿色技术创新项目孵化器、创新创业基地。加快绿色低碳技术工程化产业化突破，发挥大企业支撑引领作用，培育制造业绿色竞争新优势。支持创新型中小微企业成长为创新重要发源地。

（9）完善绿色制造支撑体系 健全绿色低碳标准体系，完善绿色评价和公共服务体系，强化绿色服务保障，构建完整贯通的绿色供应链，全面提升绿色发展基础能力。

1）健全绿色低碳标准体系。立足产业结构调整、绿色低碳技术发展需求，完善绿色产品、绿色工厂、绿色工业园区和绿色供应链评价标准体系，制定、修订一批低碳、节能、节水、资源综合利用等重点领域标准及关键工艺技术、装备标准。鼓励制定高于现行标准的地方标准、团体标准和企业标准。强化先进适用标准的贯彻落实，扩大标准有效供给。推动建立绿色低碳标准采信机制，推进重点标准技术水平评价和实施效果评估，畅通迭代优化渠道。推进绿色设计、产品碳足迹、绿色制造、新能源、新能源汽车等重点领域标准国际化工作。

2）打造绿色公共服务平台。优化自我评价、社会评价与政府引导相结合的绿色制造评价机制，强化对社会评价机构的监督管理。培育一批绿色制造服务供应商，提供产品绿色设计与制造一体化、工厂数字化绿色提升、服务其他产业绿色化等系统解决方案。完善绿色制造公共服务平台，创新服务模式，面向重点领域提供咨询、检测、评估、认定、审计、培训等一系列服务。

3）强化绿色制造标杆引领。围绕重点行业和重要领域，持续推进绿色产品、绿色工厂、绿色工业园区和绿色供应链管理企业建设，遴选发布绿色制造名单。鼓励地方、行业创建本区域、本行业的绿色制造标杆企业名单。实施对绿色制造名单的动态化管理，探索开展绿色认证和星级评价，强化效果评估，建立有进有出的动态调整机制。将环境信息强制性披露纳入绿色制造评价体系，鼓励绿色制造企业编制绿色低碳发展年度报告。

4）贯通绿色供应链管理。鼓励工业企业开展绿色制造承诺机制，倡导供应商生产绿色产品，创建绿色工厂，打造绿色制造工艺、推行绿色包装、开展绿色运输、做好废弃产品回收处理，形成绿色供应链。推动绿色产业链与绿色供应链协同发展，鼓励汽车、家电、机械等生产企业构建数据支撑、网络共享、智能协作的绿色供应链管理体系，提升资源利用效率及供应链绿色化水平。

5）打造绿色低碳人才队伍。推进相关专业学科与产业学院建设，强化专业型和跨领域复合型人才培养。充分发挥企业、科研机构、高校、行业协会、培训机构等各方作用，建立完善多层次人才合作培养模式。依托各类引知、引智计划，构筑集聚国内外科技领军人才和创新团队的绿色低碳科研创新高地。建立多元化人才评价和激励机制。推动国家人才发展重大项目对绿色低碳人才队伍建设支持。

6）完善绿色政策和市场机制。建立与绿色低碳发展相适应的投融资政策，严格控制"两高"项目投资，加大对节能环保，新能源、碳捕集、利用与封存等的投融资支持力度。发挥国家产融合作平台作用，建设工业绿色发展项目库，推动绿色金融产品服务创新。推动运用定向降准、专项再贷款、抵押补充贷款等金融工具，引导金融机构扩大绿色信贷投放。健全政府绿色采购政策，加大绿色低碳产品采购力度。进一步完善惩罚性电价、差别电价、差别水价等政策。推进全国碳排放权和全国用能权交易市场建设，加强碳排放权和用能权交易的统筹衔接。

习题与思考题

1. 如何理解我国仍处于工业化、城镇化深入发展的历史阶段？
2. 请阐述环境库兹涅茨曲线体现了工业低碳化发展过程的特点。
3. 基于 Kaya 恒等式，工业部门碳排放的驱动因素主要包括哪些？
4. 如何理解工业部门转型升级和低碳发展的"三步走"战略？
5. 面向"双碳"目标新型电力系统具有哪些特征？
6. 什么是电力系统中的"源随荷动""荷随源变"和"荷随源动"？
7. 什么是纯电动汽车和氢燃料电池汽车？请阐述纯电动汽车和氢燃料电池汽车技术的关键科技问题。
8. 磁悬浮列车可实现 10%～30% 的节能，最高速度可达 600km/h 以上，请阐述其工作原理。
9. 请结合工程案例，阐述化工行业实现碳中和路径。
10. 请举例说明建材行业实现低碳转型的主要技术路径。
11. 什么是工业转型目标和主要任务？

第 4 章
能源低碳转型与清洁能源

4.1 能源消费与碳排放

4.1.1 能源系统组成

1. 能源系统

与气候一起变化：能源

一次能源生产、运输与加工转换、终端消费是能源系统的基本组成部分（图 4-1）。一次能源是指自然界中现成存在的能源，如煤炭、石油、天然气、水能、太阳能、风能等。一次能源生产一般涉及能源的勘探、开发过程，是为终端能源消费用户服务的。由于终端用户包括多个不同行业或部门的各种能源利用技术，一次能源一般需要加工转换为二次能源才能使用。例如，原油一般不能直接作为机动车燃料，而是需要首先运输到炼厂炼制成各种油品（如汽油、柴油、煤油等），再将这些油品运输到加油站作为各类运输工具能够直接使用的燃料。从能量流动和平衡角度，能源系统也存在从一次能源生产到能源运输与加工转换，再到终端能源消费全过程的流动和最终平衡。

一次能源分为可再生能源和非可再生能源。可再生能源的特征是可以不断得到补充或在较短周期内可以再生，如风能、水能、海洋能、太阳能和生物质能等；非可再生能源一般要经过长时间形成，短时间内无法再生，例如，原煤、原油、天然气等化石能源是典型的非可再生能源。核能（核燃料）也是非可再生能源，一般以天然铀的形式存在，又分为核聚变能和核裂变能。但核聚变能作为新技术，正在使核燃料的可循环利用和增殖特性增强，核聚变能比核裂变能释放的能源可高出 5~10 倍，而核聚变最适合的燃料重氢（氘）大量存在于海水中。因此，可控核聚变有望成为未来能源系统的支柱之一。

能源供应是为满足能源需求而对各种形式能源的开发和利用活动的总称，一次能源供应是指一次能源资源的开采、开发活动，如原煤、原油、天然气、天然铀等矿物能源的开采以及水能、风能、太阳能、地热能、海洋能、生物质能等可再生能源的开发活动。

我国能源资源总量比较丰富，其中化石能源主要以煤炭为主，油气相对缺乏。我国人均能源资源拥有量较低，煤炭和水力资源人均拥有量相当于世界平均水平的 50%，石油、天然气人均资源量仅为世界平均水平的 1/15 左右。我国煤炭剩余探明可采储量约占世界的 13%，位列世界第三位。已探明的石油、天然气资源储量相对不足，油页岩、煤层气等非常规化石能源储量潜力较大。我国拥有比较丰富的可再生能源，水力资源理论蕴藏量折合发电量为 $6.19×10^{12}$ kW·h/a，经济可开发发电量约 $1.76×10^{12}$ kW·h/a，相当于世界水力资源量的 12%，居世界首位。截至 2023 年 10 月底，我国可再生能源发电装机容量突破 14 亿 kW，同比增长 20.8%，约占全国发电总装机容量的 49.9%。其中，水电为 4.2 亿 kW、风电为 4.04 亿 kW、光伏发电 5.36 亿 kW、生物质发电为 0.44 亿 kW，连续多年稳居世界第一。

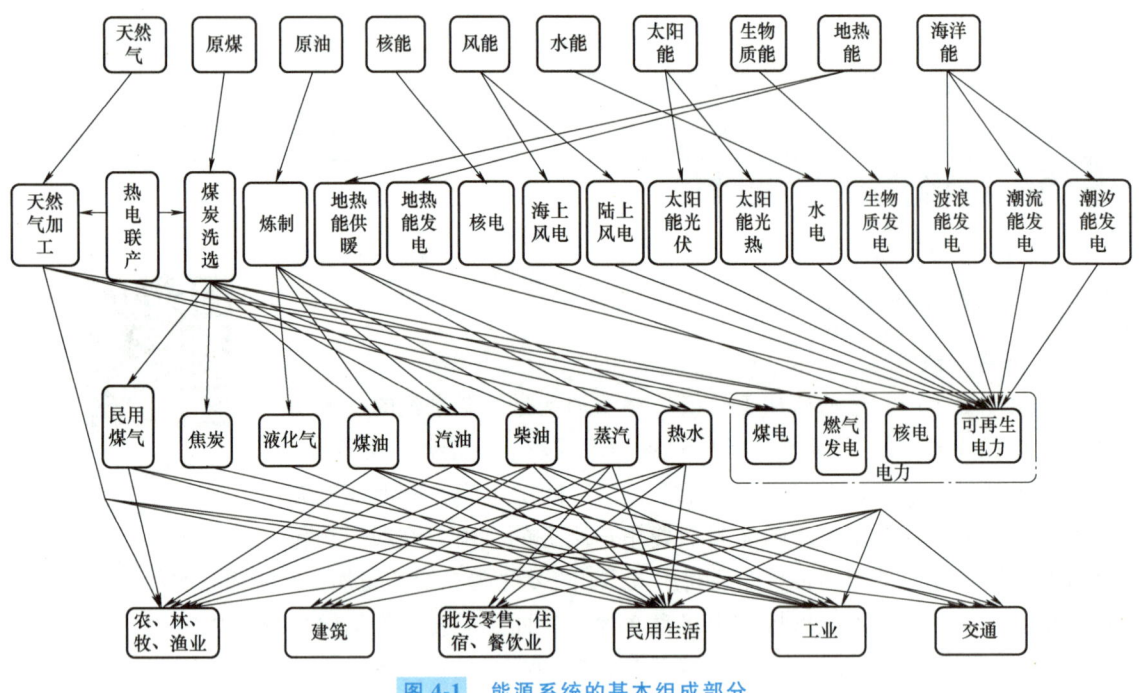

图 4-1 能源系统的基本组成部分

2. 能源运输、加工与转换

能源运输、加工与转换是为了使一次能源被人们更为便利地使用而进行的交通和工业活动。

（1）能源运输　能源运输具有运量大、运距长和占用运输资源多等特点，传统上能源运输主要是指煤炭、石油、天然气的输送。煤炭的运输方式主要是铁路、水路、公路三种方式。石油的运输方式主要包括铁路、水路、公路、管道四种方式。天然气分为管道天然气、液化天然气（LNG）、压缩天然气（CNG）。陆路长距离运输天然气一般是通过管道，LNG 一般是通过特制的船只运输，而 CNG 一般多用公路通过机动车运输。此外，随着氢能在工业和交通领域越来越广泛地使用，氢能的运输越来越重要。氢能运输方式主要有管道运输、机动车运输、船运。选择氢能运输方式须考虑的主要因素有运输过程的能量效率、氢的运输量、运输过程氢的损耗、运输里程等。电力作为一种特殊的能源载体，其输送一般被称作输配，即输电和配电。运输是实现能源生产和消费的必要条件，能源生产又在一定程度上决定运输的发展布局。能源运输过程中大多涉及各种燃料，属于易燃易爆危险品，所以能源运输的交通工具、运输方式必须选择考虑各类能源燃料的安全性。

（2）能源加工与转换　能源加工一般只是能源物理形态的变化，如原油经过炼制成为汽油、煤油、柴油等石油制品；煤炭经过洗选，成为洗精煤；焦煤经过高温干馏，成为焦炭；煤炭经过气化，成为煤气等。能源转换是能源流动过程中的复杂过程，是能源形式的转换。例如，热电厂将煤炭、重质油等投入耗能设备中，经过复杂的工艺过程转化为热力和电力，以及把热能转换为机械能，机械能再转换为电能，电能又转换成热能等，都是能源加工、转换过程。把各类一次能源转换为电力和热力是能源转换的重点。通常能源转换包括分散转换和集中转换，分散转换的主要方式是锅炉，集中转换的主要方式是发电。还有电能转换为氢能，即绿氢制造过程，它越来越多地应用于要求使用高能量密度的低碳/零碳需求场景，如工业过程中的氢能炼钢和交通领域的长途重卡等。我国铁路运输能力的2/5、水路运输能力的1/2、公路运输能力的1/4，用于能源运输，管道几乎全部用于能源运输。

3. 能源平衡

能源平衡通常是指在某一特定系统（如国家、地区、企业等）内在一定时期的能源供应与需求之间的平衡。能源平衡一般涉及各种一次能源的开发、加工、转换输送、分配、储存等和利用能源系统各环节的技术、经济和管理问题，因此进行能源平衡的因素非常多。影响能源平衡的主要因素包括经济社会发展水平（通常经济增长越快，能源消耗越多；城市化水平越高，人均能耗就越大）、产业结构（通常第二产业比重越大，能耗越多。国家在工业化时期，能耗普遍较高）、系统能耗（能耗越高，越节能，能耗保障压力越小）、能源资源条件及利用程度、能源进出口，以及其他因素等。这些因素都会影响一个国家或地区在一定时期内的能源供应和需求及供需平衡。

能源平衡表是指以矩阵或数组形式，反映国家、地区、企业等对象的能源流入与流出、生产与加工转换，消费与库存等数量关系的统计表格。编制能源平衡表的全过程体现了能源平衡核算的基本工作内容。能源核算是以统计调查、部门业务统计、行政记录等资料为基础，以能源平衡模型为理论依据，对描述能源供给、加工转换、消费等各方面的数据进行加工、整理，通过编制能源平衡表的方式，最终核算能源供给总量、加工转换的投入与产出量、终端能源消费量和能源消费总量等统计指标。根据研究对象不同的数据特征，能源平衡表分为多种形式，如国家能源平衡表、地区能源平衡表、企业能源平衡表；按照不同的计量单位，分为实物量综合能源平衡表、标准量综合能源平衡表、某一能源品种的实物量平衡表和标准量平衡表。

能源平衡关系如下：

1) 可供本地区消费的能源量 = 加工转换投入（-）或产出（+）量+损失量+终端消费量，其中终端能源消费量是指各行业和居民生活直接消费的各种能源在扣除了用于加工转换二次能源的消费量和损失量以后的数量。

2) 可供本地区消费的能源量 = 一次能源产量+进口量+境内飞机和轮船在境外的加油量-出口量-境外飞机和轮船在境内的加油量+库存增（-），减（+）量。

我国能源平衡表可分为国家级、省级、市级、县级，一般由各级政府统计部门编制，从下到上逐级审核，国家统计局最后对省级平衡表审核，并审定国家能源平衡表。需要说明的是，我国的能源平衡表有关能源合计分为两种计算方法：一种是发电煤耗法，另一种是电热当量法。发电煤耗法一般是按发电标准煤耗计算，该方法目前只有我国在使用，主要是由于我国采用把所有能源消耗折算成发电消耗的标准煤，便于合计；电热当量法是按电热折标准煤系数计算，是国际通用准则，因为它可以真实反映产品生产所消耗的一次能源。而且，在产品生产投入的能源中，燃料和电力可互相替代，这也是要求采用电热当量法计算总能耗的原因。

4.1.2 能源消费与经济社会发展

经济社会发展主要可以从两个视角分析：经济发展主要体现在经济增长，社会发展可以用人口聚集（城市化）作为分析的重点对象。经济增长以 GDP 为基本衡量指标，与耗能增长有关的社会发展指标最重要的是城市化率，能源以能源消费量为衡量指标，碳排放以能源活动引起的 CO_2 排放量为衡量指标。根据经济增长理论，基本的逻辑关系是经济增长需要资本、人力、能源资源等要素的投入，而城市化率的上升会加速能源需求，也是财富聚集（GDP 增长）的重要源泉，而投入的能源资源在使用和消费过程中一般要释放 CO_2。长期以来，能源需求始终与经济增长密切相关。在过去的两个世纪，各国能源需求的增长与其财务增长成正比，人类社会创造的财富总量，在很大程度上取决于可利用的能源总量，所以GDP、总能耗、城市化率与碳排放之间基本呈现正相关的关系，我国 2021 年 GDP、总能耗、城市化率与 CO_2 排放量的关系如图 4-2 所示。

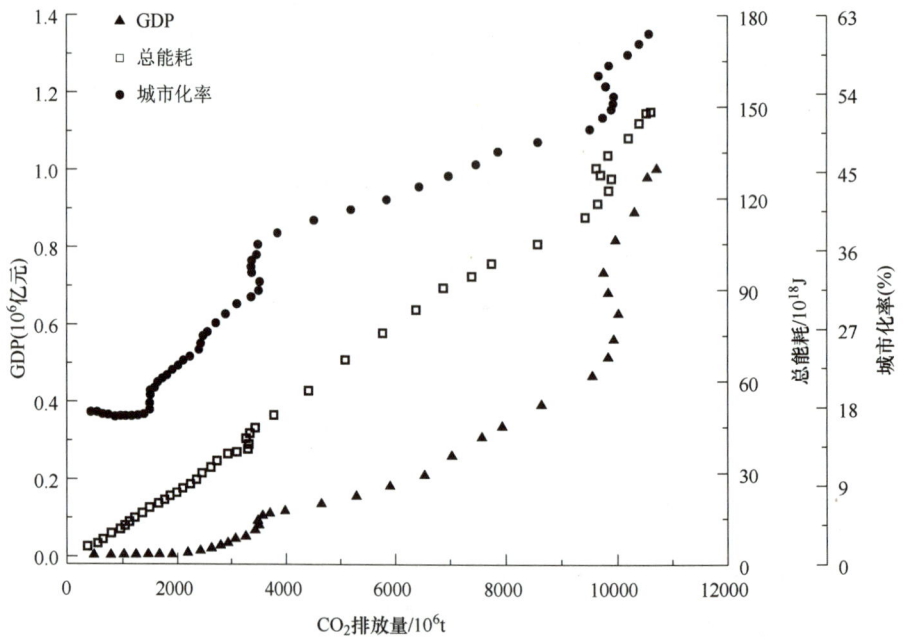

图 4-2　我国 2021 年 GDP、总能耗、城市化率与 CO_2 排放量之间的关系

从历史的角度看，第一次工业革命的重要标志之一是 1776 年英国人瓦特改良的蒸汽机投入使用，一系列技术革命引起了从手工劳动向动力机器生产转变的重大飞跃。人类使用的燃料从传统的生物质能，如木柴、农作物秸秆等开始逐渐转为煤炭。人类对能源需求在

1850—1900 年每年增长约 1%，但这一时期煤炭与传统生物质能形成了此消彼长的关系。进入 20 世纪后，能源需求和经济增长同步快速增长。1900—1950 年，由于内燃机技术及发电技术的出现，人类进入了石油需求逐年增长的年代，汽车取代了马车，油灯让位给电灯，冰箱代替了地窖，能源需求几乎翻番。与此同时，经济增速加快，1950 年美国的人均 GDP 是 1900 年的 2 倍之多。从 20 世纪下半叶到 21 世纪初，随着西方世界和其他发达经济体生活水平的不断提升，对能源的需求也在日益增长。2000 年以来，我国的快速发展将世界 GDP 的年均增速拉升至 3% 以上，伴随着其他发展中国家经济的高速增长，全球能源需求也持续攀升。根据世界银行预计，世界人口将继续保持增长，预计到 21 世纪中叶达到 100 亿人。虽然我国和经济合作与发展组织（OECD）国家的人口增速将进入平台期，但印度以及亚洲其他地区，尤其是非洲的人口将持续显著增长。未来，能源需求的增量也将主要源于亚洲、非洲等发展中国家和地区。如果清洁的低碳、零碳技术无法大规模突破并被广大的发展中国家和地区使用，那么这些地区和国家的 CO_2 排放量也将继续增长。

在过去的 200 年里，人类使用能源的方式不断发生变化，这些变化是由蒸汽机、内燃机和大规模使用电力创新驱动的，是典型的"能源转型过程"（图 4-3）。这说明能源与经济社会向前发展的历史进程，也说明从农业为主的全球经济向工业经济的转变不断需要新的资源来提供更有效的能源投入。当前的能源转型体现了为避免气候变化的灾难性影响需要减少温室气体排放，需要大规模减少化石能源的消费。这也是为什么可再生能源成为能源转型的核心。随着各国加大力度减少碳排放，太阳能和风能装机容量正在全球范围内扩大。2000—2010 年，全球可再生能源的份额在能源结构中仅增加了 1.1%。但在 2010—2020 年的时间，这一数字变为 3.5%。然而，历史表明，仅仅增加发电能力并不足以促进能源转型。完全转向低碳能源还需要对自然资源、基础设施和电网存储进行大量投资，同时需要改变我们的能源消费习惯。

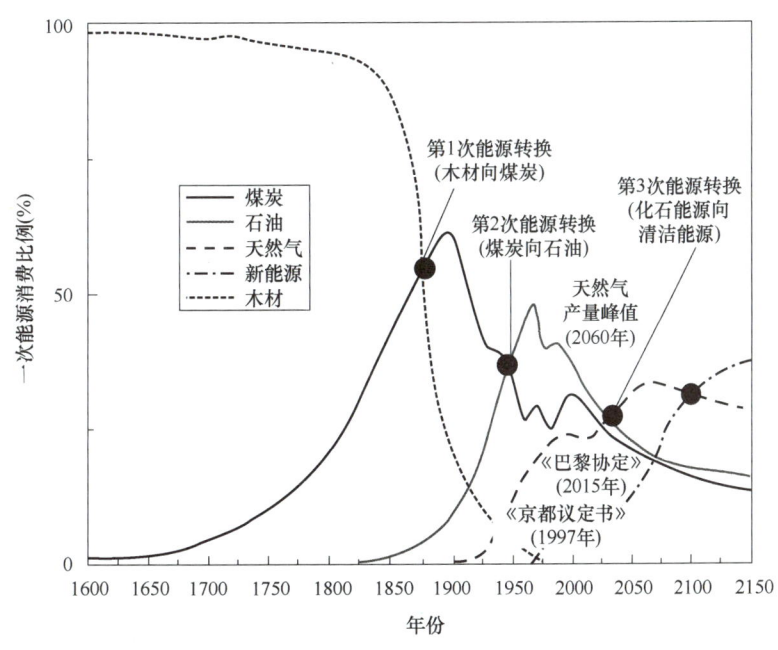

图 4-3　全球能源转型过程

4.1.3 能源与碳排放记录统计方法

1. 基本的能源统计及其单位换算

在能源统计体系中，最基本、最重要的能源类型包括煤炭、石油、天然气（含LNG）、电、氢、热、冷、核能。国际上各类能源单位通常分为按热值、按质量和体积两大类方式进行统计计量。热值统计一般使用的基本计量单位是焦耳（Joule，简称为J）和英热单位（British thermal unit，简称为Btu）。

按质量和体积计量统计时一般与能源类别有关，也与不同国际组织和国家的统计制度、统计历史习惯、能源国际贸易标准体系等有关。

（1）煤炭的计量统计单位　煤炭的计量单位一般用吨（t）、千克（kg）表示，但由于不同煤种，热值差异较大，故我国还采用"吨标准煤"或者"千克标准煤"对不同能源进行统一折标计量统计，"吨标准煤"或者"千克标准煤"的英文及其缩写分别为 ton of standard coal equivalent（简称为tce）、kilogram of standard coal equivalent（简称为kgce）。我国规定每1kgce的热值为7000kcal，约为29307kJ（低位发热量），用29307kJ除各种能源每千克的热值就获得各种能源的折标准煤当量系数。例如，1kg煤炭，如果热值为5000kcal（约20934kJ），则相当于1kgce×(5000/7000)=0.7143kgce。

（2）石油的计量统计单位

1）按容积计量，用桶或升（L）表示。

2）按重量计量，用吨（t）表示。国际上计算石油的年产量、消费量习惯用吨，计算石油的日产量、消费量和进出口量时则用桶。石油因不同地区比重不同，同一容积的质量也略有差异。目前国际石油界在进行原油质量、容积折算时，一般以世界平均比重的沙特阿拉伯34度轻质原油为基准。这种原油每吨折合7.33桶，每桶又折合42美制加仑（约为0.159m^3），每加仑相当于3.785L。

3）国际还常用吨标准油（ton of standard oil equivalent，简写为toe）作为石油计量单位，也称油当量。按标准油的热当量值计量各种能源的统一计量单位时规定标准油的低位热值为42.62MJ/kg，任何能源均可按其低位热值折算成标准油的数量。

（3）天然气的计量单位　天然气的计量单位是标准立方米（Normal cubic metre，简称为Nm^3）。我国《天然气流量的标准孔板计算方法》规定，以温度293.15K（20℃）、压力101.325kPa作为计量气体体积流量的标准状态。在国际上，天然气、LNG贸易是按热值进行计算，常用单位为百万英热单位（MBtu）。现在，1Btu被定义为1054.35J。另外，Btu/scf为英热单位每标准立方英尺，与MJ/Nm^{3}的关系为：1Btu/scf=37.25MJ/Nm^3。

（4）电的计量单位　电的计量单位是千瓦时，1千瓦时即为"1度电"，是电功的单位，符号是kW·h。计算公式为功率乘以时间，它们之间的关系：1J=1W×1s，1kW·h=3.6×10^{6}J。电力的折煤系数为3600/29307=0.1229kgce/(kW·h)$^{-1}$。

（5）氢能的计量单位　氢能暂时没有国际统一的计量单位，在生产贸易活动中多用其热值或体积单位进行统计。根据国际原子能机构相关资料，氢能的热值为120~142MJ/kg。

（6）热值 热值是指每千克（立方米）某种固体（气体）燃料完全燃烧放出的热量，符号是 q。热值反映了燃料的燃烧特性，即不同燃料在燃烧过程中化学能转化为内能的本领大小。热值的单位是焦耳每千克，符号是 J/kg。

（7）冷的计量单位 冷的计量一般用冷吨（也称为冷冻吨）单位，分为美国冷吨、日本冷吨、英国冷吨，一般以美国冷吨为主。制热单位用 kcal，使 1kg 的水每升高 1℃，则需要热量 1kcal。1 美国冷吨（1RT）是将 1000kg（1t）0℃ 的水（冰的溶解热为 7963kcal/kg）在 24h 内变为 0℃ 的冰时，所需要失去的热量。美国冷吨计量如下：

$$1\text{ 美国冷吨 (1RT)} = 79.63\text{kcal/kg} \times 1000\text{kg}/24\text{h} = 3318\text{kcal/h} = 3859\text{W}$$

（8）铀的热值计量 铀的热值计量在不同应用场景下差别较大，国际原子能机构的资料显示：天然铀在普通反应堆（LWR）中的热值约为 500GJ/kg；天然铀在普通反应堆中进行铀和钚的循环利用过程中的热值为 650GJ/kg；天然铀中子反应堆（FNR）中的热值约为 28000GJ/kg；浓缩到 3.5% 的铀，在普通反应堆中的热值为 3900GJ/kg。

2. 碳计量统计方法

针对能源系统碳排放，燃料和能源产品的生产和消费数据是一个国家或地区、经济体能源统计的一部分，一般反映在其能源平衡表中。因此，通过能源平衡表核算碳排放非常重要。需要说明：一个完整能源系统的碳流图包括能源开发、能源加工与交换、终端能源消费过程的碳排放计算，还可以计算煤炭、天然气开采过程中释放（逃逸）的甲烷气体。

核算燃料燃烧产生的非 CO_2 排放量所需方法通常比核算 CO_2 排放量所需方法更加具体，所需信息更为详细，例如，需要知道燃料的成分特性、燃烧条件、燃烧技术和排放控制方法等。核算逃逸的 CO_2 和非 CO_2（如露天开采释放的甲烷气体）排放量也需要具体的方法和数据支撑，计算方法如下：

$$\text{碳排放量}_{\text{燃料}} = \text{燃烧量}_{\text{燃料}} \times \text{排放系数}_{\text{燃料、技术}}$$

式中，碳排放量$_{\text{燃料}}$ 是指按燃料类型划分的 CO_2 排放量（通常分为不同的燃料类别，包括各类一次能源、二次能源，如原煤、洗精煤、原油、汽油、柴油、天然气、LNG等）；燃烧量$_{\text{燃料}}$ 是指燃烧的燃料量；排放系数$_{\text{燃料、技术}}$ 是所用燃料类型和燃烧技术的 CO_2 排放系数。

有时在这个计算中会加入碳氧化率。因为不同国家和地区、经济体即使采用同一种燃料，碳排放系数也由于燃料的热值、含碳量、燃烧技术等存在明显的差异，排放系数取值不同，而且部分国家缺乏这些数据。IPCC 通常建议使用国际组织提供的各国数据。国际能源统计数据的两个主要来源是联合国统计司和国际能源署。两个机构都是通过问卷调查从其他成员国的国家行政部门采集数据，并且进行数据交换，以确保数据的一致性，避免重复工作。

通常，能源系统的统计及能源系统的碳排放主要源于各类一次能源和二次能源，是根据平均低位发热量、单位热值含碳量、碳氧化率为依据进行折标准煤计算。表 4-1 给出了能源统计与碳计量中重要能源品种折标准煤系数与 CO_2 排放系数。

表 4-1　能源统计与碳计量中重要能源品种折标准煤系数与 CO_2 排放系数

能源品种	平均低位发热量/ (kJ/kg)	折标准煤系数/ (kgce/kg)	单位热值含碳量/ (tC/TJ)	碳氧化率	CO_2 排放系数/ (kg CO_2/kg)
标煤	29307	1	26.3	0.94	2.66
原煤	20908	0.7143	27	0.94	1.95
烟煤	22350	0.7612	26.1	0.93	1.99
褐煤	12560	0.4286	28	0.96	1.24
无烟煤	25120	0.8572	27.4	0.94	2.37
洗精煤	26377	0.9	25.4	0.94	2.31
焦炭	28470	0.9714	29.5	0.93	2.86
原油	41868	1.4286	20.1	0.98	3.02
汽油	43124	1.4714	18.9	0.98	2.93
柴油	42705	1.4571	20.2	0.98	3.1
煤油	43124	1.4714	19.6	0.98	3.04
燃料油	41868	1.4286	21.1	0.98	3.17
天然气	38979①	1.33②	15.3	0.99	2.16③
LNG	51498	1.7572	15.3	0.98	2.83
LPG	50242	1.7143	17.2	0.98	3.11
炼厂干气	46055	1.5714	18.2	0.98	3.01
焦炉煤气	18003①	0.6143②	13.58	0.93	0.83③

① 单位为 kJ/m³。
② 单位为 kgce/m³。
③ 单位为 kgCO_2/m³。

4.2　能源革命中的机遇与挑战

4.2.1　全球能源革命

纵观全球能源行业发展，大致经历了四次能源革命。第一次发生在 19 世纪中叶，标志是煤炭取代木材成为主要能源；第二次发生在 20 世纪中叶，标志是石油取代煤炭成为主要能源；第三次发生在 20 世纪后半叶，标志是核能为代表的非化石能源开始推广应用；第四次是现阶段正在发生的新一轮能源革命，标志是全球能源结构从"以化石能源为主，清洁能源为辅"向"以清洁能源为主，化石能源为辅"转变。驱动新一轮能源革命的三大因素是能源供需变革、技术创新和环保技术。

在人类共同应对全球气候变化大背景下，世界各国和地区纷纷制定能源转型战略，提出更高的能效目标，采取更加积极的低碳政策，推动可再生能源发展，加大温室气体减排力度。各国和地区由于资源禀赋、科技水平等基础条件的差异，能源转型的道路各不相同。

1. 美国

2007年，美国能源部成立了先进能源研究计划署（Advanced Research Projects Agency-Energy，简称为ARPA-E），2009年以来资助了数百个研究项目，研究领域涉及太阳能、风能、生物燃料、储能技术、灵活输电技术、碳捕集技术、建筑节能技术等，其中多项技术已取得重大进展并走向商业化应用。

在美国由石油向新能源过渡的能源转型中，页岩革命起到了重要作用。研究表明，自页岩革命以来，美国CO_2减排量中的35%~50%是由于天然气代替煤炭，其中电力领域减排的40%贡献来自煤改气。由于页岩革命，天然气消费量增加，被替代的煤炭出口量大幅增加，使得CO_2排放量减少。然而，美国将天然气作为石油到新能源的过渡，有利也有弊。一方面，一些100%可再生能源的支持者认为，目前对天然气的投资增加导致对可再生能源的投资减少，而且大量投资建设天然气基础设施会带来未来的投资搁浅风险，需要谨慎决策。事实上，在美国伯克利等部分地区，新建建筑已经被禁止接入天然气管网，逐步减少天然气的使用成为美国部分地区的政策导向。另一方面，天然气作为相对低碳且可调度的能源，可以与太阳能、风能等波动性可再生能源配合，弥补目前商业化存储装机不足的事实，在未来高比例可再生能源系统中扮演调峰作用，实现安全可靠的能源供应。从国家范围看，页岩革命使得美国部分地区的天然气供应过剩，而世界上其他地区存在天然气供应不足的问题，因此美国天然气供过于求的问题都可以通过出口来解决。这导致世界各国将利用廉价天然气从电力部门或从其他工业和建筑物中挤出煤炭，甚至可能尝试将液化天然气（LNG）用于其运输部门——重型卡车运输或航运。这将使天然气在世界范围内的能源转型中发挥更为重要的作用。

2. 欧盟

欧盟从20世纪末开始大力推进能源转型，积极应对气候变化，是碳中和政策及行动的领跑者。1990—2020年，欧盟人口增长了7%，人均GDP增长了88%（其按购买力平价计算），但与能源有关的CO_2总排放量却减少了32%。这一方面可归功于单位GDP的能源强度下降了58%，另一方面单位能源供应的CO_2强度也下降了68%。这一趋势反映了欧盟经济和能源的结构性变化，以及能源效率的大幅提升。

欧盟的能源结构是化石燃料、核能和可再生能源的多元化组合。尽管化石燃料仍然占欧盟能源结构的72%，但向可再生能源的转型正在加速。由于本土化石燃料的产量小，欧盟依赖进口，尤其是石油和天然气。欧盟能源消费量约占全球最终能源消费总量的10%，仅次于我国（26%）和美国（16%），位居第三。

按国家来看，欧盟各国能源状况差别较大。大部分国家主要依靠石油和天然气，但少部分东欧国家（如波兰和爱沙尼亚）仍大量使用煤炭。法国是欧盟中的核电大国，目前其电力供应约70%来自核电，并大力出口电力。相反，德国于2022年退核。北欧各国相对较为清洁，在瑞典，化石能源几乎只占一次能源供应的 1/5。

3. 日本

2020 年，日本正式通过法律确认了 2050 年实现碳中和目标。为此，日本将以亚洲为中心，最大限度地发展可再生能源，推动向清洁能源转型，构建"脱碳社会"。为了将化石火力发电转换为氨、氢等零排放的火力发电，日本依托"亚洲能源转型倡议"展开了 1 亿美元规模的示范项目。为了弥补发达国家提供低碳基金的不足，日本还在与亚洲开发银行等合作建立亚洲脱碳创新型资金合作机制，提出了规模庞大的资金支持计划。日本在电动汽车普及关键的新一代电池、电动机和氢合成燃料的开发等方面处于领先地位，并计划把创新成果向亚洲推广，推动亚洲达到整体零排放。

日本是一个能源极其短缺的国家，90% 的能源依靠进口，日本政府将氢能的开发和利用作为重点发展方向。日本于 2014 年发布《氢能经济社会发展构图》，2016 年日本经济产业省又制定了 2030 年左右实现氢能社会目标的国家计划，2018 年又对其进行了大幅度修改，将企业、建筑、水道、公园、学校、机关单位、交通系统等构架为一个整体的网络，这一能源系统是以氢能为基础的清洁能源的应用体系，特点是风能、太阳能、生物质能、水能等清洁能源都囊括其中，而非仅发展氢能，日本将其称为"能源混合"（Energy Mix）。在这一体系中，通过氢能-电力转换系统，把氢能网和电网互相连接起来，形成一个化石能源-可再生能源-氢能源的综合能源体系。

4. 我国

2014 年 6 月，中央财经领导小组第六次会议上习近平总书记提出，面对能源供需格局新变化、国际能源发展新趋势，保障国家能源安全，必须推动能源生产和消费革命。2016 年 12 月 29 日《能源生产和消费革命战略（2016—2030）》正式印发，这既是我国中长期能源发展的基本路线图，也是推动中国实现经济绿色低碳转型的实施规划和行动方案。2020 年 9 月，习近平主席在第 75 届联合国大会一般性辩论上郑重宣布"二氧化碳排放力争于 2030 年前达到峰值，努力争取 2060 年前实现碳中和"的目标之后，2020 年 12 月 12 日，习近平主席在气候雄心峰会上进一步宣布："到 2030 年，中国单位国内生产总值二氧化碳排放将比 2005 年下降 65% 以上，非化石能源占一次能源消费比重将达到 25% 左右"。

在能源生产方面，我国把推进能源绿色发展作为促进生态文明建设的重要举措，坚持绿色发展导向，大力推进化石能源清洁高效利用，优先发展可再生能源，安全有序发展核电，加快提升非化石能源在能源供应中的比重，建立多元的能源生产与供应体系，推动能源低碳发展迈上新台阶。在全面实现现代化目标愿景下，我国人均能源消费水平将不断提高，能源消费总量还将持续增长。在能源消费方面，我国一贯坚持节能优先方针，完善能源消费总量管理，强化能耗强度控制，把节能贯穿于经济社会发展全过程和各领域，加快形成能源节约型社会。

我国能源革命战略统筹考虑了能源清洁低碳发展、能源安全、能源效率和经济性的平衡与协调，提出了 13 项重大战略行动，包括全民节能、能源消费总量和强度双控、近零碳排放示范、电力需求侧管理、煤炭清洁利用、天然气推广利用、非化石能源跨越发展、农村新

第4章 能源低碳转型与清洁能源

能源、能源互联网推广、能源关键核心技术及装备突破、能源供给侧结构性改革、能源标准完善和升级、"一带一路"能源合作等行动。能源革命战略以技术革命、体制革命和全方位加强国际合作为撬动因素和保障措施，促进能源消费和能源供给形成良性互动，促进现有能源体系向清洁低碳和安全高效的能源体系转变。碳中和要求最终构建零碳排放的能源体系，与我国能源转型的既定战略在方向上是一致的。

近年，我国的能源效率、碳强度、清洁能源所占市场份额逐渐增加。为了推动可再生能源发展，国家计划投入 2.5 万亿元，将非化石能源和天然气在能源消费增量方面的贡献提升至 68%。根据生态环境部公布的数据，我国每年在可再生能源领域投入 1000 亿美元。我国风电、光伏发电规模位居世界前列，形成了富有竞争力的产业链体系。在半导体照明产业，我国也成为全球最大的产品研发生产基地和应用市场。在太阳能电池板生产领域，我国企业的生产成本比美国企业低；在风力涡轮机领域，随着相关技术取得重大突破，我国企业在全球市场上占据了领先地位。由于经济增长与能源消费仍存在比较紧密的联系，能源结构中煤炭占据主要地位，而且很难在短时间内改变，能源系统将在很长一段时间内处于新旧体系并行的发展状态。

4.2.2 能源转型与碳减排

2014 年，国际货币基金组织（IMF）开发了一组增长质量指数（Quality of Growth Index，简称为 QGI），用来衡量经济基本面和社会发展两个维度的质量，并对 93 个国家在 1990—2011 年的增长质量进行了排序。通常，作为能源转型的驱动力，高质量增长会涉及经济、社会、环境、气候等多方面指标。我国经济已由高速增长阶段转向高质量发展阶段，相应的指标也在不断改善，最终伴随着明显的能源转型特征。60 余年来，我国的人均 GDP 排放在增长，体现了我国社会经济在发展过程中，但是直到 2022 年人均 GDP 排放仍低于美国和日本。伴随着经济的高质量增长，体现能源转型的另一个指标是终端能源消费的电气化水平不断提高。未来随着人工智能、大数据、物联网、5G 等技术的进一步应用，终端用电水平将迎来新的增长高峰期。最终，终端用能电气化水平的高低将成为检验人类是否进入低碳发展通道的重要标志，也是联合国可持续发展目标实现与否的重要衡量指标。终端用能电气化效率的提高将对环节气候变化做出重要贡献。

此外，可再生能源发展对一次能源需求下降起到了至关重要的作用。虽然可再生能源的整体度电成本仍高于传统化石能源，但在许多优质风力、光伏地区、度电成本已经低于新建的传统热电。我国可再生能源发展在世界上一直处于领先地位。2012 年和 2023 年我国各类电源装机容量比较见表 4-2。

表 4-2 2012 年和 2023 年我国各类电源装机容量比较

电源类型	2012 年各类电源装机容量/10^4 kW	占比（%）	2023 年各类电源装机容量/10^4 kW	占比（%）
火电	81917	71.06	139032	47.35
核电	1257	1.09	5691	1.94

(续)

电源类型		2012年各类电源装机容量/10^4kW	占比（%）	2023年各类电源装机容量/10^4kW	占比（%）
可再生能源	水电	24890	21.59	42154	14.35
	风电	6083	5.28	44143	15.03
	太阳能	328	0.29	60949	20.76
	生物质及其他	800	0.69	1688	0.57
	可再生能源合计	32101	27.85	148934	50.72
非化石能源合计		33358	28.94	154625	52.65

能耗强度和碳排放强度是衡量一个国家或经济体经济社会发展过程中能源资源投入效率和造成的碳排放强弱最基本的指标。能耗强度越大，则单位经济产出（通常用GDP为测度指标）的能源资源投入就越多，经济发展的能源资源代价就越高；同样，碳排放强度越大，单位经济产出造成的碳排放就越大，经济发展的碳排放代价（温室效应贡献）就越大。而且，由于碳排放主要源于化石能源利用，而2000—2020年全球绝大部分国家都主要依赖化石能源，全球及部分国家和经济体的能耗强度和碳排放强度的趋势变化基本是一致的。发达国家和经济体由于经历了重化工业发展阶段，故其能耗强度和碳排放强度均低于全球平均水平，而发展中国家（包括我国）能耗强度和碳排放强度均高于全球平均水平。另外，各国、各经济体的能耗强度和碳排放量都呈现下降趋势，不过发达国家的下降趋势较为平缓，而发展中国家的下降趋势更为明显。这证明发展中国家的经济发展质量和碳排放行为都在改善，但与全球平均水平比较还有很大差异。

从能源转型的长期趋势看，由于越来越多地使用低碳化石能源（如天然气和LNG等）、零碳能源（如新能源、可再生能源），所以，随着主要贡献碳排放化石能源的减少，经济产出越来越转向更多低碳、零碳能源，故经济增长GDP与碳排放量的变化趋势的一致性会逐渐变弱，最终脱钩，如OECD国家的经济增长与碳排放量的变化趋势经历了这一漫长过程。我国作为最大的发展中国家，仍处于工业化时期，加上我国能源结构更多依赖的是高碳能源（如煤炭），故GDP与碳排放仍然在同步进行中，还没出现碳排放与GDP明显脱钩的趋势。

4.3 我国能源低碳转型的实现路径

1. 能源生产现状

我国能源储量丰富，分布广泛，品种繁多，生产增长迅速，已建成相当规模的能源工业体系，为中国经济发展和人民生活水平提高提供了有利保证。我国能源生产和消费以煤炭、石油和天然气为主，"富煤、贫油、少气"是基本国情。目前我国是世界上能源生产第三大国、煤炭生产第二大国、煤炭消费第一大国。根据《BP世界能源统计年鉴》，2020年我国煤炭、石油、天然气和水电储量分别为2078.85亿t、38.5亿t、6.68万亿m^3和1322TW·h，分别居世界第4、8、6和1位。

我国资源的地区分布及构成见表 4-3。我国资源的地区分布不均衡，主要集中在华北、西南和西北地区，东中部地区偏少。从具体能源品种来看，煤炭主要集中在华北地区，水力在西南地区，油气资源则主要在东北地区。我国资源的构成中，煤炭资源占比较高，地区分布广泛但并不均衡，其中山西、内蒙古和陕西分别占全国的 28.2%、23% 和 18%，加上贵州、新疆、宁夏和安徽七个省区的资源储量占全国的 85.2%。总体来看，我国煤炭资源分布偏西北部，但经济发展重心偏东南部，东南部煤炭资源短缺、煤种单一，造成西煤东调、北煤南运的格局。

表 4-3 我国资源的地区分布及构成

地区	合计（%）	资源占全国的比重（%）			资源构成（%）			资源丰度
		煤炭	水力	石油和天然气	煤炭	水力	石油和天然气	
华北	43.9	64.0	1.8	14.4	98.2	1.3	0.5	2680
东北	3.8	3.1	1.8	48.3	54.6	14.2	31.2	293
华东	6.0	6.5	4.4	18.2	72.9	22.5	4.6	141
中南	5.6	3.7	9.5	2.5	44.5	51.8	3.7	142
西南	28.6	10.7	70.0	2.5	25.2	74.7	0.1	1218
西北	12.1	12.0	12.5	14.1	66.7	31.3	2.0	1216

我国油气资源潜力较大但品质不高。2020 年，我国石油企业实施"七年行动计划"。2023 年，石油勘查新增探明地质储量为 12.7 亿 t，天然气勘查新增探明地质储量为 9812 亿 m^3，截至 2023 年年底，全国石油剩余技术可采储量为 38.5 亿 t，同比增长 1.0%。全国天然气剩余技术可采储量为 66834.7 亿 m^3，同比增长 1.7%。2023 年原油产量达 2.08 亿 t，同比增产 300 万 t 以上，天然气产量达 2300 亿 m^3，同比增长 5.8%。

我国一次能源生产量和消费量规模巨大，均居世界首位。煤炭生产能够满足国内需求，石油、天然气资源相对短缺。近年，原油产量基本维持在 2 亿 t 左右，天然气产量增长较快，但仅靠国内油气生产难以满足需求的快速增长，对外依存度居高不下。核电和可再生能源发展迅速，2023 年二者合计占一次能源生产和消费的 18.9% 和 17.4%。

2. 转型基础

对于我国，巨大的人口基数、持续攀升的城市化水平、人民生活的普遍改善所产生的巨大能源需求给短期内控碳、脱碳带来了严峻的挑战。我国的工业尤其是制造业占产业结构的比例较大，2023 年分别达到 39.9% 和 27.7%，远高于美国的 19% 和 11%。我国除了满足国内的市场消费以外，还为世界其他地区提供了大量的工业产品。2023 年，我国的工业规模和商品出口额占世界的 14%。巨大的工业规模使我国碳中和目标的完成较发达国家更加艰巨。受资源禀赋影响，我国能源消费结构中煤炭消费占比较大，煤炭单位热值的含碳量是原油的 1.3 倍、天然气的近 2 倍，因此，我国现有的以煤炭为主的能源消费结构不利于控碳、脱碳。

根据《BP 世界能源统计年鉴》，2023 年我国 CO_2 排放量为 125 亿 t，约占世界的 31.8%。从历史碳排放量和预期增长趋势看，欧盟、美国、日本已分别在 1990 年、2007 年和 2013 年实现碳达峰，要实现 2050 年碳中和，过渡期分别长达 60 年、43 年和 37 年，且碳排放由增转降的平台期也都长达数十年。相比之下，我国碳排放总量更大且处于较快上升期，要在 2030 年实现达峰，并继续用 30 年快速过渡到碳中和，无论是减排总量还是平台期和过渡期的压缩幅度都远大于这些国家和地区。

碳排放达峰过程与一国的产业结构和城市化率有密切关系。通常，服务业占比达到 70%左右时，碳排放就达到峰值并持续下降；城市化率达到 80%左右时，碳排放也开始达峰并下降。在该过程中，环境政策规制在客观上对碳达峰起到协同促进作用。从发达国家的经验来看，产业升级和能源转型过程中，相关政策措施不到位就极易引发社会矛盾，甚至社会动荡。根据世界资源研究所（WRI）的统计，到 2030 年，煤炭发电、石油开采和其他相关行业的 600 万个工业岗位可能消失，而新的绿色工作岗位则需要完全不同的技能，需要政府以公众公平的方式做好社会经济发展等相关工作。我国区域发展不平衡，有必要根据区域发展特点的不同采取差异化的碳达峰行动方案，因地制宜制定碳达峰时间表和路线图，特别要关注高煤依赖地区低碳转型的公正性，寻求平稳解决之道。

3. 转型路径

"双碳"目标下的能源生产要立足资源国情，实施能源供给侧结构性改革，推进煤炭转型发展，提高非常规油气规模化开发水平，大力发展非化石能源，完善输配网络和储备系统，优化能源供应结构，形成多轮驱动、安全可持续的能源供应体系。

实现碳中和目标，能源生产需要由化石能源主导向清洁能源主导转变，重点是通过清洁能源大规模开发、大范围配置和高效率使用，摆脱化石能源依赖，加快化石能源推出和零碳能源供应，建立清洁能源主导的能源体系。全球能源互联网发展合作组织（Global Energy Interconnection Development and Cooperation Organization，简称为 GEIDCO）发布《中国 2060 年前碳中和研究报告》，描绘了我国中长期能源转型路径及未来能源结构调整方案，报告指出，我国要争取化石能源消费总量于 2028 年左右达峰，其中煤炭总量 2013 年后稳定在 28 亿 t 左右，2025 年电煤达峰后开始下降；石油消费总量 2030 年前达峰后逐渐下滑，峰值约为 7.4 亿 t。清洁发电规模逐年扩大，电力生产新增清洁能源发动装机容量 17.3 亿 kW，年均增长 1.6 亿 kW；其中风电、太阳能发电（含光伏和光热发电）装机容量分别为年均增长 5440 万 kW、7500 万 kW。2030 年清洁能源装机容量超过 67%，清洁能源占一次性能源消费比重从 2019 年的 15.3%提高到 31%。应以太阳能、风能、水能等清洁能源替代化石能源，加快形成以清洁能源为主导的能源供应结构。发展清洁能源，不但可以减少因化石能源燃烧带来的温室气体和污染物排放，带来显著的环境和健康效益，发挥清洁能源蕴藏的巨大潜力，而且可以发挥清洁能源边际成本低的优势，显著降低经济发展成本，加快形成以清洁能源为基础的产业体系，实现经济社会清洁可持续发展。

4.4 主要清洁能源

4.4.1 风能

风能是一种洁净、无污染、可再生的绿色能源。风力发电技术的

风力发电

日趋成熟、其较高的经济可行性，以及各国政府持续出台清洁能源的激励政策与法规，极大促进了风力发电行业向更加广阔的前景发展。

地球上的风能资源十分丰富，每年来自外层空间的辐射能为 $1.5×10^{18}$ kW·h，其中的 2.5%即 $3.75×10^{16}$ kW·h 的能量被大气吸收，产生大约 $4.3×10^{12}$ kW·h 的风能。全球风能理事会（Global Wind Energy Council，简称为 GWEC）统计显示，2020 年，全球风力发电新增装机容量超过 9000 万 kW，合计装机容量达到 7.43 亿 kW，相比 2019 年分别增长 53%和 14%。其中，新增风力发电装机容量最大的市场分别为我国、美国、巴西、新西兰和德国，合计占全球新增风力发电装机容量的 80.6%；装机总容量方面，我国排名世界第一，其次分别为美国、德国、印度和西班牙，合计占全球风力发电装机总容量的 73%。

我国风能资源丰富，陆上风电的技术可开发装机容量超过 56 亿 kW，主要集中在三北地区和东部沿海地区，年平均风功率密度超过 $200W/m^2$。2020 年，我国风电装机容量和发电量分别达到 2.8 亿 kW 和 4665 亿 kW·h，新增并网装机容量为 7167 万 kW，2011—2020 年我国风电装机容量和风力发电量年均增速分别达到 24.6%和 25.2%。2020 年，中国风电平均利用率为 97%，较 2019 年提高 1 个百分点。风电平均利用小时数为 2097h，风电平均利用小时数较高的省区中，福建为 2880h、云南为 2837h、广西为 2745h、四川为 2537h。截至 2023 年年底，全国风电累计装机容量为 44134 万 kW，占比全国发电总装机量的 15.11%。2023 年全年，风电装机容量新增 7590 万 kW，创历史新高。全国风电发电量达 8090 亿 kW·h，同比增长 12.3%。

基于风电的环境友好和适中的度电成本，其在减少化石能源消耗和实现碳达峰过程中发挥了重要作用，全球多国都在致力于风电开发，已基本实现大规模的产业化运营。未来五年，全球风电新增并网容量将达到 680GW。2021—2030 年全球累计新增将超过 235GW 的海上风电装机，2030 年累计装机总容量将达到 270GW，其中 30%的新增装机在 2021—2025 年完成吊装，预计新增装机容量将由 6.1GW 增至 23.1GW，在全球风电新增装机容量中所占份额也由 6.5%增至 20%。就不同区域而言，欧洲年新增装机容量预计在 2026 年达到 10GW，并一致保持到 2030 年。2021—2023 年，欧洲以外的大部分增长来自亚洲，主要包括中国和越南等国家，日本与韩国的风电装机份额从 2024 年开始提升。

我国实现"双碳"目标任务艰巨，作为绿色低碳发展和生态文明建设的主要支撑，加快发展风电是应对气候变化和履行国际承诺的重要举措。在具体发展路线方面，以风电产业促进碳达峰碳中和可以分为两个阶段。第一阶段为尽早达峰阶段，到 2030 年，我国风电装机容量将达到 8 亿 kW，其中陆上风电装机容量为 7.4 亿 kW，海上风电装机容量为 5500 万 kW。新增陆上风电装机容量为 5.14 亿 kW，其中约 2 亿 kW 布局在东中部地区，占新增装机容量的 39%；新增海上风电装机容量为 4900 万 kW，主要分布在江苏、浙江、福建、广东等省。第二阶段为快速减排阶段和全面中和阶段，到 2050 年和 2060 年，我国风电装机容量分别达到 22 亿 kW 和 25 亿 kW，其中海上风电为 1.3 亿 kW 和 1.6 亿 kW。随着储能技术的不断进步和储能成本的不断下降，风电与储能实现较好融合，风电将成为我国主力电源之一，在工业等其他领域应用广泛。

4.4.2 氢能

氢元素在地球上主要以化合物的形式存在于水和化石燃料中。氢气兼具燃料、储能、化工原料等多种属性，在电力、交通、建筑、化工等多个行业具有广阔的应用空间。对于氢气应用技术的理论探索与实践案例主要聚焦于储能领域、工业领域（如氢能炼钢、氢能化工、天然气掺氢）、交通运输领域（如燃料电池汽车、重型工业机械、船舶）、建筑领域（如微型热电联供、管道掺氢）等。

氢能作为高效清洁的可再生能源，可为化工、冶炼、动力燃料等传统工业实现深度脱碳。但氢能作为一种二次能源，需要通过制氢技术进行提取。现有制氢技术大多依赖化石能源，无法避免碳排放。根据氢能生产来源和生产过程中的碳排放情况，氢能又有灰氢、蓝氢和绿氢的分别。灰氢是指利用化石燃料燃烧产生的电力制备的氢气，该类型的氢气约占当今全球氢气产量的95%。蓝氢也由化石燃料（主要是天然气）燃烧产生，但其制备过程融合了CCUS技术，可以显著降低生产过程的碳排放，满足大多数国家的排放限制要求。绿氢是指利用可再生能源（如太阳能、风能等）分解水得到氢气，不仅从生产源头上实现了CO_2零排放，而且其燃烧过程只产生水，通过替代传统化石能源还可以实现消费终端的零排放，是真正意义上的清洁能源。但由于可再生能源电解制氢技术尚未大规模推广，氢能储运技术不成熟，配套设施不完善，绿氢的氢能占比还比较小，利用方式也以消纳为主，应用领域主要局限于传统化工行业。

随着全球气候压力增大及能源转型加速，氢能在实现各国碳中和目标上将发挥积极、重大的作用。美国、日本、韩国、欧盟等全球主要发达国家和地区与我国都高度重视氢能的发展，将氢能发展上升到能源战略高度。2020年，美国能源部发布了《氢能计划发展规划》，提出未来氢能研究、开发和示范的总体战略。日本在2017年出台了《氢能基本战略》，将氢能发展提升至国家战略高度。欧洲燃料电池和氢能联合组织作为欧洲积极推动氢能发展的重要团体，在2019年初发布了《欧洲氢能路线图：欧洲能源转型的可持续发展路径》。德国作为欧洲推动氢能发展的重要国家，在2020年6月通过了《国家氢能战略》。

随着深度脱碳的需求增加和低碳清洁氢的经济性提升，氢能供给结构将从化石能源为主的非低碳氢逐步过渡到以可再生能源为主的低碳清洁氢，助力以新能源为主体的新型电力系统建设。基于"零碳排放"模式下的可再生能源制氢不仅可以解决环境污染问题，实现"双碳"目标，而且能有效解决可再生能源的消纳问题，使氢能在储能、交通、工业和建筑领域具有广泛的应用场景。

预计2030年，中国非化石能源占一次能源消费比重将超过25%，风电、太阳能发电总装机容量将达到12亿~20亿kW。如果取中位数16亿kW，按照可再生能源电解水制氢5%比例配制，装机容量有望达到0.8亿kW，绿氢产量达到500万t/a。2035年，考虑到电解槽渗透率和利用电荷的提升，中国绿氢产量有望达到1500万t/a。与此同时，化石能源制氢将逐步配套CCUS技术，与绿氢共同成为我国氢能供应主体。2060年，中国电解槽装机有望达到5亿kW，绿氢产量提升至1亿t/a，占氢气年度总需求的80%。

预计2060年，通过低碳清洁氢供给体系的建立，可实现减少CO_2排放量约17亿t，约占当前中国能源活动 CO_2 排放量的 17%。分部门来看，届时交通部门、建筑与发电部门用氢需求几乎全部由绿氢供给，交通部门可实现减排约 4.6 亿 t，超过当前交通部门碳排放量的 40%。建筑与发电部门减排约 1.4 亿 t，工业部门实现减排约 11 亿 t，占当前工业部门碳排放量的 28%。

4.4.3 核能

核能是安全、清洁、低碳的战略能源，具有能量密度高、单机容量大、占地规模小、长期运行成本低等特点，大力发展核电可有效提升能源自给率。大力发展核电产业，是实现"双碳"目标的有效途径之一。

核电是高效稳定的清洁能源。与化石能源发电相比，核电生产不排放二氧化硫、氮氧化物等大气污染物和 CO_2 等温室气体。与风电、光伏发电相比，核电单机容量大、运行稳定、利用小时数高，可以实现大功率稳定发电，更适合作为基荷电源。另外，核电还具备一定的调峰能力，美国、德国、法国等国家的核电机组已适度参与调峰。

截至 2023 年年底，全球在 32 个国家和地区共运行 413 台核电机组，总装机容量为 37151 万 kW。20 世纪 70 年代石油危机期间，核电进入建设高潮，直至 20 世纪 90 年代，共投产 401 台机组，装机容量为 3.26 亿 kW。受 1986 年切尔诺贝利核事故影响，核电发展放缓。1991—2010 年，核电净投产机组 25 台，装机容量为 0.57 亿 kW；2011 年日本福岛核事故后，净投产机组共 9 台。全球核电发电量在 2006 年达到峰值 2.8 万亿 kW·h，2018 年为 2.7 万亿 kW·h；核电占总发电量比重于 1996 年达到峰值，约为 17.5%，2018 年下降为 10.2%。2023 年全球核能发电量达到 2.6 万亿 kW·h，在全球电力结构中的占比预计约为 9.5%

2020 年，我国核电装机容量达到 4989 万 kW，占总装机容量的 2.3%，平均利用小时数高达 7453h，设备平均利用率约为 85%。2023 年，中国新增商运核电机组 2 台，总数量达到 55 台，额定装机容量为 5703 万 kW；全年核电设备平均利用小时数为 7661h，核电发电量为 4334 亿 kW·h，位居全球第二，占全国累计发电量的 4.86%，年度等效减排 CO_2 约 3.4 亿 t。我国已储备一定规模的沿海核电厂址资源，主要分布在浙江、江苏、广东、辽宁、福建、广西等省区，形成"三代为主，四代为辅"的发展格局。相比二代核电技术，三代核电部署了较为完备的预防和缓解严重事故后果的措施，设计安全性能有明显提高，但成本相应也有显著提升。我国三代核电造价 1.5 万~1.8 万元/kW，度电成本 0.47~0.57 元/kW·h。

根据国际原子能机构（International Atomic Energy Agency，简称为 IAEA）发布的《至 2050 年能源、电力和核电预测》报告显示，在未来一段时间内，全球核电总装机容量仍将呈现增长趋势。与 2015 年相比，到 2030 年全球核电总装机容量预计将增加 56.2%，到 2050 年增加 134.7%，其中北美、西欧等地区增长放缓，亚洲和东欧地区增速将加快。

在"双碳"目标约束下，我国核电行业要抓住机遇，实现新一轮高质量发展。总体来看，核电是替代化石能源、构建低碳能源体系的有益补充，但受经济性、社会环境等因素制约，可以在确保安全的前提下适度发展核电。未来，随着高比例可再生能源接入电力系统，核电机组可为促进清洁能源消纳、保障电力系统安全稳定运行发挥一定的作用。重点攻关方向包括快堆配套的燃料循环技术研发、解决高水平放射性废物问题，并积极发展模块化小堆，如小型模块化压水堆、高温气冷堆、铅冷快堆等堆型。"双碳"目标下的核电发展路径主要分为两个阶段：第一阶段为尽早达峰阶段，到 2030 年，我国核电装机容量将达到 1.08 亿 kW；第二阶段为快速减排和全面中和阶段，统筹考虑设备情况和核燃料供应等条件，2050 年和 2060 年我国核电装机容量将分别达到 2 亿 kW 和 2.5 亿 kW。

4.4.4 太阳能

太阳能是可再生能源，光伏发电是零碳电力，在发电过程中不会产生污染，不会排放温室气体。同时，光伏发电的成本和日常维护费用相对较低。大力发展光伏产业，是实现"双碳"目标的有效途径之一。

太阳能有清洁、安全、用之不竭等显著优势，近年全球光伏发电产业快速发展，已成为发展最快的可再生能源。根据国际可再生能源机构（International Renewable Energy Agency，简称为 IRENA）数据显示，2010—2019 年全球光伏累计装机容量稳定上升，2019 年为 578.5GW，较 2018 年增长 20.3%。其中，亚洲累计光伏装机容量为 330.4GW，占比 57.1%；欧洲为 138.5GW，占比 23.9%；北美为 68.2GW，占比 11.8%。从国家来看，2019 年光伏累计装机容量前三的国家分别为我国、日本和美国，合计占比达到 56.6%，其中我国占全球比重为 35.5%。截至 2023 年，太阳能光伏装机量新增 345.5GW，占同期可再生能源装机容量的 73%，全球光伏累计装机容量达到 1.42TW。

我国太阳能资源丰富，技术可开发装机容量超过 1172 亿 kW，目前开发率仅为 0.2%，大规模开发完全能够满足我国能源需求。我国太阳能资源主要集中在西藏、青海、新疆中南部、内蒙古中西部、甘肃、宁夏等西部和北部地区，年平均辐照强度超过 $1800kW·h/m^2$，是东中部地区的 1.5 倍。2010 年以来，我国光伏装机容量增长超过 550 倍，年均增速为 88%；"十三五"期间累计新增装机容量为 2.1 亿 kW，平均每年新增装机容量为 4225 万 kW。2020 年，我国光伏发电总装机容量为 2.5 亿 kW，发电量达到 2611 亿 kW·h，分别占全国总装机容量和总发电量的 11.5% 和 3.4%，其中西部、北部地区装机容量占比 56.7%。截至 2023 年 4 月底，全国光伏发电装机容量约为 6.7 亿 kW，同比增长 52.4%。2013—2023 年，我国光伏发电装机容量增长了 31.4 倍。

20 世纪 70 年代以来，欧盟、日本以及许多传统能源匮乏的地区和国家利用太阳能发电的比重逐渐增加。国际能源机构（IEA）光伏发电系统计划（PVPS）发布的数据显示，全球光伏累计装机容量从 2022 年的 1.2TW 增长到 2023 年的 1.6TW，2023 年新增光伏装机容量从 2022 年的 236GW 增至 446GW。德国自 1991 年推出"千屋顶计划"，政府为每位安装太阳能屋顶的住户提供补贴。日本自 1993 年开始实施"新阳光工程"，建立本土太阳能光伏产业和光伏市场。通过一系列的政府资助和相关研究、开发、示范和部署，日本在太阳能电池制造技术和降低成本方面取得了长足进步。

我国光伏产业的高效有序发展有利于实现"双碳"目标。要坚持集中式和分布式开发并举，电源布局与市场需求相协调，持续扩大太阳能发电规模，不断提高太阳能发电在电源结构中的比重。充分利用太阳能资源和沙漠、戈壁土地资源优势，重点集中开发新疆、青海、内蒙古、西藏等西北部大型太阳能基地，同时，在东中部地区合理利用厂房屋顶、园林牧草和水塘滩涂，因地制宜发展分布式光伏。

在实施路径方面，以光伏产业促进碳达峰碳中和可以分为两个阶段。第一阶段为尽早达峰阶段，到2030年，我国太阳能发电装机容量达到10.3亿kW，其中集中式光伏7亿kW，分布式光伏3亿kW，光热发电0.3亿kW。太阳能发电总量达到1.4万亿kW·h，相当于替代4.5亿tce，占一次能源消费总量的7%。第二阶段为快速减排和全面中和阶段，到2050年和2060年，我国光伏装机容量分别达到32.7亿kW和35.5亿kW，其中分布式光伏发电装机容量分别达到10亿kW和11亿kW，光热装机容量分别达到1.8亿kW和2.5亿kW；太阳能发电总量分别达到5.5万亿kW·h和6.2万亿kW·h，相当于替代6.7亿tce和7.6亿tce，占一次能源消费总量的11%和13%。

4.4.5 生物质能

生物质燃料是可再生能源，植物通过光合作用将CO_2和水合成生物质，生物质燃烧生成CO_2和水，形成CO_2的循环。因此，生物质燃料是全生命周期零碳排放能源。现代生物质燃料是通过先进生物质转换技术生产出固体、液体、气体等高品位的燃料，利用方式多样。生物质可直接燃烧利用于炊事、室内取暖、工业过程、发电、热电联产等，也可通过热化学转换形成生物质可燃气、木炭、化工产品、液体燃料等，分别用于替换天然气、煤炭及交通燃油。生物质可通过生物转换，依靠微生物、酶的作用，生产出燃料乙醇、沼气等，燃料乙醇可与汽柴油混合使用，沼气广泛用于居民生活、发电以及农业供能。生物质的其他转换包括固体压缩成型，提高能源密度，可以高效直接利用，或进一步加工厂生物炭代替煤炭。另外，BECCS技术联合应用生物质燃料与CCS技术，具备CO_2负排放能力，将成为加速碳减排的重要技术方案。

到2020年，生物质能占全球可再生热能产量的96%，其中欧洲生物质能占全球生物质能产量的88%。截至2023年，生物质能占电力结构的9%，发电量为685TW·h。其中，69%来自固体生物质资源，17%来自城市和工业废物。可再生热能生产：在过去二十年中，生物质能、地热和太阳能热等可再生能源对全球热能生产的贡献翻了一番。生物能源商品方面：到2022年，欧洲在木屑颗粒生产方面处于领先地位，全球产量为2600万t，而非洲在木材燃料和木炭生产方面处于领先地位，产量分别为7.2亿m^3和3600万t。到2020年，液态生物燃料和沼气产量分别达到1460亿L和380亿m^3。

从经济效益角度，生物质能经济竞争力不强。生物质固体成型燃料经济性已经接近煤炭，单位热值固态燃料成本为煤炭的1.0~1.4倍。生物质液体燃料竞争力仍低于化石燃油，生物乙醇和生物柴油成本分别约为420元/桶和660元/桶（以原油热值进行换算），高于原油价格。生物质气体燃料已在欧美发达地区的热电联产机组中广泛采用，度电成本约为0.33元/kW·h，预计近中期经济性弱于水电，中长期弱于风光电源。生物甲烷已在欧洲等地区初步商业化应用，可以在各类交通利用场景下替代化石能源，未来生物甲烷将具备一定的经济性，成为替代天然气的重要手段之一。

我国生物质资源总量有限。适用于能源利用的生物质主要包括林业资源、农业资源有机废水、城市固体废物和畜禽粪便等四大类。我国年产各类有机废弃物保守估计有3亿~50亿t，其中农业废弃物为9.8亿t、林业废弃物为1.6亿t、有机生活垃圾为1.5亿t、畜禽粪污为19亿t、污水污泥为4000万t、工业有机废渣废液为8亿t，每年可作为能源利用的生物质资源总量约为4.6亿tce。

2019年，国家发展和改革委等十部委联合下发的《关于促进生物天然气产业化发展的指导意见》，提出到2025年，生物天然气具备一定规模，形成绿色低碳清洁可再生燃气新兴产业，生物天然气年产量超过100亿m^3。到2030年，生物天然气实现稳步发展。规模位居世界前列，生物天然气年产量超过200亿m^3，占国内天然气产量一定比重。截至2022年年底，中国生物质能发电装机容量累计达4132万kW，年发电量约为1980亿kW·h，超额完成"十三五"规划目标。

IRENA发布的《2020年可再生能源统计》（Renewable Capacity Statistic 2020）显示，2019年全球可再生能源发电装机容量达到25.57亿kW，其中全球生物质能发电装机容量达到1.24亿kW，约占可再生能源发电装机总量的4.9%。IEA认为印度受益于制糖业的甘蔗渣热电联产，在生物质能方面存在一定优势；日本主要是通过上网电价进行项目支出，增加产能；在欧洲、英国和荷兰的生物质能将是持续增长点；土耳其的沼气利用以及墨西哥的废弃物发电市场也正成为富有活力的新兴市场。

对我国市场而言，生物质燃料的经济性近期弱于化石能源，远期弱于风光发电，即便可开发资源全部利用，也仅约满足2060年我国一次能源需求的20%，不具备成为主体能源的条件。但生物质燃料可以在不改变现有能源基础设施的情况下，实现对部分能源的替代，并应用于航空航海、钢铁冶炼等难以直接以电能替代的领域，可作为这些领域实现"双碳"目标的重要手段之一。

从近中期看，生物质热电联产替代煤炭，生物气替代天然气，生物燃油、燃料乙醇替代石油均是我国能源系统脱碳的重要选择。预计到2030年，生物质利用总量将达到和1.9亿tce，其中生物质发电装机容量达4000万kW。

从长远看，生物质将是我国零碳能源系统的有益补充，是丰富能源供应多样性的重要手段。预计到2060年，生物质利用总量将达到4.7亿tce，其中约45%用于工业制热需求，30%用于生物质发电，其余用于交通运输和建筑等领域分散式制热、制气等。

4.4.6 地热能

地热能是一种储量丰富、稳定可靠的零碳、清洁能源，对我国未来能源结构调整中发挥着重要作用。从我国的资源国情出发，传统能源与新能源并举，节约集约与开发创新并行，大力开发利用地热能，对于推动CO_2等温室气体减排，实现气候目标和经济可持续发展具有重要意义。

地心之火

地热资源根据地质构造特征、热流传输方式、温度范围以及开发利用方式等因素可分为浅层地热能、水热型地热（地下热水）和干热岩三种类型。我国地热资源禀赋良好，但受构造、岩浆活动、地层岩性、水文地质条件等因素的控制，分布不均。

1)浅层地热能资源在全国范围内普遍分布。我国 336 个地级以上城市规划区范围内浅层地热能资源年可采量折合标准煤 7 亿 t,可实现建筑物供暖制冷面积 320 亿 m^3。我国陆区浅层地温场恒温带埋深总体上呈东南低,西北、东北地区高的特征。陆地浅层地温场(2200m 深度内)地温梯度总体分布特征为北高南低,南方地温梯度平均值为 2.45℃/100m,北方大部分地区地温梯度由西向东逐渐升高,平均值为 3℃/100m。我国浅层地热能资源适宜区主要分布在我国中东部京津冀、山东、江苏、安徽、河南、陕西和东北部分地区。

2)我国水热型地热资源以中低温为主,高温为辅。受构造、岩浆活动、地层岩性、水文地质条件等因素的控制,水热型地热资源分布有明显的规律性和地带性,依据构造成因可分为沉积盆地型和隆起山地型地热资源。隆起山地型中低温地热资源主要分布于东南沿海、胶东、辽东半岛等山地丘陵地区。隆起山地型高温地热资源主要分布在我国台湾和藏南、滇西、川西等地。由于我国地处环太平洋板块地热带的西太平洋岛弧型板缘地热带以及地中海—喜马拉雅陆—陆碰撞型板缘地热带的交汇部位受构造活动的控制,该区域孕育有大量的水热活动,是我国主要的高温温泉密集带。西南地区水热型地热资源年可采量折合标准煤 1530 万 t,高温地热资源发电潜力为 712 万 kW。沉积盆地型地热资源主要分布于我国东部中、新生代平原盆地,包括华北平原、江淮平原、松辽盆地等地区。这些大型沉积盆地热储多、厚度大且分布较广,随深度增加热储温度升高,赋存有大量的中低温热水资源,地热资源量折合标准煤 1.06 万亿 t,是我国重要的地热开发潜力区。

3)干热岩在地球内部普遍存在,但有开发潜力的干热岩资源分布在新火山活动区、地壳较薄地区等板块或构造体边缘。我国陆区地下 3~10km 范围内干热岩资源量折合标准煤 856 万亿 t。我国干热岩分为 4 种类型。高热流花岗岩型干热岩集中在我国东南沿海地区,以燕山期形成的大范围酸性岩体为赋存体,形成干热岩的有利目标区;沉积盆地型干热岩主要分布在关中、咸阳、贵德、共和、东北等白垩系形成的盆地下部,上部为新生界盖层,下面有酸性岩体,其下深部的壳源有产热机制;近代火山型干热岩分布在我国腾冲、长白山、五大连池等地区,热源特征与底部岩浆活动历史和特征密切相关;强烈构造活动型干热岩主要分布在我国青藏高原地区,受欧亚板块和印度洋板块的挤压,新生代以来我国青藏高原逐渐隆升,局部有岩浆入侵。

浅层地热能开发的主要作用是为建筑物供暖制冷。随着供暖面积的扩大,供暖需求耗能也将有望达到 3 亿~4 亿 tce,提高新能源和可再生能源利用比例,浅层地热能成为建筑物供暖制冷的重要选择。我国浅层地热能开发利用近年来年均增长速度在 28% 以上,自然资源部中国地质调查局调查评价结果显示,336 个地级以上城市浅层地热能年可开采资源量折合 7 亿 tce,截至 2019 年年底,全国浅层地热能开发利用规模为 8.4 亿 m^2,主要分布在北京、天津、河北、辽宁、山东、湖北、江苏、上海等人口密集的城市区域,其中京津冀地区开发利用规模最大,约占全国的 20%。随着城镇化进程的发展,浅层地热的利用空间还会进一步扩大,未来中小城镇可能是浅层地热利用的主战场。新增建筑面积供暖利于浅层地热能发挥作用,同时能有效促进对浅层地热能的利用。

水热型地热发展从单一、粗放利用为主转变为持续发展、梯级开发。在开发利用中,地热梯级利用和采灌均衡条件下开发利用逐渐受到重视,各种地热单项利用技术和设备的发展及创新也备受关注,包括中低温地热发电技术、换热器强化换热技术等。多储层、多种流体、多层次的地热系统综合、梯级开发利用技术和数值模拟技术成为前沿课题。对可持续发展的重视使回灌成为地热资源开发利用的重要环节,集中回灌区温度场、化学场动态监测与预测,尤其是砂岩储层回灌技术成为地热开发利用的关键技术之一。

自 1972 年美国芬顿山首次开展干热岩项目以来,全球已建立 60 余个 EGS 项目。其中,干热岩的利用技术逐渐成熟,显现出了巨大的利用价值,开发前景广阔。预期到 2050 年国际上将攻克干热岩发电技术瓶颈,实现商业化发电,EGS 开发利用量将达到 70GW。我国干热岩勘查开发利用工作起步较晚,进入 21 世纪,受能源资源紧缺和可持续发展战略影响,干热岩被认为可以作为化石能源的替代能源之一,其勘查开发成为关注热点。近年,围绕有利靶区,开展干热岩开发试验工作,建设干热岩示范项目,在水-岩-气-热作用机制、资源靶区定位技术、储层改造技术、示踪监控技术以及高温钻探相关技术等方面实现突破。

4.4.7 海洋能

海洋能包括潮汐能、潮流能、波浪能、温差能、盐差能等,以海水为能量载体,以潮汐、波浪、海流/潮流、温度差和盐度梯度等能量进行发电的技术手段可达到减排效果。目前全球海洋能发电整体处于试验或者示范阶段。全球海洋能资源丰富,理论上每年可发电 2000 万亿 kW·h,是全球电力消费量的 70 多倍。我国东南部有 18000km 长的海岸线,近岸岛屿礁滩星罗棋布,海洋能蕴藏丰富,我国海洋能开发历史较早,但与其他可再生能源相比发展比较滞后,全国海洋能发电装机不到 1 万 kW,主要集中在浙江,以江厦潮汐电站和海山潮汐电站为代表,装机容量为 4150kW。我国波浪能发电技术研究也有 30 多年的历史,在广东先后研建了 100kW 振荡水柱式和 30kW 摆式波浪能发电试验电站。浙江、广东和福建沿岸波浪能资源较为丰富,分别为 205 万 kW、174 万 kW 和 166 万 kW,合计占全国总量的 42% 以上。

近年,我国积极发展海洋能技术,在山东威海、广东万山、浙江舟山分别建立了国家浅海、波浪能和潮流能试验场。《"十四五"可再生能源发展规划》中提出了开展海上能源岛示范,从开展波浪能发电为独立海岛供电试点项目入手,探索多元发展模式,推动海洋养殖、海洋旅游等行业发展,包括以下几点:

(1) 稳步发展潮汐能发电 优先支持具有一定工作基础、站址优良的潮汐能电站建设,推动万千瓦级潮汐能示范电站建设。开展潟湖式、动态潮汐能技术等环境友好型新型潮汐能技术示范,开展具备综合利用前景的潮汐能综合开发工程示范。

(2) 开展潮流能和波浪能示范 继续实施潮流能示范工程,积极推进兆瓦级潮流能发电机组应用,开展潮流能独立供电示范应用。

(3) 探索推进波浪能发电示范工程建设,推动多种形式的波浪能发电装置应用 探索开发海岛可再生能源。结合"生态岛礁"工程,选择有电力需求、可再生能源资源丰富的海岛,开展海岛可再生能源多能互补示范,探索海洋能在海岛多能互补电力系统的推广应用。

(4) 大力发展非粮生物质液体燃料 积极发展纤维素等非粮燃料乙醇,鼓励开展醇、电、气、肥等多联产示范。支持生物柴油、生物航空煤油等领域先进技术装备研发和推广使用。

截至 2022 年年底，我国海洋能电站总装机容量约为 1 万 kW。潮流能技术发电成本下降较快，正在开展兆瓦级机组长期示范；百千瓦级的波浪能技术的发电装置长期海试和示范应用运行也提上日程；温差能技术在发电、深层冷海水利用、海水淡化等方面的综合利用和工程示范已经进入规划阶段。预计，我国海洋能 2030 年总装机容量将超过 300 万 kW；2060 年总装机容量有望超过 30000 万 kW（相当于年 CO_2 减排量 0.5 亿 t）。

习题与思考题

1. 能源系统的基本组成部分包括哪些？
2. 可再生能源和非可再生能源包括哪些？请阐述可再生能源和非可再生能源分别具备的特点。
3. 能源平衡是什么？请阐述影响能源平衡的主要因素。
4. 人类使用能源方式变化体现的能源转型具有哪些特点？
5. 请阐述煤炭、石油、天然气（含 LNG）、电、氢、热、冷、核能等能源的碳排放量统计方法。
6. 请分析美国、欧盟、日本和我国能源转型路径的异同点。
7. 请分析我国能源分布的特点和生产现状。
8. 请阐述清洁能源的主要类型和特点。
9. 请结合工程案例，阐述我国风能资源分布的特点和风力发电现状。
10. 请举例说明氢能在实现各国碳中和目标上发挥的作用。
11. "双碳"目标下，我国核电行业的机遇和重点攻关方向是什么？
12. 请分析"双碳"目标下，太阳能、生物质能、地热能和海洋能的未来发展趋势。

第5章 煤炭行业低碳转型与科技创新

5.1 煤炭行业概述

5.1.1 煤炭行业的发展历程与现状

新中国成立后我国煤炭工业历经七十多年的发展历程,大致可以分为五个时期:

第一个时期是恢复与初步发展时期(1949—1977年)。该时期煤炭产能稳步增加。1977年全国煤炭产量达到5.5亿t,与1949年的3000万t相比,增加了16.3倍,为我国煤炭工业发展奠定了初步基础。

第二个时期是转型发展期(1978—2000年)。1978年,党的十一届三中全会召开,煤炭工业随之进入了转型发展时期。该期间,煤炭体制从完全的计划经济体制过渡到初步的市场经济体制。1985年我国开始实施的煤炭行业投入产出总承包政策是这一时期关键性的制度变革因素。1992年7月,我国取消了计划外煤价限制,放开指导性计划煤炭及定向煤、超产煤的价格限制,出口煤、协作煤、集资煤全部实行市场调节。1994年7月,我国取消了统一的煤炭计划价格,除电煤实行政府指导价外,其他煤炭全部由企业根据市场需要自主定价。1995年,我国煤炭企业开始探索建立现代企业制度,1998年,国务院改革了煤炭管理体制,将原煤炭工业部直属和直接管理的国有重点煤矿下放地方管理,推进政企分开。体制变革使煤炭工业效率得到提升,企业活力得到增强,煤炭产量以每隔2~5年增加1亿t的速度增长,2000年达到13.84亿t,22年间增加1.23倍,产量年均增加3500万t。

第三个时期是高速发展期(2001—2012年)。我国煤炭工业这一时期进入高速发展阶段的根本原因是我国工业进入重化工业阶段。2001年,以收入计算,我国重工业比重为62%,2012年达到历史峰值72%,增加了10个百分点。重化工业快速增长拉动对煤炭需求快速增长,从而使煤炭年产量在10亿t级以上的规模上能够持续十年的高速增长(9.4%)。从2001年开始,煤炭产量曲线变得非常陡峭。煤炭产量连上几个台阶:2004年突破20亿t,2009年突破30亿t,2012年产量接近40亿t。12年间煤炭产量增加1.87倍,产量年均增加2.25亿t。

第四个时期是结构优化期(2013—2017年)。2013年,我国煤炭产量达到39.74亿t的峰值后，2014—2016 年连续三年出现绝对产量下降，分别为 37.47 亿 t、34.11 亿 t 和 35.24 亿 t。3 年期间煤炭产量减少了 4.65 亿 t。2017 年虽然煤炭产量相比上一年增加了 1.13 亿 t，但未超过 2013 年的煤炭产量。我国煤炭工业步入结构优化期，其基本特征是产量和消费量稳中有降，煤炭利用清洁化的结构优化期。这是由于：一方面，我国建材、钢铁等高耗能行业能源消费先后达峰，对煤炭需求将进入缓慢下降期；另一方面，为了减少能源消费的常规污染物和二氧化碳排放，近年中央和地方政府出台了一系列限制煤炭消费增加的政策，包括把城市区域划定为"禁煤区"，推动电力或天然气替代"散煤"，规定重点省区每年煤炭减量消费的数量，推动煤炭清洁利用和低排放等。

第五个阶段是快速发展期（2018 年至今）。该时期，清洁低碳、经济高效、安全可靠是新时代煤炭行业的新使命。2018—2020 年，我国煤炭产量相对稳定，分别是 35.46 亿 t、37.46 亿 t 和 38.43 亿 t。2020 年，煤炭工业协会发布《煤炭工业"十四五"高质量发展指导意见》，提出：到"十四五"末，国内煤炭产量控制在 41 亿 t 左右，全国煤炭消费量控制在 42 亿 t 左右，年均消费增长 1% 左右。2021—2023 年，我国宏观经济回升向好，发展质量稳步提升，煤炭需求保持平稳增长，煤炭进口量再创新高，煤炭供需总体平衡，煤炭行业经济运行总体平稳有序。煤炭产量进一步提升，分别达到 40.71 亿 t、45.6 亿 t、47.1 亿 t，创造历史新高。

我国煤炭行业经过多年来的自我改革和优化，产业结构和开发布局不断提升，煤炭开采由产量向质量转变，优势产能比重提高，开采理念从安全高效逐渐过渡到绿色、安全、高效、生态和智能，开始引领世界煤炭行业的发展。

5.1.2 煤炭行业在国民经济中的地位与作用

作为全球最大的能源生产和消费国，煤炭是支撑我国国民经济发展的主体能源，是能源安全的重要保障和工业生产的重要原料，其高质量发展是我国能源变革的关键所在。今后一个时期，煤炭作为我国能源"压舱石"的主体地位不会改变，煤炭行业转型升级与高质量发展要求更加迫切。

1990—2020 年期间，我国一次能源消费总量呈增长趋势，如图 5-1 所示，该时期我国一次能源消费及结构占比，可知消费结构呈现多元化趋势，化石能源逐渐减少、清洁能源逐渐增加，但仍以化石能源为主。30 年间，我国化石能源消费总量由 27.55EJ/a 增加至 121.45EJ/a，2013—2022 年消费量快速增加；化石能源消费结构以煤炭为主，且相较于石油和天然气消费量的稳定增长，煤炭消费量波动性大；一次能源、化石能源和煤炭消费量的变化趋势存在高度耦合关系，可以说"从煤炭资源消费可知化石能源消费、从化石能源消费可知一次能源消费"。煤炭资源是我国的主体能源和刚性能源，影响着我国一次能源消费结构和社会经济发展；同时，由于其开采利用方式的特性影响着我国的生态环境，如煤炭燃烧过程是强烈的"碳"排放过程，对整个生态系统的"碳"平衡影响重大，必须对其进行科学管控、系统调控，推动煤炭行业转型升级。

由于传统化石能源具有碳排放的固有特性，风、光、地热、核能与新能源被认为是能源低碳转型的终极方向。我国可再生能源资源丰富分布广泛，具有大规模开发的资源条件和产业基础。在《中华人民共和国可再生能源法》和一系列政策措施的推动下，我国可再生能源快速发展，技术进步明显，应用规模迅速扩大，已建装机容量自 2015 年稳居世界第一，在我国能源转型中发挥着越来越大的作用。近年，我国风电光伏等新能源规模持续扩大，技术进步不断加快，发电成本大幅下降。截至 2023 年年底，全国并网风电、光伏装机容量分别达到 4.41 亿 kW、5.2 亿 kW，分别占全国发电总装机容量的 15.07% 和 17.81%。然而，尽管风电、光伏等新能源的装机容量不断增大，但由于基数小且不稳定，目前在能源消费结构中的占比还较小。此外，由于我国能源消费处于快速增长期，新能源的增量赶不上能源需求增量，新能源替代存量煤炭还需要相当长的时间。在此之前，仍需要煤炭发挥基础能源作用，为经济社会发展提供能源兜底保障。

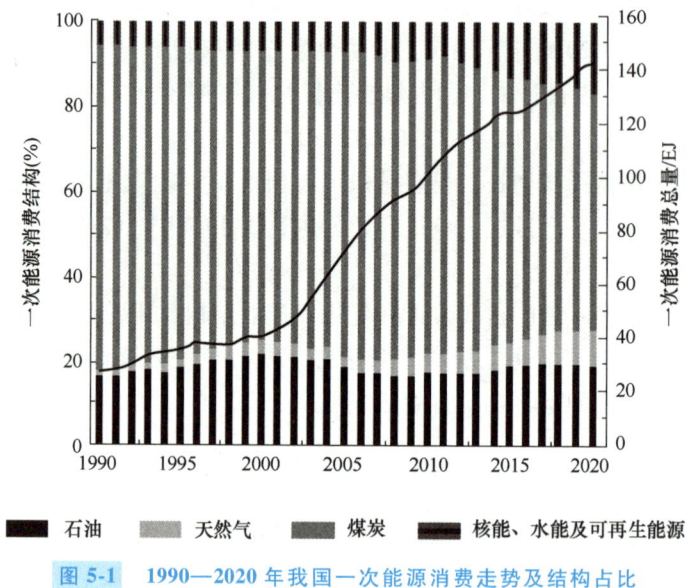

图 5-1　1990—2020 年我国一次能源消费走势及结构占比

借鉴美国现代化进程、能源消费、碳排放强度等基本特征和变化规律，结合我国能源发展趋势和相关政策，预计我国能源消费格局变化可分为 4 个阶段，见表 5-1。即在我国碳中和进程中，新能源在能源结构中的地位将经历补充、替代、主体的变化，而煤炭将经历从基础能源到保障能源、再到支撑能源，最后到应急储备能源的定位变化。

表 5-1　我国能源消费格局变化

发展阶段		2021—2030 年	2031—2050 年	2051—2060 年	2060 年以后
煤炭	定位	基础能源	保障能源	支撑能源	应急储备能源
	消费量/(亿 t/a)	35~45	25~35	15~25	12~15
新能源	定位	补充能源	替代能源	主体能源	主体能源
	在能源消费结构中的占比（%）	15~29	30~49	50~80	≥80

注：基础能源是指虽然不是能源需求增量的主要供应来源，但仍然是第一大能源品种，在能源体系中发挥基础性作用；保障能源是指以保障能源供应稳定性和安全性为主要功能的能源品种；支撑能源是指以支撑其他能源发展为主要功能的能源品种，主要用于调峰、储备等。应急储备能源是指以应急储备、战略储备为主要功能的能源品种。

1. 基础能源阶段（2021—2030 年）

2030 年前，为满足碳达峰的要求，风、光等新能源是适应能源增量需求的主体，它们增长速度快，但是由于基数小，在能源消费结构中的占比提高缓慢，逐步由 15%向 29%靠近，成为补充能源。由于我国能源消费增长保持在较高水平，新能源增量赶不上能源需求增量，煤炭消费量保持平稳或略有增长，维持在 35 亿~45 亿 t/a，但是煤炭在能源消费中的占比逐步下降到 50%左右，由主体能源转变为基础能源。

2. 保障能源阶段（2031—2050 年）

2031—2050 年，在碳达峰后，新能源不仅是满足能源增量需求的主体，而且开始替代煤炭等化石能源，新能源在能源消费中的占比提高到 30%~49%，成为替代能源。与此同时，受碳排放约束，煤炭消费在一定程度上被替代，煤炭利用逐步向电力调峰、碳质还原剂及保障能源安全等集中，煤炭消费量下降为 25 亿~35 亿 t/a，由基础能源转变为保障能源。

3. 支撑能源阶段（2051—2060 年）

2051—2060 年，随着进入碳中和攻坚期，新能源大幅度代替传统化石能源，新能源在能源消费中的占比提高到 50%~80%，成为主体能源。碳中和目标实现后，受碳排放约束，煤炭只剩下电力调峰、碳质还原剂及保障能源安全等不能被替代的用途，煤炭消费量下降为 10 亿~25 亿 t/a，由保障能源转变为支撑能源。煤炭成为精品，虽然产量降低，但是价格回归到应有的本真价值，反映地表无塌陷、生态无损伤条件下的绿色低碳煤炭生产完全成本。

4. 应急储备能源阶段（2060 年以后）

2060 年实现碳中和后，正常情景下煤炭的用量进一步减少，而为了应对油气进口受限、可再生能源年际非正常波动，保持一定规模的煤炭生产和消费。煤炭生产和消费不单纯是从煤炭利用本身出发，而是将其作为应急储备、战略储备等。

5.2 煤炭行业低碳转型的背景与趋势

5.2.1 我国煤炭行业面临的挑战

1. 煤炭行业面临的挑战

（1）煤炭消费减量导致煤炭行业发展空间受限 "双碳"目标要求逐步减少煤炭开发利用碳排放，直至实现零碳排放，甚至负碳排放。煤炭开发利用自身通过工艺优化、节能降耗等措施，虽然可在一定程度上减少碳排放系数，但是很难实现零碳排放，需要 CCS/CCUS 等技术实现碳减排。但 CCS/CCUS 的技术成本也将附加到煤炭消费上，影响煤炭消费的经济性，导致煤炭消费减量。低成本 CCS/CCUS 技术大规模应用前，煤炭利用经济性随碳价格升高而降低，煤炭消费将由增量下降向存量减少转变。

"双碳"目标任务正在由战略目标转化为指导经济产业发展的具体措施。可以预期，未来推动碳达峰碳中和将更加理性，更多通过用能权交易、碳交易等市场化的手段，全国一盘棋循序渐进地推进而不是针对某一具体行业或细分领域的行政措施强制产能退出。理性发展环境对煤炭行业的影响将逐步加深，煤炭消费减量也将是一个循序渐进的过程，但不会根本改变煤炭消费长期减量的发展格局。

煤炭行业是以煤炭开采、洗选为主的组织结构体系，聚焦于煤炭开发环节。煤炭开采、洗选因消耗煤炭、油品等化石源，有少量的 CO_2 排放；因采动改变煤层压力，析出煤层中有一定量的甲烷（称为煤层气或瓦斯）排放。从煤炭开发利用全过程排放特征来看，煤炭开发环节碳排放量占煤炭开发利用碳排放量的不到10%，与电力、钢铁建材、化工等煤炭利用行业相比，碳中和目标对煤炭行业的直接影响较小，更多的是通过影响煤炭的竞争力，影响煤炭消费量，进而影响煤炭行业的产能需求和生产规模。煤炭消费逐步减量，也将导致煤炭行业发展空间受限。

（2）新能源大比例接入要求煤炭柔性供应　碳中和目标下，风、光等可再生能源发电并网比例将逐步增高，而可再生能源本身具有不稳定性，电力调峰需求增加，带动煤炭需求波动加大。同时，油气对外依存度居高不下且地缘政治复杂多变，我国油气供应安全面临严峻挑战，要求煤炭充分发挥在平衡能源品种中的兜底保障作用，将进一步加大煤炭需求波动。

特别是随着经济发展，能源需求减弱，未来煤炭生产不是越多越好，而是在需要时可快速启动生产，不需要时可低成本保持生产能力，实现柔性供应。低成本、宽负荷调节的柔性矿井将替代当前高产高效矿井，成为未来煤矿建设的新形式。国家部委和主要产煤省份大力推进煤矿智能化建设，云计算、大数据、物联网、移动互联网、人工智能等新一代信息技术在煤矿的应用，将逐步推动柔性矿井由概念、框架变为现实，实现煤炭订单式生产。

（3）零碳排放要求颠覆现有煤炭利用方式　以燃烧为主的现有煤炭利用方式，不可避免地产生 CO_2，碳中和要求采用零碳/负碳的煤炭利用新方式，颠覆传统工艺技术不可避免地产生 CO_2 的固有特性，实现煤炭利用的零碳排放。例如，固体氧化物燃料电池技术，在电池组内对 CO_2 催化、转化、矿化再能源化，实现循环利用零碳排放。但是，这些技术还处在原理验证、小规模试验阶段，短期内尚难以适应碳达峰碳中和的要求。应加大科技投入，加强科技资源整合，加快推进煤炭开发利用颠覆性技术攻关，探索节能低碳型煤炭开采方法，煤炭原料化、材料化利用原理与机理，煤炭与新能源耦合利用原理，"清洁煤炭+CCUS"新原理等，研发废弃煤矿地下空间碳封存、CO_2 矿化发电、CO_2 制化工产品、与矿区生态环保深度融合的碳吸收等新型用碳、固碳、吸碳技术与装备，破解煤炭行业低碳发展的"卡脖子"技术问题。

2. 煤炭行业面临的机遇

回顾煤炭行业的发展历程，经济社会发展带动能源消费快速上升，资金、技术、人力、政策等生产要素不断在煤炭行业集聚，推动煤炭行业长期负载运行，超负荷生产，低端粗放式发展。碳达峰碳中和目标促使煤炭消费减量，带动煤炭消费比重下降，给煤炭行业带来发展空间受限的严峻挑战，也为煤炭行业留出降低生产规模、提升发展质量的时间和空间，给煤炭行业带来转型升级的机遇。碳中和目标下，我国煤炭行业将迎来三大机遇。

（1）实现煤炭高质量发展的机遇　新中国成立以来煤炭行业为经济社会发展贡献了约

1亿t煤炭产品。为保证煤炭行业高质量发展，提出：煤炭科学开采和绿色开采理念；煤炭科学产能的定义及评价指标体系，以识别和评价煤炭科学产能。科学产能的理念已被广泛接受，但是建设步伐不及预期。碳达峰碳中和目标下，煤炭行业的产量应回归到合理规模，走科学产能之路，推动实现高质量发展。煤炭行业需要尽快从扩大产能产量，追求粗放性效益为第一目标的增量时代，迈向更加重视生产、加工、储运消费全过程安全性、绿色性、低碳性、经济性的存量时代，快速提升发展质量。

（2）煤炭升级高技术产业的机遇　科技创新不断推进，保障行业高质量发展的标准体系快速构建。通过技术创新、理念创新实现零生态损害的绿色开采、零排放的低碳利用，建设多元协同的清洁能源基地，实现采掘智能化、井下"无人化"地面"无煤化"，推进煤炭成为清洁能源，使开发是绿色的，利用是清洁的，煤矿成为集光、风、电、热、气多元协同的清洁能源基地。重点开展智能化无人开采、流态化开采、地下空间开发利用、清洁低碳利用等领域研究，提出升级与换代、拓展与变革、引领与颠覆三阶段、三层次的技术装备攻关清单。"双碳"目标倒逼煤炭行业改变过去几十年引进—消化吸收—再创新的路径延续式创新模式，煤炭行业将迎来颠覆性创新的机遇，可以集聚优势创新资源，轻装上阵主攻技术装备，早日成为高精尖技术产业。

（3）煤炭与新能源融合发展的机遇　煤炭与可再生能源具有良好的互补性。煤炭行业管理部门在1998年提出了以煤为主，重视开发新能源和可再生能源，改善能源结构，并给出了具体路径：以电力为中心，以煤炭为基础，积极开发油气，调整能源结构，重视开发新能源和可再生能源，提高能源利用效率和节约能源，走优质、高效、洁净、低耗的能源可持续发展的道路。在该过程中，燃煤发电与可再生能源发电优化组合，可充分利用燃煤发电的稳定性，为可再生能源平抑波动提供基底，规避可再生能源发电的不稳定性；利用可再生能源的碳中和能力为燃煤发电提供碳减排途径，在很大程度上减轻单纯燃煤发电的碳减排压力。此外，煤矿区具有发展可再生能源的先天优势，已有及未来预计新增的采煤沉陷区面积超过6万km^2，可为燃煤发电和风光发电深度耦合提供土地资源；煤矿井巷落差大，可用于抽水蓄能，为可再生能源调峰；残余煤炭CO_2吸附能力强，有利于井下碳吸附、碳储存；井下温度较高且稳定，可发展地热开发利用技术。碳中和目标倒逼煤炭企业主动发展新能源，以煤电为核心，与太阳能发电、风电协同发展，构建多能互补的清洁能源系统，将煤矿区建设成为地面—井下一体化的风、光、电、热、气多元协同的清洁能源基地。

5.2.2　煤炭低碳转型的发展趋势

1. 煤炭碳中和战略蓝图

综合碳中和目标、国家能源安全、经济运行应急三大要求，立足我国国情实际，坚持系统观念，统筹煤炭低碳发展和能源保供，准确把握减碳与发展、减碳与安全的关系，正确处理短期和中长期的关系，科学谋划"能源安全兜底、绿色低碳开发、清洁高效利用、煤与新能源多能互补"四大战略方向，实施"矿区风光火储用一体化发展""矿山光伏+第一产业协同发展""矿区新能源与煤炭清洁利用耦合发展""矿区地上、地下能源开发利用立体化发展""矿区CCUS与碳中和+光氢储互补发展""矿区地上、地下立体式碳汇规模化发展"

六大发展路径，推进煤炭企业建成"煤炭+CCUS"与风、光、电多能互补的清洁能源生产基地，煤矿区成为井下—地上资源一体化开发、立体化利用、零碳排放的碳中和示范区，煤炭行业成为煤炭少碳开发、零碳利用、固碳和负碳技术突破发源地，支撑能源高质量发展和经济社会发展全面绿色转型。

（1）煤炭企业成为"煤炭+CCUS"与风、光、电多能互补的清洁能源生产基地　按需灵活产出煤炭、电力、氢能以及碳材料等，并实现井下巷道储能，平抑可再生能源波动，"煤炭+CCUS"与可再生能源互补稳定供应多元化清洁能源。

（2）煤矿区成为井下—地上资源一体化开发、立体化利用、零碳排放的碳中和示范区　地下空间碳固化、碳封存，就地处置煤炭利用产生的CO_2；地面可再生能源利用，零碳排放；矿区植被形成碳汇，负碳排放。

（3）煤炭行业成为煤炭少碳开发、零碳利用、固碳和负碳技术突破的发源地　突破煤矿智能化低碳绿色开采、井下无人开采、流态化开采关键技术形成煤炭开发利用少碳用碳技术体系、煤炭+多能互补的零碳负碳技术体系。

2. 煤炭碳中和战略目标

2025年，煤炭科学产能支撑能力显著增强，煤与新能源耦合发展模式初步形成，突破煤矿智能化低碳绿色开采与煤炭清洁高效低碳利用关键技术，形成煤炭开发利用少碳用碳技术体系。建成煤矿区CO_2，封存清洁煤电+CCUS等示范工程；煤炭柔性生产和兜底保障能力大幅度提升，煤炭开发利用碳减排效果明显。

2030年，建成煤炭科学产能支撑基地，煤矿全部实现科学产能突破井下无人开采、近零排放及流态化开采关键技术，形成煤矿区煤炭+多能互补的零碳技术体系。建成煤矿区清洁能源基地示范工程，建立煤矿区碳自平衡示范区；煤炭实现智能绿色的柔性生产，煤炭开发利用碳减排取得显著成效。

2060年，形成煤炭开发颠覆性技术体系，实现煤炭资源原位流态化开采，建设"煤电+CCUS"与多能互补零碳和负碳示范基地；煤炭开发利用实现近零碳排放，并为我国碳中和贡献原创特色技术，成为我国碳中和技术策源地。

5.3　煤炭行业低碳转型的路径与战略

5.3.1　煤炭低碳转型的路径

实现煤炭转型是一个漫长的过程。1990—2023年，欧洲和美国的煤电比例分别从40%和50%大幅度降低至12%和16%。2023年德国能源转型智库发布的报告指出，2023年，煤炭发电量下降了26%；可再生能源发电量占欧盟总发电量的44%；其中，风能和太阳能发电量增长了90TW·h，约占总发电量比重的27%，装机容量增加了73GW。风力发电量为475TW·h，占总发电量为18%，占比首次超过发电量为452TW·h的天然气，创历史新高。随着可再生能源成本大幅下降，较快降低煤电占比已经具备条件。部分国家煤

推动煤电清洁化利用的技术图纸

电装机容量占比及弃煤时间见表 5-2。

表 5-2 部分国家煤电装机容量占比及弃煤时间

国家	总发电装机容量/MW	煤电装机容量/MW	煤电占比（%）	弃煤时间
比利时	18835	0	0	2016 年
法国	126229	3286	3	2023 年
奥地利	22150	635	3	2025 年
英国	89402	13100	15	2025 年
丹麦	10662	2837	27	2030 年
芬兰	18441	2119	11	2030 年
荷兰	25660	5860	23	2030 年
葡萄牙	19113	1878	10	2030 年
瑞典	38598	231	1	2030 年

我国是煤炭消费大国，实现煤电尽早达峰和尽快下降是 2030 年前碳达峰的关键。与工业、交通、建筑等终端能源消费领域减排相比，以清洁能源发电替代煤电技术成熟、经济性好、易于实施，是最高效、最经济的碳减排措施。

由于煤电体量大、占据我国电力供应的主要地位，未来转型过程中需要多措并举保障煤电平稳退出、以清洁能源为主导的电力系统安全稳定运行。华北电力大学与自然资源保护协会（Natural Resources Defense Council，简称为 NRDC）共同发布的煤控研究项目报告《"十四五"电力行业煤炭消费控制政策研究》指出：为同时满足碳排放约束和用电需求，到 2025 年、2030 年末，煤电装机容量应分别控制在 11.5 亿 kW、9.8 亿 kW 以内，2045 年实现完全退出。通过对煤电机组的灵活性改造，远期改造为燃氢、燃气和生物质等灵活调节性发电机组，大力发展抽水蓄能电站和电化学储能，并综合采用需求响应、电网互联互通等措施，能够保障碳达峰碳中和进程中电力系统安全稳定运行。

面对"双碳"目标，我国需要加快可再生能源开发和利用速度，如果当前煤油装机容量继续增加 2 亿 kW，峰值达到 13 亿 kW，煤电碳排放量还将增长 10 亿 t，2030 年前很难实现碳达峰，更会严重影响碳中和目标的实现。因此，需要加快对现有燃煤电厂加装 CCS 设备，实现现有煤电机组低碳化。在 2030 年前，严控东中部煤电新增规模，并淘汰落后产能，开展煤电灵活性改造，推动煤电从基荷电源向调节电源转变，为清洁能源发展腾出空间。在快速减排阶段（2030—2050 年）和全面中和阶段（2051—2060 年），加快煤电转型，逐步有序退出，循序推进燃氢发电、燃气发电、生物质掺烧等形式替代煤电，并通过加装 CCS 设备，实现碳净零排放。

我国存量煤电需要从"双碳"目标出发，积极融入区域经济社会和生态文明发展，适应并助力新能源主体地位建设，实现与新能源协调发展，成为新电力系统的重要组成。煤电转型助力"双碳"目标可以从以下 5 个方面入手：

（1）严控煤电总量　停建东中部已核准而未开工项目，合理安排在建煤电机组的建设进度。"十四五"期间，逐步淘汰关停煤电装机容量 4000 万 kW，新建煤电装机容量 2400 万 kW，新建特高压工程配送端配套装机容量 3100 万 kW 全国净增煤电装机容量 1500 万 kW。对

"十四五"后各地区煤电退出方案进行系统规划,明确中长期退煤时间表与路线图,加快煤电退出进程。要实现煤电装机容量2025年左右达峰,应将峰值控制在11亿kW以内,2030年降至10.5亿kW左右,2050年降至3亿kW左右。2050年后,逐步用燃气、燃氢和生物质发电等形式替代煤电,2060年煤电装机全部退出。

(2) 优化煤电布局 严控东中部煤电装机规模,不再新建煤电机组,新增电力需求主要由区外受电和本地清洁能源满足。2025年、2030年前东中部地区退役煤电装机容量分别为3500万kW、5000万kW。2025年、2030年,东中部煤电装机容量占全国的比例从2020年的56%逐渐下降至52%和50%以下。

(3) 转变煤电定位 在加快落后产能退役的同时,着力优化调整煤电功能定位,对煤电机组进行灵活性改造,挖掘其调峰价值,逐步推动煤电功能定位由荷电源转变为调节电源,为清洁能源电源提供支撑。完善电力市场辅助服务补偿与交易机制,引导煤电充分发挥容量效应和灵活性优势。近中期,大容量、高参数、低能耗的超临界、超临界机组仍主要提供系统基荷,对部分60万kW及以下机组进行灵活性改造,主要提供系统调峰;远期,绝大部分煤电转变为调节电源与应急备用电源。

(4) 有序实施改建 减少煤炭消费总量,推动煤电有序转型改建,循序推进燃氢发电、气电、生物质能掺烧等措施逐步替代煤电,最大限度利用现有电力资产降低煤电资产搁浅风险。2050年煤电装机容量占比下降至约4%,燃氢发电装机容量为1亿kW;2060年煤电全部退出,燃氢发电装机容量增长至2亿kW。

(5) 煤电的综合能源站改造 主要体现为风光水火储一体化和源网荷储一体化,充分利用存量火电灰场、热网等厂区布置,因地制宜,改造升级,新增布置风光可再生能源、储能、制氢、热泵等,为周边工业园区、产业园区等提供冷热电气水等综合能源服务,并结合技术改造,促进可再生能源融合消纳,提升火电机组市场竞争力,为火电机组供给侧结构性改革提供可行方案。

5.3.2 煤炭碳中和发展战略

碳达峰、碳中和不同阶段对高质量供应煤炭的需求不同 (见图5-2)。为了全面支撑以新能源为主体的新型电力系统建设,应推动构建以清洁低碳能源为主体的能源供应体系,全面实施"能源安全兜底、绿色低碳开发、清洁高效利用、煤与新能源多能互补"四大发展战略。

1. 能源安全兜底战略

在相当长时间内,煤炭仍然是我国自主可控、具有自然优势的能源,是我国应对百年未有之大变局、确保能源安全稳定供应和国际能源市场话语权的根基,承担保障国家能源安全的重大责任。同时,全面支撑新能源为主体的新型电力系统建设,保障新能源受气候影响不稳定以及极端条件、特殊环境、突发事件下的煤炭需求,强化煤炭对能源安全保障的兜底作用。要统筹全国煤炭供应保障与区域基本供应能力、短期保障供给与远期有序退出的关系,提高煤炭长期安全稳定供应能力。

主要措施包括:一是,加大晋陕蒙新地区煤炭资源以及东北、华东、中南等矿区深部煤炭资源勘查力度，提高资源勘探精度，为建设大型智能化煤矿提供基础；二是，提高煤炭科学产能，实现由规模扩大的数量型增长向质量提升的效益型发展转变；三是，建立煤炭产能柔性供给体系，建设一批应急保供煤矿。当水能、风能、太阳能等能源处于正常发电运行阶段，煤矿收缩产能、控制产量，当不能正常发电或能力不足时，煤矿释放产能、提高产量，发挥煤炭兜底保障作用；四是，根据区域能源消费形势，准确把握煤矿关闭退出节奏，提高区域煤炭基本供应保障能力。

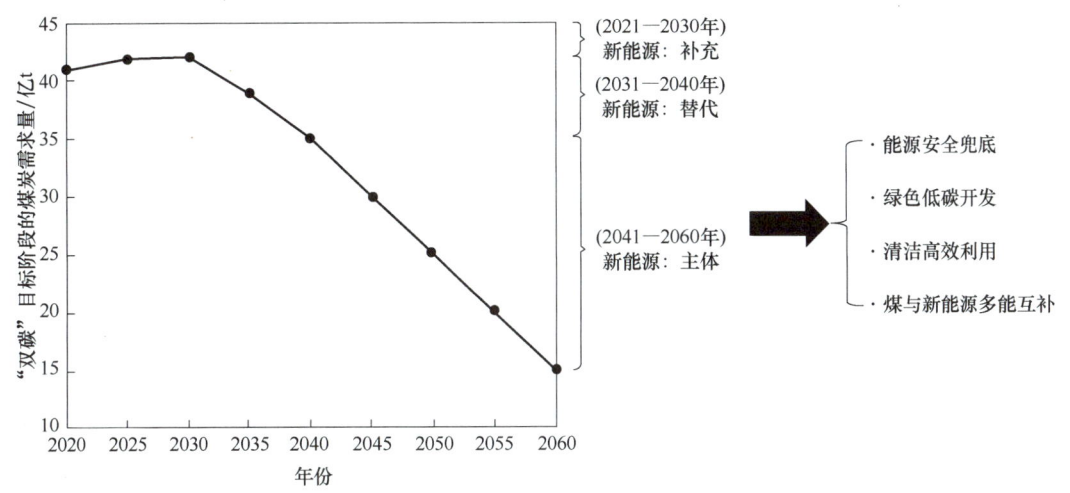

图 5-2　煤炭碳中和四大发展战略示意图

2. 绿色低碳开发战略

煤炭开发过程消耗的煤、油、气及电力、热等产生的碳排放占煤炭开发利用碳排放总量的 10% 左右。多个煤炭企业生产实践表明，先进产能煤矿和煤矿智能化改造对生产用能碳减排效果明显。例如，山西某煤炭企业先进产能煤矿的煤炭开发环节碳排放因子为 $0.025tCO_2$ 左右，低于非先进产能的 $0.1tCO_2/t$；神东煤炭集团上湾煤矿建设的国内首个智能化选煤厂示范工程，生产效率提高 5%，年电力消耗减少 8% 以上，年碳减排 $3000tCO_2$；山东能源集团转龙湾煤矿智能化改造后，每年可节能 1.48 万 tce，减少碳排放 4 万 tCO_2。在新能源替代方面，神东集团在各矿井建设太阳能浴水系统，以太阳能为主，空气源热泵和电锅炉为辅，保证浴水供应，年节能 $8000tCO_2$；研发投用蓄电池无轨防爆胶轮车逐步替代柴油车，柴油年消耗量由 1.8 万 t 下降至 1.2 万 t。

我国煤炭开发过程碳减排潜力较大，亟须系统谋划，采取有效的措施。一是，推广应用煤炭开发节能提效技术，实施余热、余压、节水、节材等综合利用节能项目，通过改善煤炭开发利用工艺、技术和系统性管理，提高煤炭开发过程的能源利用效率，减少能源用量。二是，加快推进煤炭开发过程中瓦斯排放控制与利用，研究煤矿煤层气（煤矿瓦斯）抽采全覆盖模式和关键技术，完善煤与煤层气共采关键技术体系，推广应用煤矿瓦斯抽采利用先进适用技术和装备，提高抽采和利用率。三是，建设一批智能化煤矿和大型露天煤矿，提高先进产能，同时继续淘汰落后产能，形成以大型智能化煤矿为主体的煤炭生产结构。四是，加快煤炭开发颠覆性技术创新，探索井下原位热解、流态化开采模式。

3. 清洁高效利用战略

近年，煤炭在能源消费总量中的占比仍在 55% 以上，煤电占总发电量的 60% 以上；煤炭利用碳排放占我国能源领域碳排放的 70% 左右，占我国总碳排放量的 60% 左右。煤炭清洁高效利用是实现碳达峰、碳中和目标的关键领域。

研究开发和推广应用先进技术装备，促进煤炭全产业链清洁高效利用，有效降低煤炭消费碳排放强度是必然要求。一是，全面实施燃煤电厂节能及超低排放升级改造，建设超临界高效循环流化床机组和高参数百万千瓦超超临界机组，打造大容量、高参数、成本优、效益好的煤电一体化升级版，提高燃煤发电效率，减少煤炭用量。二是，加大力度淘汰高煤耗的落后供热锅炉，推广应用高效煤粉工业锅炉，提高燃煤效率，最大限度降低煤耗；持续推动煤焦化、冶金、水泥、化工行业节能技术创新，最大限度降低用煤单耗。三是，提高煤炭作为化工原料的综合利用效能，促进煤化工产业高端化、多元化、低碳化发展，积极发展煤基特种燃料、煤基生物可降解材料等。四是，加快低阶煤分质分级利用，充分发挥低阶煤化学活性强的特性，获取油气资源，提高煤炭清洁高效利用附加值。

4. 煤与新能源多能互补战略

通过超低排放改造、灵活性改造及合理规划，煤电可以在短中期在风、光等可再生能源规模比较小的情况下满足电力需求增长的需要；在风电、光伏大规模接入后，大体量、高效率的燃煤发电机组可以中长期成为电力系统备份、调峰和系统安全保障，以有效应对极端气候和紧急状况。

立足煤矿区自身特点和所在区位发展新能源的优势，基于煤炭与可再生能源的天然互补性，以煤电为核心，推进煤炭与可再生能源深度融合，构建多能互补的清洁能源系统。一是，突破煤炭与可再生能源深度耦合发电、制氢、化工转化技术，充分利用煤炭的稳定性，为可再生能源平抑波动提供基础，规避可再生能源开发利用的不稳定性。二是，利用可再生能源发电、制氢等，为燃煤发电煤化工提供碳减排途径。三是，在发展清洁低碳燃煤电力的基础上，利用采煤沉陷区、排土场等条件协同开发光伏、风电、光热等可再生能源，打造"风光火储一体化""源网荷储一体化"开发模式。建设清洁能源示范基地。四是，发展低成本的 CCS/CCUS 技术，研发和应用 CO_2 制甲醇等碳转化技术，以可再生能源电力支撑 CO_2 利用、固化、封存，为不能利用的 CO_2 提供最终解决途径。

5.4 科技创新赋能煤炭低碳转型案例

实现碳达峰、碳中和的长期过程中，煤炭与新能源长期共存。从煤炭和煤矿区优势出发，"煤炭+"多能互补是保障能源供应安全、提升用能经济性、支撑能源绿色低碳转型的必由之路。开发"煤炭+"多能互补零碳负碳技术，可推动煤炭与新能源优化组合，保障我国在更短时间实现零碳负碳能源供给。

风光储热一体化发展是煤矿区建设成为多元清洁能源基地的重要路径。一方面，依托矿区排土场、沉陷区等土地资源，以及资金、人员等优势，推动风光、地热等可再生能源大力发展；另一方面，利用巨大的矿井空间建设抽水蓄能电站、压缩空气蓄能电站等储能设施，支撑风光发电调节，推动矿区低碳转型，将矿区建设成为多元清洁能源基地。同时，煤矿瓦斯抽采利用、煤层气勘探开发利用、关闭/废弃矿井瓦斯抽采利用、低浓度与乏风瓦斯利用都是我国煤矿甲烷排放管控的关键技术路径。

5.4.1 矿区地面风电/光伏电站

1. 矿区生态修复+大型地面光伏电站（产业）

针对煤矿开采后形成的采煤沉陷区、排土场等，以推进绿色转型补齐生态短板为首要任务，大力开展生态修复再造，按照"宜农则农，宜林则林，宜工则工"的原则，大力实施村庄异地搬迁、基本农田整理采煤塌陷地复垦、生态环境修复等。通过盘活利用矿区排土场、采煤沉陷区等退出煤矿废弃土地，建设集综合生态治理、光伏/风能发电等一体化的产业基地，实现太阳能/风能资源利用和闲置土地资源利用，实现生态修复和可再生能源发电的有机结合。

典型案例：2016年山西省大同市建成全国首个光伏"领跑者"基地。

作为典型煤炭资源型地区，大同市因长时间、大规模、高强度、粗放式的煤炭开采造成严重的地表沉陷，良好的光照资源、大量的闲置土地以及完善的电网接入设施，使得该地区具备发展光伏产业的条件。2013年，大同市提出了在采煤沉陷区建设大型光伏发电基地的设想。2015年6月，全国首个光伏"领跑者"基地——"大同采煤沉陷区国家先进技术光伏示范基地"项目获批，开启了光伏全产业链建设的先河，项目总建设规模为300万kW，并于2016年6月全部并网，2017年通过验收。据大同市2021年政府工作报告，大同市新能源电力总装机容量达到628万kW，占全市电力装机总容量的42%。

2. 矿区光伏+农林牧渔产业

根据新能源赋存特点和矿区（如沉陷区、采空区、排土场）的地理环境特性，开展农光、林光、渔光、牧光等多种模式的应用。对于土地资源较好且较为平坦的矿区，可以建设光伏+农业等，全面推进"矿区土地光伏+农业种植""矿区光伏+温室大棚"等开发利用模式。对于沉降严重、地势低洼的矿区，由于填埋成本过高，则可以考虑储水，采用漂浮式安装方式建设水上光伏电站，实施"矿区光伏+水产养殖"模式，淮南、济宁等地区采用这种模式建设了多座光伏电站。

典型案例1：安徽省淮南市采煤沉陷区发展"渔光一体"光伏产业，建设全球最大水面漂浮式光伏电站。

2016年9月，安徽省淮南市水面漂浮光伏项目正式开工建设，该项目建设在安徽省淮南市潘集采煤沉陷区6000亩（1亩=666.67m^2）的水面上，是全国也是全球最大的水面漂浮式光伏电站，装机容量为150MW，每年可为电网提供4800万kW·h电量，可连续发电25年。充分利用闲置的采煤沉陷区水面，把荒芜的沉陷区建成绿色光伏能源基地，通过在沉陷区水面上方架设光伏板阵列、下方水域进行渔产养殖，综合利用采煤沉陷区，高效利用水面空间资源。淮南采煤沉陷区"渔光一体"光伏发电项目分为普通地面光伏电站、光伏发电领跑者技术基地、光伏扶贫电站和屋顶分布式光伏发电等4类，形成了完整的水面光伏电站建设产业链和光伏产业格局。

典型案例2：内蒙古自治区伊金霍洛旗"采煤沉陷区生态修复+光伏"综合业态模式。

内蒙古自治区伊金霍洛旗"采煤沉陷区生态修复+光伏"项目光伏基地总装机容量为100万kW，占地总面积约为6.9万亩。项目分两期实施：一期，天骄绿能50万kW项目在乌兰木伦镇巴图塔采煤沉陷区建设，总面积为4.2万亩，由国家能源集团圣圆能源25万kW、东方日升天骄绿能15万kW、国家电投天骄绿能10万kW采煤沉陷区生态治理光伏发电示范单体项目组成；二期，50万kW"+氢"项目在纳林陶亥镇煤矿复垦区建设，总面积为2.7万亩。

该项目按照"政府组织、银行支持、企业实施和担保、村集体入股农牧民参与"的发展模式，以项目建设驱动生态建设、光伏精准扶贫产业融合、乡村振兴、资源循环利用的多位一体循环平衡发展。项目在生态修复完成后实施"光伏+"项目，综合布局多种新型"光伏+农林牧渔"业态模式，配套发展农业观光、特色果蔬等旅游产业，推动风、光、储、氢一体化发展，吸引村集体经济参与项目，以农业观光产业为切入点对沉陷区土地进行改良，将浅层塌陷区恢复耕种，采用挖渠筑塘、种植经果林等方式进行绿化，提高生物复垦率、植被覆盖度，实现废弃土地再利用，具有较好的经济价值（表5-3）。

表5-3 内蒙古自治区伊金霍洛旗"采煤沉陷区生态修复+光伏"项目经济林情况

经济林类型	饲草	饲料	经济灌木	经济乔木
种植面积/亩	18495	1965	2850	1950
单位产量[kg/(亩·a)]	539	250	160	600
单位产值[元/(亩·a)]	1079	1000	960	2400
总产值(万元/a)	1996	197	274	468

5.4.2 井下空间建设储能电站

1. 井下抽水蓄能电站

20世纪80年代，荷兰代尔夫特理工大学开展了利用废弃煤矿地下空间建造抽水蓄能电站的可行性研究，虽然在当时的技术与经济条件下，还不具备利用废弃煤矿建造地下抽水蓄能电站的可行性，但是该研究为后继相关研究指明了方向，开拓了思路。美国于1993年在新泽西州建成霍普山抽水蓄能电站，电站水库利用的是地下约760m深处已废弃的矿洞（非煤矿山），其有效库容为620万m^3，装机容量为204万kW。德国相关研究机构较早开展了利用金属矿山和煤矿地下空间建造抽水蓄能电站的有益尝试，下萨克森州能源研究中心利用废弃的金属矿巷道建立全地下的抽水蓄能电站。

我国在东北、华北、内蒙古和新疆等地分布着许多大中型煤矿以及废弃煤矿，如果能将一些条件合适的煤矿或废弃煤矿改建成抽水蓄能电站，既能为风能和太阳能的大力发展提供必备条件，又利用了已存在的地下空间，经过改良后的地下空间在增加稳定性的同时，避免了以往封闭后可能出现的地表大面积沉降和坍塌，以及后续引起的水污染和大气污染问题，达到"一举多得"的效果。

我国尚无在废弃煤矿建设抽水蓄能电站的工程案例，但已经开始进行前期探索。例如，国家能源集团神东矿区累计建成煤矿地下水库3座，储水量达3100万m^3，为抽水蓄能电站建设奠定了很好的前期基础；中煤集团研究利用露天矿废弃矿坑建设抽水蓄能电站。

煤矿井下抽水蓄能电站建设需要针对煤矿围岩条件，攻关围岩适应性评价、改造相关关键技术，如在长期蓄水和循环抽、放水（循环加、卸载）条件下，围岩的流固耦合行为及矿井和巷道等储水库的长期稳定性、安全性和密闭性影响因素和保持技术。

2. 井下压缩空气储能电站

利用废弃矿井建设压缩空气储能电站通常要求具有较高的结构强度、大体积和低渗透率，如存储在地下直接开挖的硬岩硐室、盐层中溶浸开采的洞穴、枯竭的油气藏储层和含水层等。而关闭退出煤矿可作为压缩空气储能的地下空间主要有两类：一类是矿井的开拓巷道和准备道；另一类是采场老空区。

例如，1978年德国建造的290MW的Huntorf电站和1991年在美国亚拉巴马州建造的110MW的Mcintosh电站，两个电站的储气库都建在盐岩地层的地下洞穴中。盐岩洞穴因其极低的渗透率和良好的蠕变特性等被认为是最适合压缩空气储存的场地。此外，日本、韩国及瑞士等国家进行了不同形式的洞穴或隧道储存压缩空气的尝试。

我国对矿井空间空气储能还处于试验阶段，尚未进入产业化应用，现阶段还以生产性试验示范为主。中国科学院工程热物理研究所、华北电力大学、西安交通大学、清华大学、华中科技大学和中国科学院广州能源研究所等，开展了地下压缩空气储能电站场址评价及选择、空间加固、电站运行控制等关键技术的相关研究。

2020年8月16日，全球首个基于煤矿巷道压缩空气储能电站在晋能控股煤业集团云冈矿北大巷废弃巷道开工，建设首期装机容量为60MW、总装机容量为100MW的压缩空气储能电站。利用煤矿废弃巷道建设压缩空气储能电站，可以有效促进新能源的消纳，提高新能源利用效率，同时为资源枯竭矿井闯出一条资产效益最大化的可持续发展之路。

3. 井下电化学储能电站

电化学储能是储能的重要形式之一。伴随全国新能源发电规模增加，建设电化学储能电站的需求快速增加，其用地需求也在快速增长。未来煤矿区作为综合能源基地，也有较大的储能电站配套建设需求，可利用煤矿废弃地下空间作为电化学储能电站的建设场地，满足用地需求，并且在地下建设大规模电化学储能电站也更加安全，同时可利用井下恒温条件，降低电站运行能耗。

5.4.3 煤矿瓦斯综合治理及利用

1. 煤矿瓦斯综合治理的"彬长样板"

陕煤彬长矿业创新理念、方法，积极探索实践"地面抽采与井下抽采相结合、局部治理向区域治理转变、生产过程治理向超前治理转变、高效抽采与综合利用并重"瓦斯精准防治新体系，走出了一条具有彬长特色的瓦斯综合治理之路，力争创建全国首家高碳产业、"零碳"发展"新样板"。

彬长矿业5对矿井均属于高瓦斯矿井，其中大佛寺矿的绝对瓦斯涌出量最大到$210m^3/min$，是陕西瓦斯涌出量最大的矿井。近年，彬长矿业经过不懈探索和实践，构建形成"11533"

瓦斯治理新体系。

（1）围绕"1个目标" 精准治理"零盲区"，严格管控"零超限"，综合利用"零排放"，实现瓦斯多元治理。

（2）推行"1种模式" 在8年以上规划区布置地面钻井，解决井下未开拓区域瓦斯治理难题。累计施工62组地面抽采井，包括生产直井、多分支水平井、远端对接"U"形井、丛式定向井等井型。其中，水平井单井日产气量最高达3万 m^3，垂直井单井日产气量最高达4000m^3，地面累计抽采瓦斯量为1.4亿 m^3，地面抽采预抽率达到20%。

（3）深耕"5项技术" 国内首创"2-111"瓦斯高效抽采技术，在单孔内开展2种技术作业，即水力割缝和液态二氧化碳驱替，实现钻孔内1次割缝卸压、1次气相脱附驱替及1次导向扩冲驱气；特厚煤层长钻孔水力压裂技术，根据煤层坚固性系数较高的特点，在定向长钻孔内"分段压裂扩张煤体裂隙+整体压裂沟通网络"，实现了煤层大范围区域性增透改造，测试压裂影响范围为46~58m，百米抽采流量提高3~5倍；邻近层立体掩护式抽采技术，针对近距离煤层赋存特点，优先开采上覆煤层，提前对主采煤层进行卸压，上覆煤层开采后，主采煤层瓦斯涌出量减少40%~55%；高位定向钻孔"以孔代巷"技术，采用大功率、大扭矩定向钻机，在工作面回风巷向顶板裂隙带沿工作面走向施工长距离高位定向大直径钻孔，精准抽采采空区卸压瓦斯，卸压瓦斯治理量占工作面瓦斯涌出量的50%以上；本煤层网格化采前预抽技术，工作面沿倾向布置常规预抽钻孔，沿走向对上分层煤层补充布置长距离定向钻孔，实现本煤层不同层位全覆盖、全面达标，瓦斯精准治理"零盲区"。

（4）提升"3个保障" 超前地质保障，地质前期预判与后期采掘相互验证，采用地面钻孔补勘、瞬变电磁法、三维地震勘探、直流电法等手段，有效掌握了采掘活动与瓦斯治理的空间关系；过程控制保障，推行装备智能化升级，引进了智能钻机群组，实现打钻过程智能验收，远程纠违等，实现"一孔一工程""一孔一视频"；供电可靠保障，在矿井原有双回路供电基础上，实现矿井三回路供电，确保主通风机、抽采泵、提升系统、排水系统正常运行。

（5）创新"3个途径" 低浓度、乏风瓦斯发电，建成全国装机容量最大的低浓度瓦斯发电厂，安装36台低浓度瓦斯发电机组，总装机容量达到2.16万 kW，实现井下抽采浓度8%以上的瓦斯全部利用，年发电能力为1亿 kW·h，已累计发电8亿 kW·h；地面煤层气开发及集输利用，建成日处理能力为5万 m^3 的提纯压缩输送站，建设了21.79km集输管网，完成29组煤层气井输气管道对接及提纯压缩输送站连接；余热综合利用，在大佛寺矿利用瓦斯电厂余热作为热源，建设6台余热锅炉，满足了职工洗浴热水常态化供应和冬季井口供暖用热。

通过大力实施瓦斯综合防治措施，彬长矿业连续8年实现瓦斯零超限目标，先后取得"联合国清洁煤技术示范和推广企业""第三届国际碳金奖""全国节能减排十佳标志企业"等殊荣，阔步迈上了绿色低碳高质量发展之路。

2. 低浓度瓦斯利用的"阳泉经验"

煤矿瓦斯主要成分是甲烷，是一种清洁能源，也是煤矿安全生产的危险源之一。其中，大量的低浓度瓦斯被排空，既是资源浪费，又是"双碳"目标的主要阻碍。低浓度瓦斯的综合利用在技术上与经济上均具有可行性，且符合国家能源产业发展方向，顺应国家提出的两个阶段碳减排奋斗目标，提高了矿井抽采积极性，提升了矿井安全性。阳泉矿区程庄煤矿于 2021 年引进低浓度瓦斯利用项目，从矿区瓦斯抽采泵站将低浓度瓦斯输送至低浓度瓦斯直燃系统，低浓度瓦斯在燃烧室内燃烧后产生高温烟气，然后进入余热蒸汽锅炉，在余热蒸汽锅炉中进行热交换，最终产生蒸汽，进入矿区使用的热力管网，满足矿上的用热需求。该瓦斯直燃技术可将 6% 以上的低浓度瓦斯直接燃烧，系统结构比较简单，工艺流程简化。该项技术开辟了甲烷浓度为 6%～10% 的低浓度瓦斯利用的新途径，填补了国内低浓度瓦斯直燃利用的技术空白。

低浓瓦斯利用项目的实施在安全、经济、环保等方面均取得了良好的效益，具体如下：

（1）安全效益　这项技术的运用可使在爆炸浓度范围内的抽采瓦斯进行安全可控的燃烧利用。大量的低浓度抽采瓦斯能不受抽采瓦斯浓度、流量波动性影响，全部进行可控的燃烧供热及热富集发电，便可真正实现矿井废气回收利用，实现大部分减排指标。

（2）经济效益　按照测算，由 6 台直燃控制撬和两台 6 蒸吨的余热锅炉组成的低浓度瓦斯供热系统释放出来的热能，完全可以替代一台冬季使用的 12t 蒸汽锅炉和夏季使用的 1 台 4t 蒸汽锅炉。如果对所有的抽采瓦斯回收利用，可以减排低浓度瓦斯 600 万 m^3/a，减排 CO_2 27 万 t/a。

（3）环保效益　根据第三方专业机构测试数据，各项排放指标都远远优于山西省关于燃气新建锅炉的排放标准要求，碳排放减排效益显著。低浓度瓦斯直燃制热一体化技术具有占地面积小、投资省、供热效率高等特点，充分利用低热值燃气燃烧理论和技术，通过安全装置、燃烧装置与制热装置的集成，采用安全控制系统，实现了低浓度瓦斯安全燃烧制热的工业化应用，技术符合科技成果评价要求，开辟了一条低浓度瓦斯利用的新路线。

通过合适的技术对煤矿低浓度瓦斯加以综合利用，开创了煤矿瓦斯利用的新局面，助力煤矿企业循环经济建设和可持续发展。促进了能源的综合利用，减少了环境污染并缓解了电力能源压力。

习题与思考题

1. 我国煤炭工业发展历程分为几个阶段？各阶段具有哪些特征？
2. 煤炭行业在国民经济中的地位如何？具体发挥了哪些作用？
3. 煤炭行业面临的挑战主要体现在哪些方面？
4. 如何理解碳中和目标下我国煤炭行业的机遇？
5. 请阐述煤炭低碳转型的发展趋势。
6. 请分析为了助力实现"双碳"目标，煤电应如何转型。
7. 如何理解煤炭碳中和的"能源安全兜底、绿色低碳开发、清洁高效利用、煤与新能源多能互补"战略？
8. 结合实际案例，说明科技创新如何赋能煤炭低碳转型。

第6章 绿色建筑与智能建造

6.1 绿色建筑与碳排放关系

6.1.1 绿色建筑的定义与特点

建筑和我们每一个人都密切相关。在古代，人类择"巢""穴"而居，找到遮风雨的生存空间；从18世纪中叶开始，人类从农耕社会逐渐进入工业社会，工业革命也推动了科学技术的进步，加速了城市化进程，促使了建筑工业的崛起。人类利用自然、改变自然的能力不断增强。工业技术的发展弱化了人类对自然的敬畏之心，人类对抗自然和改造自然成为工业社会人的迫切需要。这导致了一百多年工业社会阶段对全人类赖以存续发展的地球生态系统的高速破坏，出现了环境污染、资源枯竭、臭氧空洞、温室效应、沙尘暴等危及人类生存安全、健康的生态系统问题。

进入21世纪，人们开始反思工业社会阶段所遗留下来的严重社会问题和人类生存问题。人类开始了从对抗自然到人与自然和谐统一，从掠夺占有到节约自律。这是一个人类社会科学可持续发展的关键转换。

随着欧洲工业革命的发展，人类开始对工业化社会的思考，并将这种思考转化成一种后工业化的行为探索实践。20世纪60年代，建筑师保罗·索勒瑞（Paola Soleri）将生态学（Ecology）与建筑学（Architecture）结合，提出了著名的生态建筑，又称绿色建筑或可持续建筑（Arology）。20世纪70、80年代，绿色建筑在经济发达国家，诸如英、法、德、加、澳、日等国，得到了迅速推崇与发展，提高了发达国家城市节约、宜居的质量、品质、效率和效益，增强了国家可持续发展的实力与能力。我国在发展的进程中同样面临发展与环境的矛盾问题。我国资源有限且人口众多，资源匮乏、能源利用效率低下、土地资源浪费、沙漠化、森林资源破坏及生物多样性单一等诸多问题日益突出。在城市化发展进程中，粗放、片面地追求快速增长，造成低品质的城市建设、城市规模与空间形态的无序发展，继而导致城市生态安全、生态健康的问题。我国政府对生态文明建设和绿色发展高度重视，发展绿色建筑具有特殊的科学地位、政治作用、社会意义和经济价值。

建筑业对环境产生的破坏不容忽视。根据欧洲建筑师协会的估计，全球的建筑相关产业消耗了地球能源的50%、水资源的原材料的40%、农地的80%,同时产生了50%的空气污染,42%的温室气体、50%的水污染、48%的固体废弃物、50%的氟氯化合物,建筑产业是造成地球环境污染的主角之一。

建筑是人类基本的生活、生产场所,也是构成城市的基本细胞,它的规划、设计、建设及运行模式直接影响资源与能源的消耗、城市运行及对环境的影响。从1972年联合国人类环境会议的《人类环境宣言》、1981年的《华沙宣言》、1987年《我们共同的未来》到1983年成立"世界环境与发展委员会"、1987年的《蒙特利尔议定书》及1997年的《京都议定书》,"可持续的建筑""生态建筑""环境共生建筑"与"绿色建筑"等概念逐渐被提出。近代以来,面对环境恶化问题,越来越多的人开始关注居住、建筑与自然之间的关系,以及人们居住环境的改善。从2001年起,我国开始了对绿色建筑的初探、研究与推广。尤其在"十一五"期间,我国绿色建筑的发展在政策法规和标准体系建设、技术研发及示范推广等方面都取得了积极进展。绿色建筑已得到全社会的认可,逐渐深入人心并走向普及。

我国《绿色建筑评价标准》(2024年版)(GB/T 50378—2019)将"绿色建筑"定义为,在建筑的全生命周期内,最大限度地节约资源(如节能、节地、节水、节材)、保护环境和减少污染,为人们提供健康、适用和高效的使用空间,与自然和谐共生的建筑。

绿色建筑是指在建筑物的全生命周期中,尽量小限度地占有和消耗地球资源,用尽量小且效率尽量高地使用能源,尽量少产生废弃物并尽量少排放有害环境物质,成为与自然和谐共生、有利于生态系统与人居系统共同安全、健康且满足人类功能需求、心理需求、生理需求及舒适度需求的宜居的可持续建筑物。绿色建筑既是物质的构筑,又是具有生命意义的生命体,因此,探索绿色建筑不仅要从技术层面进行,还要从社会层面进行分析思考与科学研究。绿色建筑存在于生态系统中,是人类重要的社会行为活动和生存需求的依附载体,具有明确的人类行为属性、意志属性和人文属性。它不能孤立于城市生态系统而独立规划、设计与运行。

绿色建筑具备以下几个特点。

(1) 全生命周期　全生命期是指考虑绿色建筑建造的整个过程,包括项目立项到项目拆除的整个过程。所以,对于绿色建筑,在考虑项目的立项、规划设计、施工及运营之外,必须考虑从建筑材料的开采到运输、生产过程,到建筑拆除后垃圾的自然降解或资源的回收再利用,考虑建筑行为对当地生态的破坏性、建筑材料的环保性、建筑交通的方便性、建筑的可回收性等问题。尤其考虑建筑运行期间的设施设备;管理与节能行为引导,这将极大地提高建筑的绿色性,实现绿色全生命期的意义。绿色建筑全生命周期的概念要求绿色建筑体现经济效益、社会效益和环境效益的统一。

(2) 强调最大限度地节约资源,保护环境和减少污染　一般建筑能耗严重,在能耗过程中,50%的能源是因为建筑的不节能性浪费的,甚至造成严重的环境污染与温室气体排放问题;绿色建筑可将建筑能耗大幅度降低,并大量减少碳的排放量。绿色建筑环保与减排的实现是依靠科学技术的发展与进步。同时,绿色建筑强调尊重本土文化、自然、气候,减少温室气体排放和水、垃圾处理以及提高室内环境质量,实现环境零污染。养成绿色的生活方式,并正确使用绿色节能技术,减少绿色建筑在运行过程中的能源浪费,提高能源利用率,才能使绿色建筑最大限度地环保减排。

（3）建筑根本的功能需求　强调适用、强调适度消费的概念。高效使用资源，加大绿色建筑的科技含量，如智能建筑，通过采用节能的手段使建筑在系统、功能、使用上提高效率。

（4）建筑与自然和谐共生　从建筑与自然的关系来看，绿色建筑应与自然融为一体，减少对自然的破坏，建筑和环境生态共存。建筑行业是涉及众多高污染的产业，实现建筑的环保减排与绿色，还能带动其他产业的节能与环保，极大地实现绿色建筑的潜在价值。因此，权衡自然与人类发展的关系，处理好建筑与自然的关系，绿色建筑便是实现与自然和谐共生的最好方式。

建筑业不能延续高消耗、高污染的传统建筑发展模式，必须大力发展绿色建筑，适应现代城市生态建设发展的需要。绿色建筑的最终目的是要实现人、建筑与自然的和谐统一。

（5）可持续发展　绿色建筑不仅是单纯的建筑，更是涉及社会发展、经济发展以及文化进步等多方面的内涵，重视绿色建筑内涵中的可持续发展意义，有助于绿色建筑的健康发展。绿色建筑的可持续发展基本要求是考虑子孙后代的利益，将现有建筑建造过程中以及运行过程中对环境的破坏降至最低。

6.1.2　建筑与碳排放的关系

1. 基本概念

我国建筑领域的碳排放量约占全国碳排放总量的40%，作为我国经济发展的支柱产业，建筑业的碳中和意义深远。建筑碳排放是指建筑物在与其有关的建材生产及运输、建造及拆除、运行阶段产生的温室气体排放的总和，以二氧化碳当量表示。碳排放因子是将能源与材料消耗量与二氧化碳排放相对应的系数，用于量化建筑物不同阶段相关活动的碳排放。建筑碳汇是在划定的建筑物项目范围内，绿化、植被从空气中吸收并存储的二氧化碳量。

建筑物碳排放计算应以单栋建筑或建筑群为计算对象；碳排放计算应根据不同需求按阶段进行计算，并可将分段计算结果累计为建筑全生命期碳排放。碳排放计算中采用的建筑设计寿命应与设计文件一致，当设计文件不能提供时应按50年计算。建筑物碳排放的计算范围应为建设工程规划许可证范围内能源消耗产生的碳排放量和可再生能源及碳汇系统的减碳量。

2. 建筑运行阶段碳排放

建筑运行阶段碳排放计算范围应包括暖通空调、生活热水、照明及电梯、可再生能源、建筑碳汇系统在建筑运行期间的碳排放量。

建筑运行阶段单位建筑面积的总碳排放量 C_M 应按公式计算，即

$$C_M = \frac{\left[\sum_{i=1}^{n}(E_i \mathrm{EF}_i) - C_P\right] y}{A} \tag{6-1}$$

$$E_i = \sum_{j=1}^{n}(E_{i,j} - \mathrm{ER}_{i,j}) \tag{6-2}$$

式中　C_M——建筑运行单位建筑面积碳排放量（$kgCO_2/m^2$）；

E_i——建筑第 i 类能源年消耗量；

EF_i——第 i 类能量的碳排放因子；

$E_{i,j}$——j 类系统的第 i 类能量消耗量；

$ER_{i,j}$——j 类系统消耗由可再生能量系统提供的第 i 类能量源；

i——建筑消耗终端能量类型，包括电力、燃气、石油、政府热力等；

j——建筑用能系统类型，包括供暖空调、照明、生活热水系统等；

C_p——建筑绿地碳汇系统年减碳量（$kgCO_2/a$）；

y——建筑设计寿命（a）；

A——建筑面积（m^2）。

3. 建筑建造及拆除阶段碳排放

建筑建造阶段的碳排放应包括完成各部分项工程施工产生的碳排放和各项措施项目实施过程产生的碳排放；建筑拆除阶段的碳排放应包括人工拆除和使用小型机具机械拆除使用的机械设备消耗的各种能源动力产生的碳排放。

1）建筑建造阶段的碳排放量应按式（6-3）计算，即

$$C_{jz} = \frac{\sum_{i=1}^{n} E_{jz,i} EF_i}{A} \tag{6-3}$$

式中 C_{jz}——建筑建造阶段单位建筑面积的碳排放量（$kgCO_2/m^2$）；

$E_{jz,i}$——建筑建造阶段第 i 种能量总用量（$kW \cdot h$ 或 kg）；

EF_i——第 i 类能量的碳排放因子［$kgCO_2/(kW \cdot h)$ 或 $kgCO_2/kg$］；

2）建筑拆除阶段的单位建筑面积的碳排放量应按式（6-4）计算：

$$C_{cc} = \frac{\sum_{i=1}^{n} E_{cc,i} EF_i}{A} \tag{6-4}$$

式中 C_{cc}——建筑拆除阶段单位建筑面积的碳排放量（$kgCO_2/m^2$）；

$E_{cc,i}$——建筑拆除阶段第 i 种能量总用量（$kW \cdot h$ 或 kg）；

EF_i——第 i 类能量的碳排放因子［$kgCO_2/(kW \cdot h)$ 或 $kgCO_2/kg$］；

A——建筑面积（m^2）。

4. 建材生产及运输阶段碳排放

建材生产及运输阶段的碳排放应为建材生产阶段碳排放与建材运输阶段碳排放之和，并应按公式计算，即

$$C_{jc} = \frac{C_{sc} + C_{ys}}{A} \tag{6-5}$$

式中 C_{jc}——建材生产及运输阶段单位建筑面积的碳排放量（$kgCO_2/m^2$）；

C_{sc}——建材生产阶段碳排放量（$kgCO_2$）；

C_{ys}——建材运输过程碳排放量（$kgCO_2$）；

A——建筑面积（m^2）。

1）建材生产阶段碳排放应按式（6-6）计算，即

$$C_{sc} = \sum_{i=1}^{n} M_i F_i \qquad (6-6)$$

式中　C_{sc}——建材生产阶段碳排放量（$kgCO_2$）；

　　　M_i——第 i 种主要建材的消耗量；

　　　F_i——第 i 种主要建材的碳排放因子（$kgCO_2$/单位建材数量）。

2）建材运输阶段碳排放应按式（6-7）计算，即

$$C_{ys} = \sum_{i=1}^{n} M_i D_i T_i \qquad (6-7)$$

式中　C_{ys}——建材运输过程碳排放量（$kgCO_2$）；

　　　M_i——第 i 种主要建材的消耗量（t）；

　　　D_i——第 i 种建材平均运输距离（km）；

　　　T_i——第 i 种运输方式下，单位重量运输距离的碳排放因子（$kgCO_2$/km）。

部分建材的碳排放因子见表 6-1；各类运输方式碳排放因子见表 6-2。

表 6-1　部分建材的碳排放因子

建筑材料类型	建材碳排放因子	建筑材料类型	建材碳排放因子
普通硅酸盐水泥	735$kgCO_2$/t	冷轧冷拔碳钢无缝钢管	3680$kgCO_2$/t
C30 混凝土	295$kgCO_2$/m³	电解铝	20300$kgCO_2$/t
C50 混凝土	385$kgCO_2$/m³	塑钢窗	121$kgCO_2$/m²
生石灰	1190$kgCO_2$/t	无规共聚聚丙烯管	3.72$kgCO_2$/kg
混凝土砖（240mm×115mm×90mm）	336$kgCO_2$/m³	硬聚氧乙烯管	7.93$kgCO_2$/kg
炼钢生铁	1700$kgCO_2$/t	聚苯乙烯泡沫板	5020$kgCO_2$/t
炼钢用铁合金	9530$kgCO_2$/t	岩棉板	1980$kgCO_2$/t
普通碳钢	2050$kgCO_2$/t	硬泡聚氨酯板	5220$kgCO_2$/t
焊接直缝钢管	2530$kgCO_2$/t	高密度聚乙烯	2620$kgCO_2$/t
热轧碳钢无缝钢管	3150$kgCO_2$/t	低密度聚乙烯	2810$kgCO_2$/t

表 6-2　各类运输方式碳排放因子

运输方式类别	碳排放因子 $kgCO_2/(t·km)$	运输方式类别	碳排放因子 $kgCO_2/(t·km)$
轻型汽油货车运输（载重 2t）	0.334	重型柴油货车运输（载重 30t）	0.078
中型汽油货车运输（载重 8t）	0.115	重型柴油货车运输（载重 46t）	0.057
重型汽油货车运输（载重 10t）	0.104	电力机车运输	0.010
重型汽油货车运输（载重 18t）	0.104	内燃机车运输	0.011
轻型柴油货车运输（载重 2t）	0.286	铁路运输	0.010
中型柴油货车运输（载重 8t）	0.179	液货船运输（载重 2000t）	0.019
重型柴油货车运输（载重 10t）	0.162	干散货船运输（载重 2500t）	0.015
重型柴油货车运输（载重 18t）	0.129	集装箱船运输（载重 200TEU）	0.012

5. 建筑全生命周期能耗与碳排放

建筑全生命周期（Building Life Cycle），指的是一栋建筑物经过工程准备、建造、使用、维护、拆除（包括拆除物的无害化处理）所用的时间。以全生命周期为基础参数，可以更科学地综合评价其投资效益。

按建筑全生命周期可将建筑产品的生命周期分为建材生产运输阶段、建筑施工阶段、建筑运行使用阶段、建筑拆除及废弃物处理阶段。建筑全生命周期能耗是指建筑作为最终产品在其全生命周期内所消耗的各类能耗总和，包括建材生产运输、建筑施工、建筑使用运行和建筑拆除及废弃物处理能耗。建筑全生命周期碳排放是指建筑作为最终产品在其全生命周期内所排放的二氧化碳总和，包括建材生产运输、建筑施工、建筑使用运行和建筑拆除及废弃物处理过程的碳排放。

21 世纪以来，由于我国城镇化进程的加快，大量人口从农村进入城市，2020 年我国城镇人口达到 9.02 亿人，农村人口 5.10 亿人，城镇化率从 2001 年的 37.7%提高到 2020 年的 60.6%，这促进了中国建筑建设量大幅度上升，建筑全生命周期碳排放量也逐年上升，尤其是 2010—2012 年增幅明显。

根据《中国建筑能耗与碳排放研究报告（2023 年）》测算，2021 年全国房屋建筑全过程碳排放总量为 40.7 亿 tCO_2，占全国能源相关碳排放的比重为 38.2%。当考虑基础设施时，全国建筑业全过程碳排放总量为 50.1 亿 tCO_2，占全国能源相关碳排放的比重为 47.1%。我国建筑全生命周期碳排放总体上呈现增长趋势，与 2005 年约 22.34 亿 t 二氧化碳排放相比增长了近 1.27 倍，但增速显著放缓，"十一五"期间年均增速为 7.4%，"十二五"期间年均增速为 7.0%，"十三五"期间增速降至 2.7%，基本趋于平稳（图 6-1）。

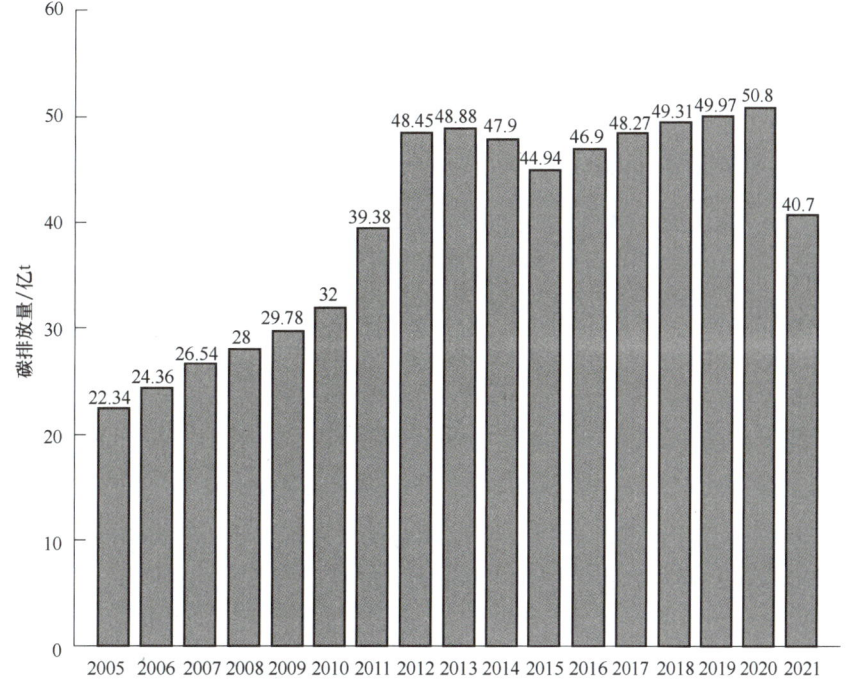

图 6-1　建筑领域碳排放变化（2005—2021 年）

6.2 绿色建筑节能设计与实践

工业革命以来,人类对石油、煤炭、天然气等传统的化石燃料的需求量大幅度增加。直到 1973 年,石油危机爆发,对城市发展造成了巨大的负面影响,人们开始意识到化石能源的储存与需求的重要性。近年来,全世界的石油价格呈现出快速增长的整体趋势,同时化石燃料的使用造成严重的环境危害。为了应对上述问题,开始寻求降低能耗的方法与技术。

新能源和可再生能源,是在 1978 年 12 月 20 日联合国第 33 届大会第 14 号决议中提出的,专门用来概括常规能源以外的所有能源。常规能源,又称为传统能源,是指在现阶段已经大规模生产和广泛使用的能源,主要包括煤炭、石油、天然气和部分生物质(如薪柴秸秆)等。新能源和可再生能源的定义,需要加以确定。例如,用作燃料的薪柴属于常规能源,从其可再生性上,又属于可再生能源。新能源是指以新技术为基础,尚未大规模利用、正在积极研究开发的能源,既包括非化石不可再生能源核能和非常规化石能源,如页岩气、天然气水合物(又称可燃冰)等,又包含除了水能之外的太阳能、风能、生物质能、地热能、地温能、海洋能、氢能等可再生能源。相对于常规能源,新能源具有清洁环保、储量丰富、分布广泛、应用灵活等特点,既可以大规模集中式开发,又可以小规模分散式利用。新能源的各种形式都是直接或者间接地来自太阳或地球内部深处所产生的热能,其主要是用来产热发电或者制作燃料。

不合理的能源利用结构给城市的发展带来了巨大的压力。现在的城市发展与建筑舒适度的营造是通过城市能源资源支撑形成的。在发达国家,建筑能耗已占据了国家主要消费能量的 40%~50%。我国建筑能耗所占社会商品能源消耗量的比例从 1978 年的 10% 上升到 2005 年的 25% 左右,这一比例仍将继续攀升,到 2020 年建筑能耗总量为 22.7 亿 tce,占全国能源消费总量的比重为 45.5%。

6.2.1 绿色建筑节能设计原则

在绿色建筑设计中,建筑节能是难点。原因在于,建筑运行能耗的高低与建筑物所在地域气候和太阳辐射、建筑物的类型、平面布局、空间组织和构造选材、建筑用能系统效率设备选型等均有密切关系。完成一个绿色建筑的设计,既要有节能、节地、节水、节材、减少污染物排放的理念和意识,更要逐步练就节能设计的技巧,并贯穿建筑设计全过程。

节材作为绿色建筑的一个主要控制指标,主要体现在建筑的设计和施工阶段,而到了运营阶段,由于建筑的整体结构已经定型,对建筑的节材贡献较小。因此,绿色建筑在设计之初就需格外地重视建筑节材技术的应用,并遵循以下 5 个原则:

(1) 对已有结构和材料多次利用 在我国的绿色建筑评价标准中有相关规定,对已有的结构和材料要尽可能利用,将土建施工与装修施工一起设计,在设计阶段应综合考虑后期要面临的各种问题,避免重复装修。设计可以做到统筹兼顾,将在之后的工程中遇到的问题提前给出合理的解决方案,要充分利用设计使各个构件充分发挥自身功能,使各种建筑材料充分利用。通过多次利用避免资源浪费、减少能源消耗、减少工程量、减少建筑垃圾,在一定程度上改善建筑环境。

（2）**尽可能减少建筑材料的使用量**　绿色建筑中要做到建筑节能首先就是减少能源和资源消耗，最直接的手段就是减少建筑材料的使用量，特别是一些常用的材料。就像钢筋、水泥、混凝土等，这些材料的生产过程会消耗很多自然资源和能源，它的生产需要大量成本，且影响环境，如果这些材料不能合理利用就会成为建筑垃圾污染环境。建筑材料的过度生产不利于工程经济和环境的发展，所以要合理设计与规划材料的使用量，避免施工过程中建筑材料的浪费。

（3）**建筑材料尽可能与可再生相关**　可再生资源，例如，太阳能、风能。相对于人类的寿命来说是"取之不尽，用之不竭"。这种资源对环境污染小，是在可持续发展中应该推广使用的绿色资源。不可再生资源在使用后，短时间内不能恢复，例如，煤、石油，它们的形成时间非常长，需要几百万年，如果人类继续大量开采，就会出现能源枯竭。应大量使用可再生的建筑材料，减少对不可再生资源的使用，达到节能环保的目的。

（4）**废弃物再利用**　生活及工业生产过程产生的废弃物的循环回收利用，可以较大程度地改善城市环境，此外还可节约大量的建筑成本，实现工程经济的持续发展。在确保建筑物的安全以及保护环境的前提下，尽可能多地利用废弃物来生产建筑材料。国家标准规范中相关规定要求工程建设更多地利用废弃物生产建筑材料，减少同类建筑材料的使用，二者的使用比例应不小于 50%。

（5）**建筑材料的使用遵循就近原则**　国家标准规范中对建筑材料的生产地有相关要求，占总使用量 70% 以上的建筑材料生产地距离施工现场不能超过 500km，即就近原则。这项标准缩短了运输距离，在经济上节约了成本，选用本地的建筑材料避免了气候和地域等外界环境对材料性质的影响，在安全上保证了质量。建筑材料的选择应该因地制宜，本地的材料既可以节约经济成本，又可以保证安全性。

建筑设备负荷和运行时间决定能耗多寡，所以缩短建筑采暖与空调设备的运行时间是节能的一个有效途径。建筑物处于自然通风运行工况时，采暖与空调能耗为零。通过建筑设计手段，尽可能延长建筑物自然通风的时间。现代建筑应向地域传统建筑学习。酷冷气候地区的传统建筑通过利用太阳能、增加墙体气密性，避开冷风面，厚重性墙体长时间处于自然运行的状态。炎热气候地区的建筑利用窗遮阳、立面遮阳、受太阳照射的外墙和屋顶阳等设计手段，保证建筑水平向和竖向气流通畅，尽可能使建筑物长时间处于自然通风运行状态，降低空调能耗。

太阳能已经成为很多建筑项目中的稳定供应能源。按照太阳能技术在建筑的利用形式划分，可以将建筑分为被动式太阳能建筑和主动式太阳能建筑。广义上的太阳能建筑指的是将自然能源例如太阳能、风能等转化为可利用的能源（如电能、热能等）的建筑。狭义的太阳能建筑则指的是太阳能集热器、风机、泵及管道等储热装置构成循环的强制循环太阳能系统，或者通过以上设备和吸收式制冷机组成的太阳能空调系统等太阳能主动采暖、制冷技术在建筑上的应用。综上所述，只要是依靠太阳能等主动设备进行建筑室内供暖、制冷等的建筑都属于主动式建筑。在供能方式上，主动式建筑和被动式建筑的太阳能系统区别主要体现在运营过程中能量的来源不同。在技术的体现方式上，主动式建筑和被动式建筑的区别主要体现在技术的复杂程度。被动式建筑依赖于机械设备,主要是通过建筑设计的方法来达到室内环境要求。而主动式建筑主要是通过太阳能替换以前制冷供暖空调的方式。

我国《被动式太阳房热工技术条件和测试方法》规范中规定了太阳能被动式建筑技术,遇到冬季寒冷季节,太阳能房的室内温度保持在14℃,太阳能房的太阳能设备的供暖率必须超过40%。太阳能被动式建筑技术主要是指被动采暖和被动制冷两种方式。太阳能主动式建筑系统涵盖太阳能供热系统、太阳能光电系统(PV)、太阳能空调系统等。主动式建筑中安装了太阳能转化设备,用于光热与光电转化,其中太阳能光热系统主要包括集热器、循环管道、储热系统及控制器,不同的光热转化系统的特点不同(表6-3)。

表6-3 太阳能建筑技术分类

分类	热		光	风	电
	采暖	制冷			
被动式建筑技术	直接获热 太阳房 集热蓄热墙温差环流壁	隔热 遮阳 潜热散热 夜间辐射 重质蓄冷	自然采光 光导采光	自然通风	
主动式建筑技术	太阳能热水 太阳能采暖	太阳能空调		太阳能通风	光伏发电

通过对气候特征以及建筑种类分析研究,发现建筑形式对风发电影响的主要规律。同时,研究人员建立了风能强化和集结模型,桑德·莫顿(Sande Merten)提出了三种空气动力学集中模型。按照风涡轮机的安装位置不同,分为扩散型、平流型和流线型三种。此外,英国人德里克勒发明了屋顶风力发电系统,基于屋顶风力集聚现象,将风力发电机安装在屋顶上,可以提高风力发电机的发电效率,该系统在城市中也具有一定的适用性。2001—2002年,荷兰国家能源研发中心通过开展建筑环境风能利用项目,提出了平板型集中式的风力发电模型。2003年,桑德·莫顿通过数值模拟的方法,对空气环境进行了详细计算,确定了建筑上风力发电机的安装位置,大大提高了风力发电机的设计效率。2004年,日本学者模拟分析了特殊的建筑流场形式,从而比较科学、全面、系统地确定了最佳的风能集中位置。

2005年,我国学者田思进才对高层建风环境中的"风能扩大现象"并进行了计算方法推算,并提出了风洞现象和风坝现象,从而提高城市风力发电利用率的设计与安装方法,为城市风力发电提出了参考性意见。2008年,鲁宁等人采用计算流体力学方法分析了建筑周围的风环境,并给出建筑的风能利用水平。山东建筑大学专家组经过分析山东省不同地区的气候特点,采用数值方法和风洞试验方法,基于基本的风力集结器,分析不同形式建筑的集结能力。

在建筑中可以采用的风力发电技术主要包括两种。一种是自然通风和排气,主要能够适应各地区环境下的风能的被动式利用;另一种是风力发电,主要是将某一地域上能力资源转变为其他形式的能源,属于主动式风力资源利用形式。

建筑环境中的风力发电模式主要包括:

1)独立式风力发电模式,这种发电模式主要是将风能转化为电能,储存于蓄电池中,然后配送到不同地区的居住区内。

2)互补性发电模式(图 6-2),这种发电模式可以将风能与太阳能、燃料电池以及柴油机等各种形式的发电装置配合使用,从而能够满足建筑的用电量,此时城市集中电网作为一种供电方式进行补充利用。如果风力发电机在发电较强时,能够将电能输送到电网中,并进行出售。如果风力发电机的发电量不足,那么可以从电网取电,从而满足居民的使用需求。在这种发电模式中,对蓄电池的要求降低,因此后期的维修费用相应降低,使得整个过程的成本远低于另一种方式。

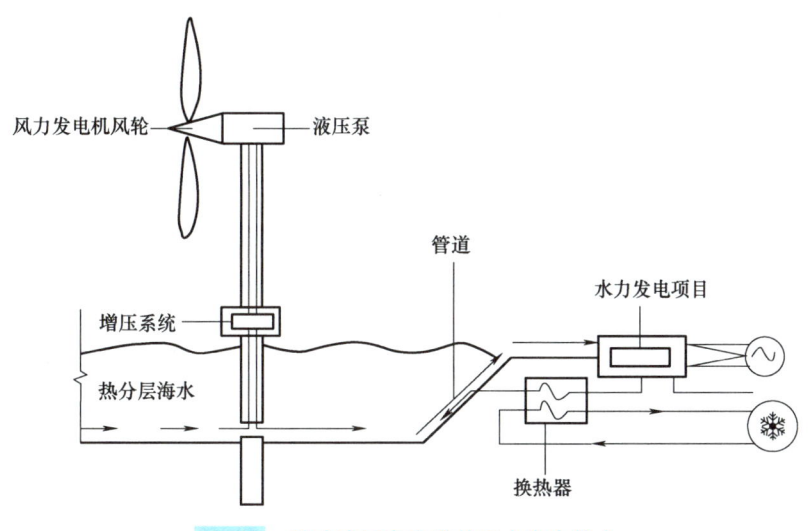

图 6-2 随动液压变容增效风力发电技术

迪拜"动态城堡"、伦敦 Castle House 摩天大厦、广州零能源大楼——珠江城大厦是当今全球运用风力发电技术的优秀建筑案例。要想建筑周边的风能利用率达到最高,需要建筑结构、建筑风场及风力发电系统这三大要素共同发挥作用。

6.2.2 绿色建筑节能改造技术

建筑节能是指在不降低建筑舒适度的前提下,提高能源使用率,主要包括新建建筑节能既有建筑的节能设计。据统计,至我国的既有建筑面积正以每年 15 亿~20 亿 m^2 的速度快速增长,因此我国的建筑节能市场具有很大的潜力。既有建筑广泛分布于全国各地,具有建造年代久远、耗能强度大的特点,这主要是过去人们的建筑节能意识薄弱,节能法律法规不完善、不健全导致的。

从总体上看,我国既有建筑具有以下特点:

1)数量大,分布广。

2)增长速度快。

3)能耗强度大。

4)地域广阔,限制条件多。

综上，既有建筑节能改造在我国具有很大的必要性，一旦在全国范围内的节能改造取得进展，将会取得非常巨大的经济效益和社会效益。与新建建筑不同，既有建筑的建造时间比较久远，其围护结构、暖通空调设施、室内照明等设备也在时间跨度上具有很大的差异。在建筑节能改造中，为了降低成本，建筑物的主要构造不得进行大规模拆除，应尽可能地保持建筑结构原貌，采用热工性能好的材料，提高建筑的保温隔热性能；同时，保证建筑施工方法简单可行，施工周期短，减少对周围居民正常生活的干扰。

同时，既有建筑节能改造项目要做到因地制宜。针对不同地区、不同年代、不同建筑形式、不同功能的建筑，进行科学合理的项目检测，分析其主要耗能区，整体评价其热工性能，并提出解决问题的方案。从总体上保证建筑节能改造与城区更新升级的形势一致，进而获得较大的收益。

按照建筑的适用方式不同，可以将建筑分为工业建筑和民用建筑，而民用建筑又可以细分为住宅建筑和公共建筑。经过对上海地区的公共建筑能耗进行统计分析，可知公共建筑耗能量约占上海区耗能量的8%。清华大学对公共建筑的耗电量进行了调查，结果表明，公共建筑的耗电量占全年国家总耗电量的20%~25%。对于大型的公共建筑或者办公建筑，虽然它们的建筑面积占全国建筑面积的4%，但是其耗电量却高达22%。据推测，单位面积的大型公共建筑或者办公建筑的耗电量在70~300kW·h，能耗强度为居住建筑的10~20倍。在大型公共建筑中，空调系统耗电量占45%~65%，高于发达国家的建筑能耗强度，约为欧洲能耗强度的1.5~2倍。北京地区的公共建筑用电量统计显示，该地区的大型公共建筑的建筑面积约占北京建筑总面积的5.4%，但是其用电量却和北京地区的居住建筑年耗电量相当。

我国的人口较多，对公共建筑的形式和面积需求量较大。为了适应城市和社会需求，公共建筑的类型繁多，形式多样。同时，为了适应不同地区的气候特点，室内空调与采暖系统复杂多样。对于不同功能的建筑，耗能强度与特点明显不同。例如，商场的人流量较大，能耗强度大；同时，为了保证商场内的空气清新和热舒适度，空调系统的运行时间远高于其他公共建筑形式，耗能强度也远高于其他建筑。虽然大型公共建筑面积较小，但是其能耗却较大。因此，我国建筑节能改造的重点应该在大型公共建筑。主要建筑内的采暖、制冷设施经过部分改造，可实现30%~50%的节能率；通过大规模的公共建筑节能改造，就可实现50%~70%的节能率。

根据对大型公共建筑节能改造示范项目经验，公共建筑每改造$1m^2$就相当于居住建筑改造了$10~15m^2$，说明公共建筑，具有很大的节能改造潜力。对大型公共建筑的改造具有很强的可操作性，施工比居住建筑改造容易得多。对于大型公共建筑，通常为城市行政办公设施，甚至有一些城市地标式建筑。如果能够对公共建筑进行合理的节能改造，将会对建筑改造的节能标准、管理方式与手段、政策标准等具有很大的促进作用，从而引导全国范围内的既有公共建筑节能改造。从总体上说，既有公共建筑节能改造不但能够减少建筑的资源消耗量，而且能够改善建筑居住环境，提高建筑室内舒适度，从而能够为行政办公人员提供舒适、环保、健康的工作环境，因此，既有建筑节能改造具有很大的实际意义。

20世纪80年代，我国开始意识到建筑节能工作的重要性。1980年，我国提出了编写建筑节能标准的目标，1986年，我国出台了第一部具有完整意义的《民用建筑节能设计标准（采暖居住建筑部分）》。该标准提出，与既有建筑相比，新建建筑的节能效率应该提高30%，并在1987—1994年期间得以实施，该阶段是我国第一建筑节能时期。随着我国建筑节能标准的颁布，节能工作逐渐进入正轨，并且发展速度不断加快。我国已经根据建筑热工分区，针对不同地域上的气候特点和地域特征，颁布了多部建筑节能标准，如《夏热冬冷地区居住建筑节能设计标准》和《公共建筑节能设计标准》。在该阶段，国家对建筑节能水平的要求提高，与既有建筑相比，新建建筑的节能水平要达到50%以上。

为了实现节能减排目标，提高建筑能源利用率与室内热湿舒适度，保证我国经济、环境与社会的可持续发展，我国提出了建筑节能工作"三步走"的策略：第一阶段时间为1980—1996年，要求新建建筑的能耗设计要比既有建筑降低30%；第二阶段时间为1996—2005年，要求在新建建筑的节能水平达到30%的基础上，节能水平需要再提高50%；第三阶段时间为2005年以后，建筑节能水平在完成第二阶段目标的基础上，需要再提高30%，从而达到65%的新建建筑节能率。该阶段，建设部要求新建建筑必须要通过节能设计审查。同时鼓励对既有建筑进行节能改造，从而全面推动建筑节能工作的进步。

调查表明，2020年我国建筑能耗占全国能源总能耗的比例达到40%。我国建筑节能的关键在于既有建筑的节能，因为我国既有建筑中99%为高能耗建筑，所以对既有建筑实施节能改造，才能真正在大范围内，有效地实现建筑节能。既有建筑中大型公共建筑是能源消耗的大户，我国政府部门的大型公共建筑每年消耗的电力总费用超过800亿元，占全国总能耗费用的5%，并且单位建筑面积能耗远远超过发达国家。大型公共建筑节能同时带动既有居民建筑节能是建立节能型社会的必然趋势。

在既有大型公共建筑中，能源消耗情况比较复杂，每一个能源消耗系统都包含了很多个环节。目前在大型公共建筑中多使用一块总电表，物业和统计部门所了解到的是大楼的总耗电量。很难了解到各个环节的能源消耗量，但是实现建筑节能必须了解每个环节中能源消耗不合理的部分。另外，在近年来的一些建筑节能改造项目中，合同双方经常对最终节能的多少产生争议。综上，通过对建筑物内的耗能设施进行分项计量，在一定范围内实现信息的公开和交流，是解决这一系列矛盾的有效措施，同时可使系统的耗能管理更加合理。此外，多数既有大型建筑正处于使用状态，对其改造主要包括对建筑物外围的维护结构、内部的通风和照明设施，必定影响其发挥正常的作用。这类问题可以通过应用适宜的改造方法、技术路线和分部施工的方法来解决。另外，在节能改造中每一个项目的投资回收期都不一样。因此，我们必须掌握节能改造投资与投资回报、技术方案的关系，做好前期评估报告。综上，建筑节能是适应我国基本国情的重要战略方针。建筑节能改造中，我们应该考虑对既有大型公共建筑的以下问题进行改造：

（1）围护结构热工性能差　以前的公共建筑节能标准不完善，建筑门窗、墙体及屋顶等受温度的影响加大，冬季内热量流失较快，夏季室内较炎热。因此，围护结构的热工性能较差，直接导致更多的能源消耗。

（2）采暖制冷及照明系统效率低　公共建筑中，采暖制冷及照明系统能源利用率低的问题很普遍。以空调系统为例，导致能源浪费的因素有许多，如办公室的门窗经常关闭不严、设备规格选用不合适、管道设计不合理等。

（3）不重视可再生能源的使用 可再生能源主要包括：风能、太阳能、地热能和生物化学能。这些可再生能源在我国既有公共建筑中利用的很少。即使利用了，由于技术体系的不完善，也未达到预期的效果。例如，某些建筑外围护结构上并未采用节能措施，却在地源热泵上大量投资。这样的建筑看似节约了部分不可再生能源，事实上既造成了经济的浪费，却未能提高办公环境的舒适度。

（4）建筑运行管理不当 我国绝大多数建筑物用能是由物业管理，所有的节能法律、法规、标准和政策都只靠物业后勤职能部门负责。没有专人负责管理和统计能源消耗量，也没有完善的节能管理机制及节能管理文件，更没有安排专属资金用于节能科研开发。另外，公共建筑能耗的管理和使用情况不被重视。

建筑能耗主要包括采暖、暖通空调、建筑照明、办公以及电梯系统等，除了采暖采用燃煤的方式以外，其他的基本采用电耗模式。在以上几种耗能模式中，空调通风设备的用电量最大。

（1）供热系统 我国北方地区的建筑采暖能耗约占全国建筑能耗的40%。对我国建筑采暖的供热模式分析可知，我国集中供暖过程中存在以下问题：住户室内供暖不均，冷热程度相差较大；供热过程热网损失热量大、造成能源损失；锅炉与供能系统能源转化率低，能源利用率降低。供热系统不完善，缺少合理的调控管理方法，造成热量损失。随着城镇经济的发展，一些住户开始采用独立供暖的形式，但是小锅炉的煤炭转化率低，同样造成能源利用不受控制，造成能源浪费。

供热系统的建筑节能改造，应从室内供热系统、室外热量输送网、家庭热量控制与计量等方面进行。应着重改造用户家庭用的小锅炉，实行小区供热，从而提高供热系统效率，减少热量与能源的浪费，减少环境污染。热电联产功能方式受到世界多个国家的推崇，我国也正在努力推广这种供热方式。该方式主要具有以下优点：能源转化率高，环境污染小，供热质量高，辅助电力供应，降低城市电网压力。对于建筑室内的节能改造可以通过双管系统和带三通阀的单管系统，采用科学合理的方法计算水热供应；同时需要采用合理的控制系统，防止热网系统失调，造成局部温度过高或者温度过低，导致室内的舒适度降低。用户热控制和热计量是供热系统改造的主要技术手段，这样不但能够调节室内温度，解决室内温度失调的问题，而且住户能够根据实际需求调节供热，减少热量浪费。对于部分不适合供热的地区，应该基于实际情况，选择分散独立的供热方式，不应该为了实现集中供热，而忽视了施工成本与输送过程中的热量散失。

（2）空调系统 在公共建筑中，主要的能源消耗形式为空调耗能。对重庆地区的公共建筑能耗统计结果表明，在公共建筑中普遍地存在能源严重浪费的情况。部分空调设备的能源利用率远远低于额定值；冷水机组配置不合理，供冷量大于需求量；空调系统低负荷运行的工作效率较低；冷水输送效率低；输送管网存在冷量和热量散失的情况。因此，对于大型公共建筑的节能改造，需要重点提高空调系统的能源利用效率，有助于降低建筑能源消耗，提高室内环境舒适度。通过对上述空调系统关键设备的改造以及运营管理系统的完善，这些公共建筑的空调能耗能够降低30%以上。

很多大型公共建筑建造年代较早，供能和用能系统陈旧老化，缺少必要的维护维修通知、设备的工作运营状况较差，因此，需要考虑更换高能效的能源系统，对于陈旧的输送管网及出现能源泄漏情况的设备应该及时更换。由于制冷机配置不合理造成能源浪费的情况，应该增加蓄冷装置，添加小型的制冷机等设备，采用局部空调等小型设备作为补充。在我国的建筑风机水泵利用中，电力消耗量占我国电能消耗的10%，通过建筑节能改造能够降低设备运行过程中风机和水泵的能耗，利用变频技术，电能消耗能够降低2/3。采用变频送风系统，能有效改变室内新风量，调节室内的温度与湿度，该系统节能量通常可以达到30%左右。同样，在公共建筑中，采用水泵变频技术也能够产生较大的收益。据统计，采用2台冷冻水泵能够降低能耗40%~50%。此外，热量回收，包括空气热量回收与热水热量回收，也可以用于常年产生废热的建筑体系。

（3）用能管理与运行控制 建筑用能管理主要是通过供能设备实现的，通过供能设备管理，首先能够保证供能设备的正常运行，保证建筑供热供暖的稳定性与可靠性；其次能够及时发现供能设备存在的问题，及时维护维修，降低设备运行费用；最后可以保证设备高效率运行，延长其使用期。在建筑节能改造中，应该基于建筑特点，设定合理的建筑管理制度，保证供能系统的正常运行。同时，还应该注重专业用能管理人员的培养，增强管理人员的节能意识与素质。

我国建筑的供热和空调系统需要进行多级控制，保证功能终端能够有效地调节温度，及时发现室内供热不均的问题，并快速地查找设备故障，解决室内供热不均的问题，而不影响其他终端的供热。对于制冷机同时使用的情况，应该根据实际情况，包括室内温度、用户数量、房间数量等应合理安排制冷机数量，停止不必要的制冷机，保证工作中的制冷机保持较高的效率，达到节能的目的。同时，还应该注意养护制冷机及其输送装置，防治管道变形等造成供冷效率降低。

6.2.3 绿色建筑节能实践案例

世界范围内的能源危机及我国能源需求与供给之间的巨大矛盾，使节约能源成为当务之急。建筑的能源消耗占全球能源消耗的30%~40%。一方面，我国正在进行大规模的城市基本建设，这给环境和资源带来了巨大的压力；另一方面，在我国城市中存在众多的老旧建筑，这些建筑大多保温隔热等性能较差、技术设备落后，在建筑供暖等日常使用中消耗浪费了大量的能源，而拆除重建又会导致更大的能源浪费和经济问题。有资料显示，一个建筑建设时所消耗的能量和这个建筑使用6年所消耗的能量相当，所以对老旧建筑进行必要的改造，使其在使用功能、建筑性能上更为合理以适应新的需要，便成为有效的解决办法，节能设计和节能技术的应用也显得更为重要。

德国对于建筑节能改造活动进行得很早，建筑节能体系及技术在欧洲以至全世界都处于领先地位，其建筑节能技术的研究与应用，不仅出于经济利益上的考虑，也是为了从根本上减少二氧化碳等气体排放，减少全球范围内的温室效应。德国建筑节能改造技术包括以下方面：

1）严谨的建筑质量评估技术，通过建筑各部分能耗和建筑保温性能的测定，找出主要问题所在，制定切实可行的改造目标。

2）通过对建筑布局与门窗墙体精心设计与调整，达到充分利用自然气候条件的效果，降低建筑能耗。

3）充分利用无污染的太阳能，通常是通过南向窗和墙体被动利用太阳能及主动集热给建筑提供热水，或是将光电材料作屋顶、外墙，将太阳能转化为电能供给建筑使用的做法。

4）废水净化后循环使用和雨水收集利用技术，建筑用水是对周围自然界影响的要素，通过改造建筑体型模式降低建筑对环境的不利影响。

5）选择建材时充分考虑节约资源、减少污染和循环利用的可能，包括原生材料如生土、草等的开发使用和研制新型低能耗材料。

在德国魏斯玛市的一个幼儿园的改造过程中，建筑师马丁·沃伦萨克使用了适当的节能技术使这个幼儿园在使用中大大地降低了能量的消耗，同时节省了开支。

该幼儿园建于1972年，目前建筑状况良好，但外立面陈旧，破损严重，平面功能不能满足使用要求，建筑保温性能、通风情况都存在很大问题，在日常使用中造成了很大的能量损失，需要大量的资金维护，因此有必要进行彻底的改造翻新。同时，当地政府希望借此项目找到低成本改造同类建筑的模式，并试验几种新的节能材料和技术在实际操作中的可行性。

（1）建筑设计中的节能改造　幼儿园的主体建筑为两个长方体，中间用连廊相连接。最初的设想是使主要房间都能够获得充足的采光，但这种体型导致了建筑外墙面积过大，加上保温设计不佳、现有的供暖系统可调节性差等因素，使建筑室内气候易受外界影响，夏天过热而冬天过冷，既不利于建筑节能，又使日常使用困难。平面功能改造的基本思路是创造一个可供儿童集会、休息、游戏的集中空间，以丰富幼儿园生活。拆毁两个建筑连接部分并利用两个主楼中间的空间，改建成一个大的庭院作为儿童活动的场地，封闭其中一部分作为孩子们的游戏空间，同时减少建筑外墙数量，将入口移至另一边。图6-3所示为德国魏斯玛市幼儿园添加钢结构来移开中间层的楼板，创造出一个多功能的大厅。新的内墙外挂本地出产的木制板材，既美化了新的庭院空间，又可以形成阴影来降低两侧教室的室内温度，同时

图 6-3　德国魏斯玛市幼儿园

可以降低大空间内的噪声影响。庭院空间的屋顶采用新型的生态隔离材料，既允许阳光进入室内，又可以起到保温防热的效果。

这种改造带来了建筑内部气候条件参量的改变，两个旧建筑中间所形成的新的空间将成为热量的缓冲带，减少外界对室内温度的影响，并对室内气候环境进行补充和调节。在冬季，利用太阳能加热该空间，并向两侧教室缓慢传导热量，减少两侧教室空间的热量损失。在夏季炎热气候下，新型材料的屋顶提供了足够的阴影，两侧墙壁上的木制隔板也会吸收一部分热量，降低室内温度。建筑的外墙保温性能同样需要得到增强，其做法是在外墙面之外加建一层墙面，增加墙面厚度和新的保温系统，同时新的立面为其提供崭新的形象。

（2）技术设施的改善　由于原有建筑内水、暖、电等管道已明显老化，加之平面格局发生变化，所以建筑的改造还包括各种设施管道的改建和更新。新的各种管线放置在同一管道内，并以颜色区分，以减少对建筑结构的影响。

新的供暖系统设置在原外墙内，避免对室内面积的占用，同时尽量增大其表面积以达到较好的供暖效果，由于新建的外墙具有保温层，所以建筑的保温隔热性能并不会被削弱。

建筑通风换气则是靠开启建筑外层表面完成的。新旧两层外墙表面间设计有一个热交换系统和全部的通风设备管道，室内空气排出时经过该系统，将其中携带的热量交换至系统中并储存起来，当新鲜空气通过该系统进入室内时便被预热，以减少空气流通对室内采暖的不利影响。改造中同样注重对新型能源的利用，在新建外墙表面和屋顶设有太阳能吸收装置，并用吸收到的能量对贮水器进行加热，供日常生活使用。

（3）新技术、新材料在改造中的应用　在改造设计中，一种新型的屋顶材料被成功地应用于新建中央庭院的屋顶，该材料由两层弧形箔片和其空气间层组成，该材料具有质量轻、易于安装等优点，在具有一定透光性的同时有相当的保温隔热性能，使用机械装置可向其中心的空气间层鼓风，利用空气的流动带走热量来加强屋顶的隔热效果。这种材料对中央空间的塑造起到了重要的作用。

真空墙体保温材料被使用于该项目中，根据真空不传热的原理，用坚固的围护材料充当真空部分的保护层，并用陶瓷将各部分连接起来，形成稳定可靠的保温系统。与传统的保温材料相比较，该真空保温材料具有更为完善的性能。

在建筑新建的墙面上将遮阳系统与太阳能光电系统结合：一方面在夏季为主要房间遮阳，并可根据日照角度自行调整；另一方面可以吸收太阳能并加以利用，除提供系统自身运转外还可以为热水系统提供能量。如何将其从试验性个别使用转向普遍推广运用，目前仍是摆在人们面前的问题。一些方法与技术之所以未能推广的主要原因：这种改造需要额外造价，而从经济角度看，这笔额外造价短期内还无法与建筑节能改造所节约下的能源费用达到平衡。

6.3　智能建造与建筑新能源技术

6.3.1　智能建造的定义与特点

互联网、物联网、大数据、云计算、边缘计算、人工智能等新一代信息技术的飞速发展推动着各个行业的变革和创新。传统的工程建造领域在与新一代信息技术的融合过程中,逐渐催生了一种新型的工程建造模式,即智能建造,它以工程全生命周期系统化集成设计、益化施工、智能化运维管理为载体,以 BIM/CIM 技术、物联网、大数据、云计算、3D 打印等新一代信息技术为动力,整合工程全产业链、价值链和创新链,实现工程建设的工业化、智能化、绿色化的融合,将建筑行业提升至现代工业级的精益化水平。

在全球建筑领域具有领先地位的国家早就开始布局智能建造。2007 年,美国规定所有重要工程项目都要使用 BIM 技术,通过使用信息技术实现低碳绿色发展;2017 年又发布了重点关注建造过程的《美国基础设施重建战略规划》。新加坡也出台了相关政策在建筑企业中推广 BIM 应用,提升建筑行业信息化水平。英国推出了《英国建造 2025》战略,提出降成本、提效率、减排放、增出口的发展目标;2019 年的调查显示,英国建筑行业应用最广的新技术有云计算、VR/AR/MR、无人机、3D 打印、大数据分析、人工智能、机器人等。日本制定了"i-Construction"战略,为建筑企业和建筑行业制定了发展目标,着力提升建筑产品的品质、安全和效益。德国在工业 4.0 的背景下大力推进建筑行业数字化升级,在建筑领域促进工业化与信息化的深度融合。

我国从 2012 年开始,将物联网引入建筑行业,以实现建筑物与部品构件、人与物、物与物之间的信息交互;2013 年,我国将智能制造首次列入国家重点扶持领域,加快 3D 打印软件平台的研发工作;2018 年,我国首次将智能建造纳入普通高等学校本科专业,适应以"信息化"和"智能化"为特色的新工科专业。2020 年 7 月 3 日,住房和城乡建设部等 13 个部门联合印发了《住房和城乡建设部等部门关于推动智能建造与建筑工业化协同发展的指导意见》(简称为"意见"),提出到 2035 年,"中国建造"核心竞争力世界领先,建筑工业化全面实现,迈入智能建造世界强国行列。该"意见"为我国的智能化建造研究、应用指明了方向,土木建筑行业要实现高质量发展必然要向工业化、数字化和智能化的方向转型,借助于 BIM、物联网、5G、大数据、云计算、人工智能、建筑机器人、3D 打印等技术为建筑行业赋能,通过人机交互、感知、决策、执行和反馈,尽可能地解放人力,从体力替代逐步发展到脑力增强,从而提高工程建造的生产力和效率,提升了人的创造力和科学决策能力。

近年,智能建造成为建筑行业的高频词汇,仅住房和城乡建设部印发的《"十四五"建筑业发展规划》中"智能化"一词出现 30 次之多。智能建造是指在建造过程中充分利用智能技术和相关技术,通过应用智能化系统,提高建造过程的智能化水平,减少对人的依赖,达到安全建造的目的,提高建筑的性价比和可靠性。智能建造是为了适应以"信息化"和"智能化"为特征的建筑行业转型升级国家战略需求而发展起来的。

智能建造是新一代信息技术与工程建造融合形成的工程建造创新模式,即利用以"三化"(即数字化、网络化、智能化)和"三算"(数据、算力、算法)为特征的新一代信息技术,在实现工程建造要素资源数字化的基础上,通过规范化建模、网络化交互、可视化认知、高性能计算及智能化决策支持,实现数字链驱动下工程立项策划、规划设计、施(加)工生产、运维服务一体化集成与高效率协同,不断拓展工程建造价值链、改造产业结构形态,向用户交付以人为本、绿色可持续的智能化工程产品与服务。智能建造的核心是发展面向全产业链一体化的工程软件、面向智能工地的工程物联网、面向人机共融的智能化工程机械、面向智能决策的工程大数据，支持工程建造全过程、全要素、全参与方协同。

智能建造应满足以下三点要求：

1）建立全面的透彻感知系统，在实际工程中，很多情况无法仅通过表观监测摸清情况，此时需要通过传感器等信息化设备去全面感知。

2）通过物联网、互联网的全面互联实现感知信息（数据）的高速和实时传输，将感知到的情况传输出去，进行实时分析，及时做出反馈与调整。

3）打造智慧平台，技术人员要通过这个平台对海量数据进行综合分析、处理、模拟，得出决策，从而及时发布安全预警和处理对策预案。

智能建造是面向工程产品全生命周期，实现泛在感知条件下建造生产水平提升和现场作业赋能的高级阶段，是工程立项策划、设计和施工技术与管理的信息感知、传输、积累和系统化过程，是构建基于互联网的工程项目信息化管控平台，在既定的时空范围内通过功能互补的机器人完成各种工艺操作，实现人工智能与建造要求深度融合的一种建造方式。智能建造的核心包括三个方面：

1）构建工程建造信息模型（Engineering Information Modeling，简称为 EIM）管控平台，EIM 管控平台是针对工程项目建造的全过程、全参与方和全要素的系统化管控而开发的建造过程多源信息自动化管控系统。

2）数字化协同设计，利用现代化信息技术对工程项目的工程立项、设计与施工的策划阶段，进行全专业、全过程、全系统协同策划。

3）机器人施工，在 EIM 管控平台和建筑信息模型技术的驱动下机器人代替人完成工程量大、重复作业多、危险环境、繁重体力消耗等情况下的施工作业。

智能建造是将智能及相关技术充分利用于建造过程中，以实现少人、经济、安全、优质的建造过程为目的，以智能及相关技术为手段，以智能化系统为表现形式的新型建造模式。智能建造应具有灵敏感知、高速传递、精准识别、快速分析、优化决策、自动控制和替代作业的特征。

智能建造技术覆盖建筑工程的设计、施工、运维等建筑物全生命周期的各个阶段，是以土木工程建造技术为基础，以现代信息技术和智能技术为支撑，以项目管理理论为指导，以智能化管理信息系统为表现形式，通过构建现实世界与虚拟世界的孪生模型和双向映射，对建造过程和建筑物进行感知、分析、控制，实现建造过程的精细化、高品质、高效率的一种土木工程建设模式。智能建造技术涉及建筑工程的全生命周期，主要包括智能规划与设计、智能装备与施工、智能设施与防灾、智能运维与服务四个模块。

智能建造是指在建筑工程全生命周期的勘察、设计、建造、运维各个环节，将基于 BIM/CIM 的信息集成系统和物联网的泛在感知系统形成的数字化网络化建造过程信息，5G、互联网等技术传输到工程项目管理端，利用人工智能、云计算等数据分析手段融合现代化工程管理理论和现实世界物理知识，实现对建筑机器人、3D 打印机等设备的人机交互、智能决策和反馈控制，完成建设工程项目全生命周期自动化、数字化、智能化、绿色化的新型建造模式⊖。

⊖ 来源：龙武剑，《智能建造概论》，清华大学出版社，2023。

对智能建造的主要特征总结如下：

（1）数据驱动　数据驱动是智能建造的核心要素。智能建造的本质是对建造物和建造活动的资源、工艺过程、业务流程、结构性态、工程进度、实物成本等信息进行全面感知，采集建造活动的结构化或非结构化的位置和动作等不同属性的特征数据，建立相应的数据标准库、案例库、规则库和判读库，通过混合策略或者算法自动搜索可供分析和深度学习的特征数据，达到用数据驱动建造工艺过程和业务流程的智能控制目的。

（2）在线连接　连接是智能建造的基础。依托传感和无线移动网络通信技术，把建造物、建造活动的设备、人和服务相互连接起来，并迅速将采集、识别到的信息传递到控制处理中心，同时迅速传递智能系统反馈给前端的信息。智能建造中的精准识别是多元多模态数据采集的前提。采用移动端PC端互联网以及物联网等通信技术，实现在线网络连接的实时响应。

（3）闭环调控　对建造活动、工艺过程或建造设备的灵敏感知、快速分析和反馈控制的闭环调控是智能建造的另一个特征。灵敏感知是指通过智能传感器技术，灵敏地感知建造环境的变化，如温度、浓度、轨迹及压力等；快速分析是指通过深度学习、人工智能、大数据分析等智能技术，对多模态、海量和实时接收到的信息进行快速分析，给出有助于决策的结果；反馈控制是指通过自动控制技术等，根据感知到的环境条件和过程数据，运用优化决策，自动控制生产过程，控制的目标可以是人或者机器和设备。

（4）持续优化　通过云计算、模糊处理、优化函数分析技术或人工智能技术，针对建造过程中的决策环节，给出自主优化决策方案及其依据，从而辅助决策人员实现建造过程的最大效能。持续优化除对智能建造系统提出建议外，还对建造的过程提出适应纠错。通过扁平化的管理，提出敏捷的预警预控，让每一个项目或者全过程的建造活动既能闭环调控，又能在持续优化中发展，使建造活动更高效、更智能。

（5）认知反应　一个真正完整的智能建造过程或者系统具有对信息、控制行为的思考认知过程，从而提高判断学习能力、自适应功能、判断决策能力、容错能力、自组织能力和对复杂问题进行有效处理的全局控制能力。智能建造中涉及的认知反应其实是在全面感知、识别比对的基础，对建造活动和建造对象的关键资源和管理要素具有思考、认识与调整的能力，使参与建造智能系统或智能体（智能装备）具有对应人类思维及心理的性能，它可以使建造过程中的人了解智能体的能力及心理，使两者之间的交互更加有效和便捷，最终使得建造智能系统或智能体更好地理解和服务于人类的建造活动。

（6）协作共享　智能建造通过工程建造各方在智能建造管理平台上的跨地域协同实时工作，依靠数据流动、在线连接、闭环调控和持续优化的认知过程，删除传统建造过程中不必要的环节，使工程现场建设者、物资设备供应商和技术咨询服务提供商消除地域时空限制，直接真实地融入建造活动。智能建造技术与管理创新体现了施工全过程的全面精细化控制，构建了新的协作共享生产关系，让生产资料流动更高效，从而提升价值创造能力，促进生产力的提高。

智能建造是针对建筑工程的全生命周期（即规划、勘察设计、建造、运维）和建造全要素（即人、机、料、法、环），实现数字化全面感知、信息化传输、真实化分析、智能化决策和精细化控制的建造过程。智能建造相比于传统建造的优势在于其智能化的组织形式，以建筑机器人为核心工具，以物联网为感知基础，将人工智能和现代化项目管理理论及物理知识相结合，进行决策优化，通过融合实际建造的信息动态调整，形成实时反馈、决策优化与精准控制的智能体系，克服了传统建造过程中存在的生产方式粗放、劳动生产率不高、资源消耗大等突出问题。中国工程院重点咨询研究项目《中国建造2035战略研究》中明确了我国工程建造要由机械化到数字化再到智能化的转型发展阶段目标，进而建立我国工程建造智能化系统框架，如图6-4所示。

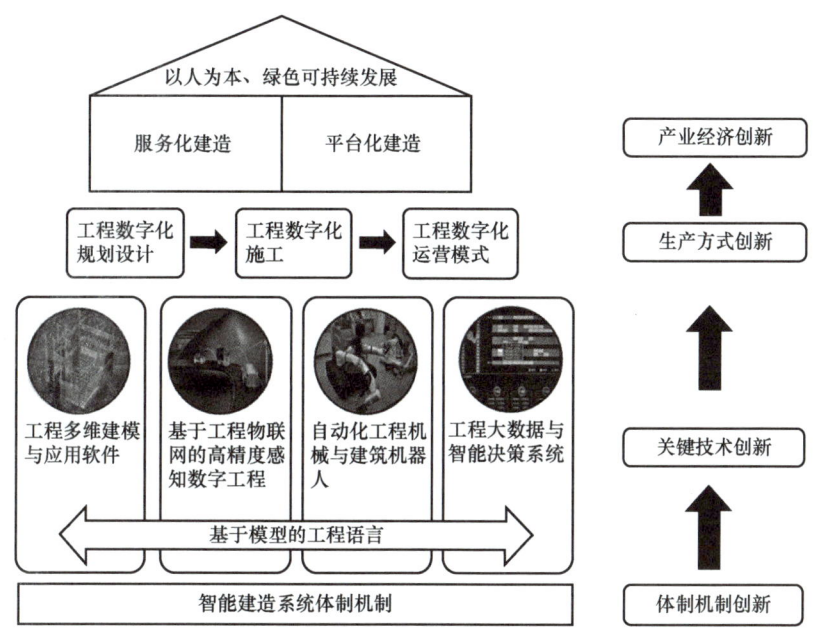

图6-4　我国工程建造智能化系统框架

智能建造的闭环控制理论是指在建造过程中对涉及的人、机、料、法、环各大要素以及环境因素实现"全面感知、实时传输、准确分析、智能决策、反馈优化"的闭环控制。

全面感知是指采用物联网等泛在感知系统对建筑工程的全生命周期各环节涉及的建造物、智能装备以及与其相互作用的环境、状态要素特征数据进行全面系统的感知。实时传输是指基于移动互联网、5G技术等高传输速率、低延时、高可靠、海量链接的信息传输技术将BIM/CIM等信息模型以及物联网感知系统的实时信息在线传输到控制端。准确分析则是指利用BIM、物联网、智能定位等感知系统获取的数字化信息传输到分析节点，基于云计算、大数据、边缘计算以及人工智能算法等对数字化信息，开展结构真实工作性态、工程建设进展状况、工程建设装备状况等进行准确分析、预测和优化。智能决策是指针对全面感知系统获取的数字化信息，融合大数据、现代化工程管理理论以及相关物理知识，采用人工智能算法、最优化理论对工程建造全生命周期的各环节做出科学、智能的决策，确保实现设计所预定的目标。反馈优化是指通过智能设备、智能软件、智能终端等，对建造过程、建造工艺、建造流程等进行反馈控制，主要包括通过自动控制技术对施工设备和建筑机械等进行智能化控制，通过相关人员对施工工艺和施工方法等进行控制，以及对参与人员的行为指导控制，最终达到对整个施工过程的全面控制，使系统本身不断优化，效率不断提高。

6.3.2 建筑新能源技术的应用

新能源通常是指非常规的可再生能源，如太阳能、地热能、风能等。新能源技术可有效节约建筑使用能耗。建筑设计人员在进行绿色建筑设计阶段，应充分考虑新能源技术的应用，力争实现在初步设计过程中合理利用新能源，提升建筑能源使用效率，例如，应综合考虑太阳能系统、热泵系统等技术的可行性，以及设计中是否采取了自然采光、自然通风、高效保温隔热围护设计等。

（1）太阳能利用技术　太阳能利用技术在我国已历经二十多年的发展历史。利用太阳能可节省大量电力、煤炭等能源。太阳能资源一般以全年总辐射量和全年日照总时数表示。我国西藏、青海、新疆、甘肃等地的总辐射量和日照时数均为全国最高，属于太阳能资源丰富地区。

太阳房是利用太阳能采暖、降温的设计方法，使房屋内活动主体空间与外界环境之间形成温度缓冲区，实现采暖、降温需求。无须安装特殊动力设备的被动式太阳房应用最为广泛，尤其在气候寒冷或炎热的地区。我国被动太阳房采暖可节能60%~70%，平均每平方米建筑面积每年可节约标准煤20~40kg，发挥着良好的经济和社会效益，但在技术水平上与国外仍存在较大差距。

太阳能主动技术则表现为太阳能光热利用和太阳能光电利用两方面。太阳能光热利用主要用于采暖和制冷，根据利用温度的高低分为高温利用、中温利用和低温利用。太阳能光电技术主要是利用单晶硅或多晶硅将光能转化为电能。太阳能建筑的光电利用主要用于太阳能照明。

太阳能光伏发电系统是利用半导体器件的光伏效应原理将太阳辐射能转换成电能。我国太阳能与建筑一体化的发展呈现良好态势。政府主管部门在相应太阳能推广政策中明确提出了应大力推广"太阳能建筑一体化"的模式，优先支持一体化项目，在济南、烟台等地出台了建筑强制安装太阳能利用设备的政策规定，为太阳能与建筑一体化的发展奠定了政策基础。

（2）地热能利用技术　地热发电是地热利用的最重要方式。地热发电的过程：先将地下热能转变为机械能，再将机械能转变为电能。通过"载热体"把地下的热能带到地面上来进行利用。能够被地热电站利用的载热体主要为地下天然蒸汽、热水。

地热供暖是通过换热将地热能直接用于采暖、供热和供热水，是仅次于地热发电的利用方式。其利用方式简单、经济性好，倍受各国重视。位于高寒地区的冰岛开发利用得最好。1928年，冰岛首都雷克雅未克建成了世界上第一个地热供热系统，现今这一供热系统已发展得非常完善，每小时可从地下抽取7740t、80℃的热水供市民使用。我国北京、天津等地也已进入利用地热供暖和供热水的实施阶段。

（3）风能利用技术　风能资源取决于风能密度和可利用的风能年累积小时数。风能的利用主要以风力发电为主。我国风力资源丰富，可开发利用的风能储量约为10亿kW。对于我国沿海岛屿、交通不便的边远山区、地广人稀的草原牧场及远离电网的农村、边疆，利用风能可解决生产、生活能源需求。风能资源受地形的影响较大，我国东南沿海、内蒙古、新疆、甘肃一带风能资源很丰富，这些地区适于发展风力发电。但是，风能利用技术会因风速不稳定、风能利用受地理位置限制严重、风能的转换效率低、相应设备不成熟等因素制约。

国内外建筑新能源技术应用的经典案例如下：

（1）"零碳城"马斯达尔　马斯达尔位于阿拉伯联合酋长国首都阿布扎比郊区，可谓"沙漠中的绿色乌托邦"。整个城市100%的能源由可再生能源提供，以太阳能为主。太阳能提供的电能还用于制冷系统驱动和海水淡化加工厂运转。城市大部分建筑屋顶都用于收集太阳能。

（2）美国加州科学院大楼　该大楼位于美国旧金山的金门公园内，充分利用了自然采光、自然通风、太阳能技术，在可持续发展、节水、能源高效利用、环保材料、优良的室内环境质量等方面表现突出，获美国绿色建筑理事会"白金级"评分。

（3）法国零能源办公大楼　该办公大楼位于法国巴黎，完全使用太阳能提供的能源，建设了太阳能电池阵列，可生产足够的电力用于采暖与照明、空调用电等。

（4）清华大学超低能耗实验楼　该实验楼是我国首个全方位使用节能技术的创新示范建筑，其围护结构集保温隔热、遮阳、蓄热、照明、采光、自然通风等技术于一体。

（5）上海建筑科学研究院生态办公楼　该办公楼采用了太阳能空调技术、太阳能光伏发电并网技术等新能源技术，是荣获我国首个绿色建筑创新奖一等奖的建筑。

（6）尚德研发中心　该建筑使用新能源技术，为大楼提供绿色环保的光伏建筑一体化幕墙，并使用地热利用技术、空气热泵技术、水源收集与循环利用技术等，是我国零能耗功能型生态建筑典范。

（7）沈阳环境保护科学技术中心　该建筑位于我国东北地区的辽宁省沈阳市浑南新区，是沈阳市新能源、新技术、新材料与环保成果的展示中心。该建筑充分利用了太阳能、风力发电、浅流湿地系统、光导系统、LED人感传感器控制照明系统等节能环保技术，能耗减少30%，园区内设有独立的雨水收集利用系统、污水处置系统和中水回用系统，以及垃圾处理系统，能源可以在内部循环利用。

6.3.3　智能建造与建筑新能源技术的结合点

常规的三个碳排放大户：工业、建筑、交通，它们的碳排放量大约各占1/3。一般来说，建筑全生命周期的碳排放总量包含建材生产、运输、建筑施工、运营、维修、建筑拆除、废弃物处理7大阶段。从目前的研究看，在这些阶段中的碳排放，运行阶段占比60%~80%，占比最大；其次是占比20%~40%的建材生产环节的碳排放环节，施工建造环节过程仅占5%~10%，拆除阶段则占比最低。

优化建造方式，推进绿色建筑发展，是实现降低建筑领域碳排放的重要举措。要在建筑领域实现"碳中和"目标，除了降低用能外，更需要通过技术创新实现建筑领域的绿色发展，推动以建筑设计为龙头的技术方法创新，推进融合空间节能和设备节能，从而实现大幅降低建筑对空调、供暖、照明等用能需求，促进部分时间、部分空间的低碳用能的理念落实。这些技术创新手段对减少运行阶段的建筑碳排放至关重要。

从长远看，准确把握智能建造是土木工程产业转型升级和高质量发展的关键。

气候变暖导致的生态环境恶化是全球正面临的多重挑战，推进绿色发展和绿色建造是应对之策。在工程建设领域，智能建造是实现绿色建造的必然选择和途径。

1992年，联合国环境与大发展大会通过《21世纪议程》。会后，我国明确提出将实施可持续发展战略。当时中国工程院开展了题为《21世纪中国地下空间开发利用的战略和对策》的课题，在该课题中，建议充分利用地下空间，大力发展以地铁为骨架的轨道交通系统和集约、可持续的城市基础设施，从而提高土地利用效率，节省土地资源，促进地上空间释放用作碳汇的绿色植被和生态空间，支撑可持续城市建设。

建筑业是全球最大的材料与能源消耗产业，全球建筑运营能耗达到30%以上，再加上建设过程中发生能耗，指标接近50%。我国传统粗放建造模式导致资源消耗大、浪费现象多、污染控制难。为了适应绿色发展的要求，无论是世界还是我国的工程建设，都应该向"绿色建造"转型。

工程建设要向"绿色建造"的方向发展，需要理念推动、政策驱动、标准引导多方面共同发力。首先是社会各层面上的理念推动，要使大家认识到绿色建造的重要性，其次是利用政策驱动，通过政策鼓励大家节能，再次通过标准驱动引导，例如，制定绿色建筑标准等对建设项目进行准入要求，让高耗能项目有序退出。

除此之外，依靠科技的发展很重要，结合IoT、大数据、5G、AI等技术基础发展，以及与建设场景的落地研究与应用，工程建设才会更加高效节能，实现低碳排放，甚至零碳排放。

这些技术在工程建设中应用，均涉及智能建造。所以，推动和发展智能建造是实现绿色建造的必然选择与最佳途径。

在工程建设中，智能建造首先体现在全面的透彻感知系统。利用先进信息技术手段，通过互联网、物联网的全面互联，实现建设过程感知信息（数据）的高速和实时传输。如果实时获得的信息要过几天才能看到，工程建设就不能实时地反馈和服务，一定要使建设过程中获取的信息快速传输出去。有了互联网、物联网、5G技术后，信息传输速度将显著提升，可以即时地反映和认知。

其次是打造智慧平台，及时汇聚工程建设过程的海量数据，发布安全预警和处理对策预案，并需要技术、管理人员通过平台对采集的数据进行分析、处理、模拟，辅助决策。有了智能化的技术赋能，工程建设的风险降低，施工人员管理效率提升，同时将最大限度地节约资源，减少环境破坏。

我国工程建设领域的科技创新与发展经历了从低到高，从局部到全面的历程。改革开放以来，工程建设经历了机械化和信息化的发展。例如，地下工程原来都是采取钻爆法、人工打眼、人工放炮，后来可以大量应用机械台钻，多钻台车施工，现在可以采取数字化掘进，这是机械化的进步。

在地下工程的地质探测中信息化的发展也得到了体现，为了防止地下安全事故发生，需要把地下隐伏的含水层和断层情况了解清楚，并做出判断，这需要依靠信息化设备提升安全性能。

未来，工程建设领域的进步还需通过数字化、智能化向高层次发展迭代，即向智慧化方向迈进。例如，在传统工程中，做设计是用图样，但图样和工程实体是分离的，而在进入 BIM 时代后，数字工程中 BIM 技术得到应用，技术人员可以在计算机里建立虚拟可视化的工程模型。

6.4 智能建造与绿色建筑的结合

6.4.1 智能建造在绿色建筑中的应用

智能建造主要包括数字化建模与设计、自动化与机器人技术、传感器与物联网、虚拟与增强现实等，利用现代技术和数字工具，将建筑项目管理和执行提升到更高的水平，从而提高效率，降低成本，提供安全的工作环境。智能建造以建筑信息模型为主，它是一种三维数字模型，包括建筑几何信息、属性信息及关联数据。智能建造在绿色建筑中的许多应用以数字化建模与设计中的 BIM 为对象。

BIM 提供了一种集成方法，通过数字建模、数据共享及协同工作，将设计、施工及运营各阶段连接在一起，是一种具有数字化、可视化等特征的全新技术工具，可有效改进施工现场信息管理的不足。智能建造技术包括自动化、物联网及人工智能技术，可提高建筑施工效率及质量。BIM 可用来设计这些系统的最佳布局，确保其与建筑整体设计协调一致，优化建筑外观、绝缘性、采光性，减少能源消耗。

BIM 作为工程领域数字化转型升级的核心技术，得到越来越多行业人员的认可。BIM 技术与其他数字技术集成应用，如物联网、云计算、大数据、区块链和人工智能等新一代信息技术，实现建造阶段的数据整合。对于建筑企业而言，实现工程项目的数字化主要需要考虑四个方面，即建筑实体数字化、要素对象数字化、作业过程数字化、管理决策数字化。

1）建筑实体数字化核心是多专业建筑实体的模型化，即建立精细化项目建筑信息模型。在项目实施前，可以通过建筑信息模型先将整个项目的建造过程进行计算机模拟、优化，再进行工程项目的建设，减少后期返工的情况。

2）要素对象数字化是将工程项目上实时发生的情况，如"人、机、料、法、环"等要素的实时数据，通过智能感知设备进行收集，再将数据关联到建筑信息模型，让数字世界与工程现场的变化改进形成效率闭环。

3）作业过程数字化是在建筑实体数字化和要素对象数字化的基础上，从计划、执行、检查到实时交互成为可能。项目进度、成本、质量、安全等管理过程数字化，将传统管理过程中散落在各个角色和阶段的工作内容通过数字化的手段进行提升，形成一线的实际生产过程数据。整个过程以建筑信息模型为数据载体，以要素数据为依据开展管理，实现对传统作业方式的替代与提升。

4）管理决策数字化是通过对项目的建筑实体、作业过程、生产要素的数字化，可以形成基于建筑信息模型的工程项目数据中心，通过数据的共享、可视化的协作带来项目作业方式和项目管理方式的变革，提升项目各参与方的效率。

随着BIM技术应用的逐步成熟，信息网络、智能设备与BIM技术的融合应用成为工程项目建设的主流方式，而单一的BIM应用不能满足工程项目的需要。结合BIM技术，以物联网、大数据云计算、区块链和人工智能为代表的新一代信息技术逐步应用到建筑施工行业。各新兴信息技术间既相互独立又相互联系。BIM技术是工程建造信息最佳的传递载体，物联网通过感知获得丰富的数据源，云计算提供便捷的访问共享资源池计算模式，5G移动互联网提供实时交换信息途径，大数据分析处理工程建造过程产生的海量数据。未来，各项技术的交叉融合可真正实现建造过程由数字化、自动化向集成化、智慧化的变革。

通过与新一代信息技术的结合，BIM所具备的可视化、协调性、模拟性等优势得以发挥，建筑业的发展方向正从BIM逐步走向智能建造。智能建造的技术体系是以BIM技术为核心，建立在物联网、云计算、大数据及面向服务架构等技术的基础上，形成一个高度集成的信息物理系统。智能建造的技术体系如图6-5所示。物联网通过各类传感器感知物理建造过程，经过接入网关向云计算平台传送实时采集的监控数据。云计算平台基于BIM的实时建造模型以及各项软件服务，为大数据的存储与应用提供了灵活且可扩展的信息空间，支持不同专业的项目管理人员在统一的平台上共享信息并协同工作。在信息空间中经过分析、处理与优化后形成的决策控制信息通过物联网反馈至物理建造资源，实现对施工设备的远程控制以及对施工人员的远程协助。

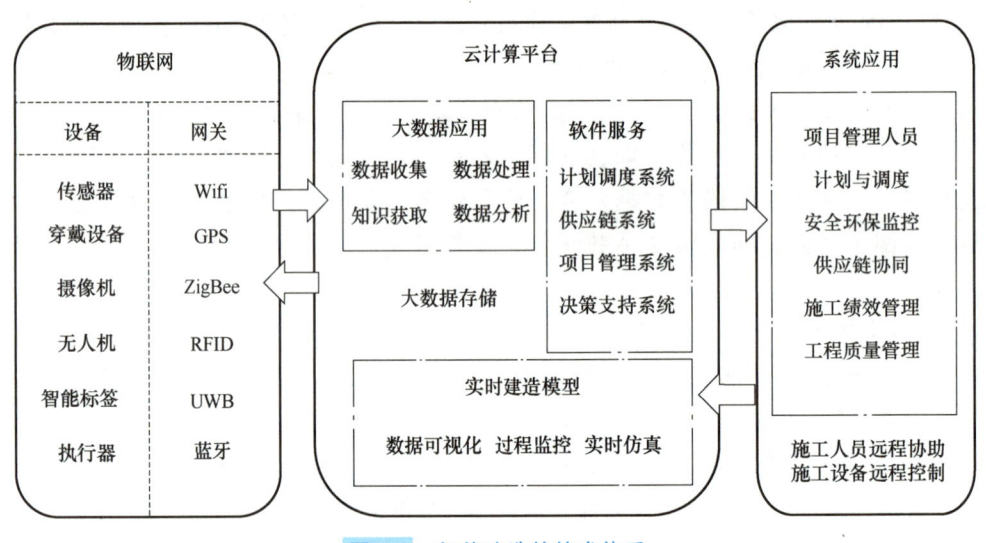

图6-5 智能建造的技术体系

6.4.2 案例分析

本节以国家速滑馆为例，说明智能建造对绿色建筑的有利作用。国家速滑馆（National Speed Skating Oval）又称为"冰丝带"，位于北京市朝阳区，是2022年北京冬奥会北京主赛区标志性场馆、唯一新建的冰上竞赛场馆。在冬奥会期间，它承担了速度滑冰项目的比赛和训练。"冰丝带"从技术工艺、材料选取、施工技法等多个方面都实现了创新和突破，形成了科技亮点纷呈、可供国际借鉴的中国方案。2018年2月，国家速滑馆工程开始建设。2018年9月30日，国家速滑馆混凝土主体结构完成。2019年年底，国家速滑馆项目基本完成。2021年1月22日，国家速滑馆首次制冰顺利实施，成功制出速度滑冰赛道；同年4月7日—4月10日，国家速滑馆举办了速度滑冰比赛。

国家速滑馆工程及红线内配套设施建设，规划总用地面积为166396m^2，包含速滑馆、东侧地下停车场及西侧地下停车场，总建筑面积约为129800m^2，南北长约为240m，东西宽约为174m，地下二层，地上四层，建筑高度为33.8m，总座席为12058座。国家速滑馆的屋盖呈马鞍形，外立面幕墙延续"冰丝带"的设计理念，由22条"冰丝带"随外立面环绕而成。

国家速滑馆采用了双曲面马鞍形单层索网结构屋面设计，是目前世界上规模最大的单层双向正交马鞍形索网屋面体育馆，速滑馆建设团队将这张索网称为天幕。采用这种结构设计，国家速滑馆的用钢量仅为传统屋面的四分之一。国家速滑馆索网结构是典型的柔性结构，屋盖结构跨度大，给索网结构的合理设计，精准仿真、安全稳定以及高效施工带来了巨大的技术挑战，人们通过对索网成型理论分析、多工况下数字仿真、1：12模型试验、环桁架预拼装，以及环桁架和索网智能安装等研究，设计出国内首个最大跨度单层索网+环桁架+幕墙拉索异面网壳高性能结构体系，研发了环桁架低高位变轨滑移、索网地面编索整体提升张拉建造技术，实现了超大跨度索网结构屋盖的平行施工和高效、高精度建造。

国家速滑馆项目充分利用绿色化、信息化、工业化等现代技术，研发了高性能结构体系、复杂曲面幕墙系统、单元式屋面板块、超大二氧化碳跨临界直冷制冰系统，开展了基于BIM技术的智慧场馆建造，智慧场馆集成应用，实现了建筑和结构的完美统一，创造了建筑工艺美学的新高度，并得到了国际奥委会和国际滑冰联盟的高度评价。

该项目体现的智能建造特征如下：

（1）基于三维可视化的施工进度管理　针对施工周期短、工期紧等问题，项目方研发了针对该工程的智建SaaS化管理平台。通过将Project计划进度关联到多维信息的轻量化云端建筑信息模型，工程师现场采集数据、拍摄照片并实时上传，实现实际进度与计划进度实时对比、多层级进度信息展示、关键线路及里程碑节点管控、轻量化三维模型施工进度管理。施工管理人员可通过计算机端、手机端直观掌握工程建设进度情况，辅助调配现场人、机、料等资源。

（2）基于仿真模拟的复杂结构高效施工　通过对土建结构、钢环桁架、索网进行基于多专业平行施工的仿真模拟，论证施工方案的可行性，最大限度地缩短工期。环桁架采取"南北区吊装+东西区滑移"的总体施工方案，索结构采取"地面拼装+整体提升"的总体施工方案。对于平行施工，即地下车库封顶后，在车库东西两端进行环桁架拼装；对于南北看台上部的环桁架，则在看台结构施工完成后，立即采用履带式起重机插入原位分段吊装；在地上结构施工的同时进行预制看台板安装；东西看台结构施工完成后，采用滑移施工方案将环桁架安装就位，与此同时，对已完成的预制看台采取防护措施，进行地上展索安装；最终实现混凝土结构、预制看台结构、钢环桁架、索网的平行施工。

（3）基于3D扫描的幕墙加工　在幕墙加工前，需先对主体结构进行扫描复测，扫描复测是指 S 形钢龙骨与幕墙索和环桁架连接点的定位测量。复测工作分为两个阶段进行：第 1 阶段在屋面索网张拉完成后立刻进行幕墙索平面投影的定位复测工作，验证屋面索网张拉过程中幕墙索的变形轨迹是否符合理论计算；第 2 阶段在屋面临时配重加载完成且环桁架支座锁死后，对墙索夹及环桁架预埋件位置进行复测，以确定 S 形钢龙骨支座牛腿的尺寸长度及建筑信息模型是否需要调整。通过扫描结构体，生成实测点位模型，依据实际点位进行 S 形钢龙骨 BIM 定位及化。通过建筑信息模型将 S 形钢龙骨由原来的带侧向弯曲的双弯构件优化成易于加工的单弯构件，提高钢结构加工可控性和可操作性，更易保障质量。考虑幕墙玻璃安装需求，将 M10 螺栓丝孔开孔大小及位置在 170mm×70mm×10mm 的横向龙骨的建筑信息模型上体现出来。将 S 形钢龙骨建筑信息模型通过插件导出为数控设备可用文件，将数控加工技术与数字设计技术对接，实现数据传递，保障异形钢板加工精度。S 形钢龙骨遵循"三点放平"原则，采用仿形胎架、三维坐标法进行构件组装，并在焊接过程中控制变形。

（4）基于大数据和人工智能的精细化管控　基于人工智能的劳务管理应用人脸识别技术，实现人脸识别与闸机联动，取代门禁卡等传统劳务管理手段；基于机器学习，实现系统自动识别工人不戴安全帽、抽烟等不文明行为，并联动广播，使后端管理人员及时进行处理；通过人脸搜索界面，拍摄作业人员照片并上传，实现实时匹配，从数据中调出该作业人员所有录入信息及人员轨迹，形成集团层面工人大数据挖掘和应用。实现施工现场、工人生活区、办公区的监控区域及主道路、重点文物的监控。塔式起重机上球机配合云台实现 720°旋转及变焦，实现运筹帷幄于千里之外；通过风速报警、防倾斜、禁行区域设置保护、防碰撞控制、制动控制、黑匣子等多种功能，辅助塔式起重机安全运行。

国家速滑馆是一个全生命周期的智慧化场馆，它引入了全新的 BIM 运维系统、一体化定位导航系统、数字孪生系统等，就像是给场馆配备了精于计算的"大脑"。在工程建设阶段，场馆应用 BIM 技术、机器人技术，先后破解了索网屋面、幕墙系统、制冰系统等建设难题。

6.5　智能建造与绿色建筑的未来发展

6.5.1　政策法规

2021 年 9 月，中共中央、国务院《关于完整准确全面贯彻新发展理念做好碳达峰碳中和工作的意见》提出提升城乡建设绿色低碳发展质量。具体包括以下方面：

（1）推进城乡建设和管理模式低碳转型　在城乡规划建设管理各环节全面落实绿色低碳要求。推动城市组团式发展，建设城市生态和通风廊道，提升城市绿化水平。合理规划城镇建筑面积发展目标，严格管控高能耗公共建筑建设。实施工程建设全过程绿色建造，健全建筑拆除管理制度，杜绝大拆大建。加快推进绿色社区建设。结合实施乡村建设行动，推进县城和农村绿色低碳发展。

（2）大力发展节能低碳建筑　持续提高新建建筑节能标准，加快推进超低能耗、近零能耗、低碳建筑规模化发展。大力推进城镇既有建筑和市政基础设施节能改造,提升建筑节能低碳水平。逐步开展建筑能耗限额管理,推行建筑能效测评标识,开展建筑领域低碳发展绩效评估。全面推广绿色低碳建材,推动建筑材料循环利用。发展绿色农房。

(3) 加快优化建筑用能结构 深化可再生能源建筑应用,加快推动建筑用能电气化和低碳化。开展建筑屋顶光伏行动,大幅提高建筑采暖、生活热水、炊事等电气化普及率。在北方城镇加快推进热电联产集中供暖,加快工业余热供暖规模化发展,积极稳妥推进核电余热供暖,因地制宜推进热泵、燃气、生物质能、地热能等清洁低碳供暖。

2021年10月24日,国务院印发的《2030年前碳达峰行动方案》提出加快推进城乡建设绿色低碳发展,城市更新和乡村振兴都要落实绿色低碳要求,具体包括以下方面:

(1) 推进城乡建设绿色低碳转型 推动城市组团式发展,科学确定建设规模,控制新增建设用地过快增长。倡导绿色低碳规划设计理念,增强城乡气候韧性,建设海绵城市。推广绿色低碳建材和绿色建造方式,加快推进新型建筑工业化,大力发展装配式建筑,推广钢结构住宅,推动建材循环利用,强化绿色设计和绿色施工管理。加强县城绿色低碳建设。推动建立以绿色低碳为导向的城乡规划建设管理机制,制定建筑拆除管理办法,杜绝大拆大建。建设绿色城镇、绿色社区。

(2) 加快提升建筑能效水平 加快更新建筑节能、市政基础设施等标准,提高节能降碳要求。加强适用于不同气候区、不同建筑类型的节能低碳技术研发和推广,推动超低能耗建筑、低碳建筑规模化发展。加快推进居住建筑和公共建筑节能改造,持续推动老旧供热管网等市政基础设施节能降碳改造。提升城镇建筑和基础设施运行管理智能化水平,加快推广供热计量收费和合同能源管理,逐步开展公共建筑能耗限额管理。到2025年,城镇新建建筑全面执行绿色建筑标准。

(3) 加快优化建筑用能结构 深化可再生能源建筑应用,推广光伏发电与建筑一体化应用。积极推动严寒、寒冷地区清洁取暖,推进热电联产集中供暖,加快工业余热供暖规模化应用,积极稳妥开展核能供热示范,因地制宜推行热泵、生物质能、地热能、太阳能等清洁低碳供暖。引导夏热冬冷地区科学取暖,因地制宜采用清洁高效取暖方式。提高建筑终端电气化水平,建设集光伏发电、储能、直流配电、柔性用电于一体的"光储直柔"建筑。到2025年,城镇建筑可再生能源替代率达到8%,新建公共机构建筑、新建厂房屋顶光伏覆盖率力争达到50%。

(4) 推进农村建设和用能低碳转型,推进绿色农房建设,加快农房节能改造 持续推进农村地区清洁取暖,因地制宜选择适宜取暖方式。发展节能低碳农业大棚。推广节能环保灶具、电动农用车辆、节能环保农机和渔船。加快生物质能、太阳能等可再生能源在农业生产和农村生活中的应用。加强农村电网建设,提升农村用能电气化水平。

2022年6月30日,住房和城乡建设部、国家发展和改革委印发《城乡建设领域碳达峰实施方案》提出了城乡建设领域碳达峰主要目标:2030年前,城乡建设领域碳排放达到峰值。城乡建设绿色低碳发展政策体系和体制机制基本建立;建筑节能、垃圾资源化利用等水平大幅提高,能源资源利用效率达到国际先进水平;用能结构和方式更加优化,可再生能源应用更加充分;城乡建设方式绿色低碳转型取得积极进展,"大量建设、大量消耗、大量排放"基本扭转；城市整体性、系统性、生长性增强，"城市病"问题初步解决；建筑品质和工程质量进一步提高，人居环境质量大幅改善；绿色生活方式普遍形成，绿色低碳运行初步实现。力争到2060年前，城乡建设方式全面实现绿色低碳转型，系统性变革全面实现美好人居环境全面建成，城乡建设领域碳排放治理现代化全面实现，人民生活更加幸福。

《城乡建设领域碳达峰实施方案》同时提出了建设绿色低碳城市、打造绿色低碳县城和乡村。

在全面提高绿色低碳建筑水平方面，持续开展绿色建筑创建行动，到2025年，城镇新建建筑全面执行绿色建筑标准，星级绿色建筑占比达到30%以上，新建政府投资公益性公共建筑和大型公共建筑全部达到一星级以上。2030年前严寒、寒冷地区新建居住建筑本体达到83%节能要求，夏热冬冷、夏热冬暖、温和地区新建居住建筑本体达到75%节能要求，新建公共建筑本体达到78%节能要求。推动低碳建筑规模化发展，鼓励建设零碳建筑和近零能耗建筑。加强节能改造鉴定评估，编制改造专项规划，对具备改造价值和条件的居住建筑要应改尽改，改造部分节能水平应达到现行标准规定。持续推进公共建筑能效提升重点城市建设，到2030年地级以上重点城市全部完成改造任务，改造后实现整体能效提升20%以上。推进公共建筑能耗监测和统计分析，逐步实施能耗限额管理。加强空调、照明、电梯等重点用能设备运行调适，提升设备能效，到2030年实现公共建筑机电系统的总体能效在现有水平上提升10%。

在推进绿色低碳建造方面，大力发展装配式建筑，推广钢结构住宅，到2030年装配式建筑占当年城镇新建建筑的比例达到40%。推广智能建造，到2030年培育100个智能建造产业基地，打造一批建筑产业互联网平台，形成一系列建筑机器人标志性产品。推广建筑材料工厂化精准加工、精细化管理，到2030年施工现场建筑材料损耗率比2020年下降20%。加强施工现场建筑垃圾管控，到2030年新建建筑施工现场建筑垃圾排放量不高于$300t/万m^2$。积极推广节能型施工设备，监控重点设备耗能，对多台同类设备实施群控管理。优先选用获得绿色建材认证标识的建材产品，建立政府工程采购绿色建材机制，到2030年星级绿色建筑全面推广绿色建材。鼓励有条件的地区使用木竹建材。提高预制构件和部品部件通用性，推广标准化、少规格、多组合设计。推进建筑垃圾集中处理、分级利用，到2030年建筑垃圾资源化利用率达到55%。

在推进绿色低碳农房建设方面，提升农房绿色低碳设计建造水平，提高农房能效水平，到2030年建成一批绿色农房，鼓励建设星级绿色农房和零碳农房。按照结构安全、功能完善、节能降碳等要求，制定和完善农房建设相关标准。引导新建农房执行《农村居住建筑节能设计标准》等相关标准，完善农房节能措施，因地制宜推广太阳能暖房等可再生能源利用方式。推广使用高能效照明、灶具等设施设备。鼓励就地取材和利用乡土材料，推广使用绿色建材，鼓励选用装配式钢结构、木结构等建造方式。大力推进北方地区农村清洁取暖。在北方地区冬季清洁取暖项目中积极推进农房节能改造，提高常住房间舒适性，改造后实现整体能效提升30%以上。

在推广应用可再生能源方面，推进太阳能、地热能、空气热能、生物质能等可再生能源在乡村供气、供暖、供电等方面的应用。大力推动农房屋顶、院落空地、农业设施加装太阳能光伏系统。推动乡村进一步提高电气化水平，鼓励炊事、供暖、照明、交通、热水等用能电气化。充分利用太阳能光热系统提供生活热水，鼓励使用太阳能灶等设备。

6.5.2 技术创新

我国在实施新型城镇化的进程中能源和环境的矛盾日益突出。绿色建筑将节能减排作为重要的评价指标之一。随着可持续发展和低碳的概念深入人心，在欧美发达国家，近零能耗建筑已经成为建筑行业节能的最新发展趋势。

近零能耗建筑（Nearly Zero Energy Building）一词源于欧盟。由于欧盟成员国经济不平衡、气候区跨度大，欧盟的《建筑能效指令》（Energy Performance of Building Directive Recast，简称为 EPBD）修订版定义近零能耗建筑为具有非常高能效的建筑，以各国实际情况为基础、以充分考虑节能技术成本效益比为前提，并没有统一明确的量化节能目标。对于近零能耗建筑，欧盟各国也存在不同的具体定义。如瑞士的近零能耗房（也称为迷你能耗房），要求按此标准建造的建筑其总体能耗不高于常规建筑的 75%（即节能 25%），化石燃料消耗低于常规建筑的 50%（可理解为节省一次能源 50%）；再如意大利的气候房是指建筑全年供暖通风空调系统的能耗在 $30kW\cdot h/(m^2\cdot a)$ 以下。近零能耗建筑的设计技术路线为强调通过建筑自身的被动式、主动式设计，大幅度降低建筑供热供冷的用能需求，并达到能耗控制目标绝对值的降低。欧盟于 2010 年 7 月 9 日发布了《建筑能效指令》（修订版），要求各成员国确保在 2018 年 12 月 31 日起，所有政府持有或使用的新建建筑为近零能耗建筑；自 2020 年 12 月 31 日起，所有新建建筑为近零能耗建筑。

近零能耗建筑由于其超低能耗、高热舒适等特点，越来越受到我国的关注。与欧美国家相比，在我国发展近零能耗建筑应从两个方面考虑。一方面，要符合我国国情，我国是发展中国家，经济条件和生活水平相对比较低，因此，需要在不断提升室内环境的情况下推动近零能耗建筑。另一方面，我国的建筑指标体系、气候条件、生活习惯、传统文化等，与欧美国家也具有较大的差异。并且我国不同年代的建筑能耗差异较大。具体到我国不同的气候分区和实际用能习惯，应该尽快制定适合我国国情的近零能耗建筑标准体系。考虑到我国节能减排工作的新要求，以及建筑节能标准体系、建筑节能产业支撑水平、自主知识产权和经济发展的现状，我国应借鉴国际建筑节能标准发展的经验，继续提升建筑节能标准，满足中国节能减排要求，不断提升建筑节能水平，将近零能耗建筑作为我国建筑节能工作的发展方向。发展近零能耗建筑还需要产业升级换代，满足市场的需求，充分考虑现有节能技术和产业支撑能力，促进产业升级。需要尽快出台行业技术指南或导则，从而科学评估既有和新建的近零能耗建筑。需要通过制定中长期目标，遵守市场规律，有序推广、认证近零能耗建筑，促进其在我国的健康发展，需要通过降低相关成本、提升性价比及扩大规模等措施推进近零能耗建筑市场化。从长远看，随着可再生能源利用和分布式能源应用将进一步提高节能水平，逐步在适当范围内推动近零能耗建筑迈向净零能耗建筑。

2010 年上海世博会的"德国汉堡之家"是我国引进的第一座经过认证的近零能耗建筑。"德国汉堡之家"的外形如同向 4 个方向打开的抽屉。通过一系列可再生能源（如太阳能）

的使用实现建筑能源供应的自给自足和零废气排放，结合上海的气候特点，创造出相对隔离的空间，无须采用任何取暖设备或空调就能保持舒适的室内温度和环境，整栋建筑运营耗能比传统建筑减少 90%。被动式能耗住房在能量利用效率方面的重要特征是通过调节空气循环系统进行采暖和制冷。这套空气调节系统的制冷负荷低于 $25\text{kW}\cdot\text{h}/(\text{m}^2\cdot\text{a})$，采暖负荷低于 $15\text{ kW}\cdot\text{h}/(\text{m}^2\cdot\text{a})$。该系统能够满足上海在炎热潮湿的夏季对于持续制冷的需求。"德国汉堡之家"的外部表面相对较小，这是该建筑在冬季热损失较小，而夏季温度保持比较适宜的主要原因之一。另外，获得高能效至关重要的措施是建筑围护结构有良好的气密性和保温性能。建筑外墙是绝缘密封的，空气通过一套通风系统进行室内室外自由流通，配合新型建筑材料，冬天将采集地热，夏天利用地下水降温，从而使室内气温常年保持在 20℃，不需要空调和暖气。外立面为大小不一的红砖，耐风雨，可自净、隔热，每扇窗的位置、大小都根据太阳照射的角度和形成的阴影经过精密计算。东、南、西三个立面上安装有自动化窗，可以根据光照自动开闭。对于被动式低能耗建筑来说，应尽量使冬季热量损失以及夏季热量进入降到最低。基于这样的考虑，"德国汉堡之家"在东、南、西三个方向上使用了厚重坚实的立面围护形式。具有高透光性能的玻璃幕墙与窗户都朝向北面，可以在防止热量进入室内的同时最大限度地进行采光。玻璃幕墙进一步加强了室内采光。其余的窗户则配备了专门的遮阳装置，可以根据太阳角度进行调节，能有效遮挡 70% 的阳光。窗户面积根据室内最佳自然采光的要求而定。夏季室内温度能够恒定地维持在舒适的 26℃。此外，该建筑也采用了多种节能技术。

6.5.3　社会认知

当今世界已经进入信息化、智能化和网络化时代，社会的发展与技术进步对建筑产生了巨大的影响。人们对建筑的需求已不满足于传统的抵御自然和舒适安全，而是在积极探索着针对外界气候条件的变化，利用建筑技术来智能地满足内部使用人员的多重需求。建筑不仅要舒适，还要更健康；建筑的室内空间不仅要能保护隐私和安静，还要能信息交互畅通，方便社交和生活便利，提升个人的创造力与工作效率。居住建筑和公共建筑实现服务个性化，而不再是千篇一律的标准式服务。在建造和运营过程中，要尽量保护环境节约资源和降低污染。

建筑是人们生活、工作的主要场所，人类超过 80% 的时间是在室内度过的，建筑的健康性能直接影响人的健康。绿色建筑旨在为人们提供健康、适用和高效的使用空间。室内环境质量是评价绿色建筑的重要指标之一。随着绿色建筑的发展及人们生活水平的逐步提高，人们追求健康生活的需求也越来越强烈。健康建筑的概念由此诞生，它是绿色建筑规模化发展之后更深层次的发展。健康建筑比绿色建筑更加关注人的身心健康。健康建筑除了涉及绿色建筑比较关注的建筑工程领域的专业学科之外，还涉及公共卫生学、心理学、营养学、社会科学、体育学等多个学科领域。健康建筑通过技术手段提升建筑的健康性能，促进建筑中人的健康，如保证要求更为严格的室内空气品质，通过技术措施及监控手段确保生活用水安全，根据人的生理规律营造不同的光环境、声环境、热湿环境，建筑场地具有促进健身和交流的空间，物业服务确保建筑健康性能的持续和更新等。

2016年10月我国发布《"健康中国2030"规划纲要》，提出到2030年具体实现"人民健康水平持续提升、主要健康危险因素得到有效控制、健康服务能力大幅提升、健康产业规模显著扩大、促进健康的制度体系更加完善"的目标。从绿色建筑基础之上发展而来的健康建筑可以为人们提供有利于健康的生产生活环境，促进健康生活方式的形成，为健康产业发展提供基础保障。

健康建筑的本质是促进人的身心健康，世界卫生组织给出了关于人体健康较为完整的科学概念：健康不仅指一个人身体没有出现疾病或虚弱现象，而且指一个人生理上、心理上和社会上的完好状态。因此，健康建筑的健康性能应涵盖生理、心理、社会3个方面要素。对比绿色建筑类的评价体系，表明：绿色建筑类的评价体系一般包括热舒适、室内空气品质、声学舒适性、视觉舒适性用户控制、户外空间质量等，个别还涉及水质、使用空间、虫害防治等，但均是建筑或场地本身性能的指标，对于人的健康行为和精神等方面并不涉及。中国建筑学会制定的《健康建筑评价标准》（T/ASC02—2016）定位于绿色建筑发展的更深层次需求，以使用者的"健康"属性为核心，以使用者的实际满意度为重点，适用于多种建筑类型，提升绿色建筑的品质，引领绿色建筑达到更高的目标。标准力求满足人们当前日益增长的健康需求，从与建筑使用者切身相关的空气、水、食品、适老、运动、心理、管理等方面入手，将建筑使用者的直观感受和健康效应作为关键性评价指标，着眼于令使用者真正成为绿色健康建筑的受益群体。与绿色建筑相比，健康建筑对建筑的健康性能要求更高且涉及的指标更广，健康建筑的一些关键性问题，特别是体现在运行效果上的问题，例如，室内各类空气污染物的有效控制、水质标准满足和高于现行标准要求的技术措施、建筑综合设计实现最优舒适度、老龄化背景下的建筑适老设计等，需要进一步研究和探索。

我国正在加快构建生态文明体系，为此需要全面推动绿色发展、循环发展、低碳发展。低碳家庭是实现低碳发展的基本单元和社会细胞，每个家庭和公民均应承担应有的社会责任、做出积极的贡献，在日常生活中崇尚节俭，厉行节约，尽可能降低能耗。

建筑使用者的行为方式会对建筑能耗产生影响。对于同样硬件技术条件的建筑，使用者使用模式不同，可能会导致最终巨大的能耗水平差异。因此，在全国范围内普及可持续发展理念和绿色低碳的生活方式尤其重要。

社会积极倡导绿色生活理念和绿色低碳生活方式，普及低碳知识，推行节能器具、鼓励旧物交换及回收利用；进行垃圾分类积分、绿色出行倡导、低碳家庭评选等各类活动，充分调动居民参与节能的热情，营造低碳氛围，引导居民节能绿色生活，资源节约循环利用，将绿色的生活理念、低碳的消费理念深植入公众心中，逐渐养成了人们健康、低碳的生活态度，绿色环保的生活方式。

政府还进一步增加了科技投入，提高自主创新能力，鼓励低碳技术创新，以技术提升实现节能减排；重视低碳新能源技术产品的推广应用，鼓励更多家庭参与低碳新能源利用；加快低碳能源开发利用，推进传统产业技术升级与污染减排；出台相关政策和制度措施，鼓励家庭实现低碳消费，对开发、使用低碳产品进行必要的税收减免和财政补贴，鼓励低碳消费行为和消费方式。

习题与思考题

1. 什么是绿色建筑？绿色建筑具有哪些基本特点？
2. 如何对建筑物碳排放量进行计算？
3. 绿色建筑设计如何考虑建筑节材技术的应用？
4. 建筑新能源技术主要包括哪些技术？
5. 什么是智能建造？智能建造的主要特点是什么？
6. 请阐述智能建造与绿色建筑的关联。
7. 在人们的普遍认识中，哪些符合绿色建筑理念？请举例说明。

第 7 章
固体废物低碳循环发展与综合利用

7.1 "双碳"目标下固体废物现状与形势

7.1.1 固体废物概述

1. 固体废物的概念与特征

1995 年我国首次颁布实施了《中华人民共和国固体废物污染环境防治法》(简称为《固体废物污染环境防治法》),并经多次修订。该法对固体废物的定义为:在生产、生活和其他活动中产生的丧失原有利用价值或者虽未丧失利用价值但被抛弃或者放弃的固态、半固态和置于容器中的气态的物品、物质以及法律、行政法规规定纳入固体废物管理的物品、物质。

"双碳"背景下固体废物现状与形势

从固体废物的定义可以看出,我国《固体废物污染环境防治法》规定固体废物需要符合一定的条件:应产生于人类的活动之中,是废的或者被弃的物质,是固态、半固态和置于容器中的气态的物质,对环境有可能产生污染。只有同时具备以上 4 个条件才是我国现行法律所规定的固体废物。

固体废物具有以下特征:

(1)双重性　固体废物的"废"具有时间和空间的相对性,从时间角度看,固体废物仅是在当前的条件下暂时无法加以利用;从空间角度看,固体废物仅相对于某一过程或某一方面没有使用价值,但并非在一切过程或一切方面都没有使用价值。

(2)潜在性、长期性和灾难性　固体废物具有产生量大、种类繁多、呆滞性大、扩散性小、来源分布广泛等特点,是多种污染物的终态,浓缩了许多污染成分,在自然条件下,固体废物中的一些有害成分会进入大气、水体和土壤中,参与生态系统的物质循环,危害生态环境和人体健康。在某种意义角度,固体废物,特别是有害废物对环境造成的危害要比水、气造成的危害严重得多。

2. 固体废物的产生

固体废物产生的根本原因是人类的社会经济活动,它的产生取决于科学技术水平、工艺设备以及人们的环境意识等多方面的因素。固体废物的产生大体上可分为生产过程和消费过程两类。

（1）生产过程　生产过程是现代人类社会固体废物的产生源。生产过程开始于原材料的获取，原材料的两个基本来源是农产品和矿产品。农产品的固体废物来源于种植业和畜牧业这两个农业的基本组成行业。其中，种植业产生以作物秸秆为代表的植物性残余；畜牧业产生以畜、禽、鱼等的排泄物为主的废物。矿产品的开采则属于工业的一部分，其采集对象包括金属、能源和建筑用岩石等，无论何种采集对象，开采过程中均会产生废物，其中又以金属尾矿、煤矸石等为主。在生产过程中对原材料进一步加工，仍然会产生固体废物。人类生产过程的每一个步骤都是固体废物的产生源，且生产过程的不同性质使每个产生源产生不同类型的固体废物。

（2）消费过程　除了生产过程以外，消费过程同样是固体废物产生的重要来源。农业消费产品在食用前的再加工过程会产生废物。超过消费使用期的工业消费产品也会成为固体废物。可以说，固体废物的产生来自人类的生活和生产的每一个环节。

3. 固体废物的分类

固体废物的分类方法很多，可以按组成、危险状况、形状、来源等进行分类。我国从固体废物管理的需要出发，将其分为工业固体废物、危险废物和生活垃圾三类。

（1）工业固体废物　工业固体废物（Industrial Solid Waste）是指各个工业部门在生产、加工过程中以及流通中所产生的废渣、粉尘、碎屑、污泥以及在采矿过程中产生的废矿石、尾矿等固体与半固体废物，是产生量最大的一类固体废物。工业固体废物主要来自生产环节，其种类与生产工艺密切相关。此外，由于原材料种类和性质的差异，排放的固体废物量也必然有很大的区别。

（2）危险废物　根据现行《固体废物污染环境防治法》中的规定，危险废物（Hazardous Waste）是指列入国家危险废物名录或者根据国家规定的危险废物鉴别标准和鉴别方法认定的具有危险特性的固体废物。危险废物的特性通常包括急性毒性、易燃性、反应性、腐蚀性、浸出毒性和疾病传染性。根据这些性质，各国均制定了相应的鉴别标准和危险废物名录。

（3）生活垃圾　生活垃圾（Municipal Solid Waste），是指城市居民在日常生活中或者为日常生活提供服务的活动中产生的固体废物，以及法律、行政法规规定视为生活垃圾的固体废物。生活垃圾的种类也随着城市建设的发展以及人们生活水平的提高而发生着变化，城市生活垃圾主要有居民生活废物、商业废物、街道保洁垃圾、其他类似居民区固体废物、其他城市设施维护废物及建筑垃圾等。其中，居民生活废物是指居民生活过程中丢弃的废物，这是城市生活废物的主体。农业固体废物（Agricultural Waste），也称为农业垃圾，是农业生产、农产品加工和农村居民生活排出的废物，主要包括农作物秸秆、畜禽粪便、农膜、农村生活垃圾等。农业固体废物的种类很多，通常归纳为4类：农田和果园残留物、牲畜和家禽粪便及栏圈铺垫物等、水产养殖废物及农产品加工废物，以及人类粪尿及生活垃圾。

4. 固体废物污染危害

（1）对土壤环境的影响　固体废物任意露天堆放，必将占用大量的土地，破坏地貌和植被。据估算，每堆积10000t废渣约占地667m²。固体废物及其淋洗和渗滤液中所含有害物质会改变土壤的性质和结构,并对土壤中的微生物产生影响。固体废物中的有害物质进入土壤后,还可能在土壤中发生累积。这些有害成分的存在不仅有碍植物根系的发育和生长,还会在植物有机体内积蓄,通过食物链危及人体健康。工业固体废物,特别是有害固体废物,经过风化、雨雪淋溶、地表径流的侵蚀,产生高温和毒水或其他反应,能杀灭土壤中的微生物,使土壤丧失腐解能力,导致草木不生。

(2) 对大气环境的影响　堆放的固体废物中的细微颗粒、粉尘等可随风飞扬,从而对大气环境造成污染。堆积的废物中某些物质发生化学反应,可以不同程度上产生毒气或恶臭,造成地区性空气污染。废物填埋场中逸出的沼气也会对大气环境造成影响,它在一定程度上会消耗填埋场上层空间的氧,使种植物衰败。此外,固体废物在运输和处理过程中,也能产生有害气体和粉尘。

(3) 对水环境的影响　固体废物进入水体后,不仅直接影响水生植物的生存环境,造成水质下降、水域面积减少等直接的恶劣影响,而且还可以通过食物链的作用,影响与水有关的动植物的生存。在世界范围内,有不少国家直接将固体废物倾倒于河流、湖泊或海洋。应当指出,这是有违国际公约,理应严加管制的。固体废物随天然降水或地表径流进入河流、湖泊,或随风飘迁落入河流、湖泊,污染地面水,并随渗滤液渗透到土壤中,进入地下水,使地下水污染;废渣直接排入河流、湖泊或海洋,能造成更大的水体污染。

7.1.2　固体废物的处理与综合管理

固体废物的处理是指将固体废物焚烧和用其他改变固体废物的物理、化学、生物特性的方法,达到减少已产生的固体废物数量、缩小固体废物体积、减少或者消除其危险成分的活动(即减量、减容、减毒)。固体废物的管理(Solid Waste Management)则主要是探讨固体废物从产生到最终处置对环境的影响及对策。对固体废物实行环境管理,就是运用环境管理的理论和方法相关的技术经济政策和法律法规,对固体废物的产生、收集、运输、贮存、处理、利用和处置及其各个环节都实行控制管理,开展污染防治,鼓励废物资源化利用,以促进经济和环境的可持续发展。

1. 固体废物的处理

(1) 固体废物的收集和清运　固体废物的收集与清运是连接废物产生源和处理处置系统的重要中间环节,在固体废物管理和处理工程中占有非常重要的地位。

固体废物的收集与清运主要包括对各处垃圾源的垃圾进行及时收集、集中贮存管理以及使用专用车辆装运到垃圾处理站的过程。城市垃圾收运由搬运贮存、垃圾的清除(清运)和垃圾的远途运输(转运)三大阶段构成一个收运系统。后两个阶段需要运用最优化技术,将垃圾根据垃圾源位置及垃圾性质分配到不同处置场,以使成本降到最低。该管理过程效率的高低主要取决于垃圾清运方式、收运路线设定、收集清运车数量及机械化装卸程度和垃圾类型、特性、数量等各种因素。

(2) 固体废物的预处理　固体废物的预处理是以机械处理为主,涉及废物中某些组分的简易分离与浓集的废物处理方法。预处理的目的是方便废物后续的资源化、减量化和无害化处理与处置操作。预处理技术主要有压实、破碎、分选和脱水等。用于改变废物的物理性质、减少体积和提高资源回收的效率。

1）压实：固体废物的压实是通过应用压力使废物减小体积。这可以通过使用压实设备（如压缩装置、撕碎机等）来实现。压实可以减少废物的存储空间和运输成本，并提高后续处理过程的效率。

2）破碎：固体废物的破碎是将废物物理地分解和细化，使其变得更易处理。这常常通过使用破碎机、粉碎机或颚式破碎机等设备来实现。破碎可以减小废物的体积，增加废物的表面积，使后续处理过程更加高效。

3）分选：固体废物的分选是根据废物的特性、目标物质的需求及后续处理要求，将废物进行分类和分拣。这可以通过人工分拣、自动分拣或机械分拣设备来实现。分选可以将可回收物分开，如纸张、塑料、金属等，以便进行有效的回收利用。

4）脱水：固体废物的脱水是去除废物中的水分，减少废物的湿度和重量。常见的脱水方法包括机械脱水、压滤、离心等。脱水可以降低废物处理成本，减小废物体积，方便后续处理和运输，同时提高水分回收的效率。

这些预处理技术可以单独或结合使用，根据废物的特性和处理要求灵活选择。它们能够改变废物的物理性质，减少废物的体积，并提高废物资源回收的效率，从而实现固体废物的可持续管理和最大限度地减小对环境的不利影响程度。

（3）固体废物的处理方法

1）垃圾焚烧：将固体废物在控制的环境中进行高温焚烧，以减少废物的体积和有机物含量。焚烧废物产生的热能可以用于发电，产生的废气应经过处理，以减少排放物。

2）垃圾填埋：将固体废物置于控制的填埋场中，通过土壤覆盖和压实的方式，使废物在封闭环境中分解和降解。填埋可以减少废物的体积，并通过收集和处理产生的废水和废气，控制环境污染。

3）物理处理：通过物理方法对固体废物进行处理，如粉碎、压缩、振动筛分等，以减小废物的体积和改变其物理性质。这些处理方法可以方便后续的储存、运输和处置，提升资源回收的效果。

4）化学处理：通过化学方法对固体废物进行处理（如酸碱中和、沉淀、氧化等），以降低废物的有害性或改变其化学性质。化学处理可以将有害物质转化为比较稳定和易于处理的形式，减少对环境和人体的潜在危害。

5）生物处理：通过利用生物活性物质（如细菌、真菌等）对固体废物进行降解和分解。生物处理可以将有机废物转化为有用的产物，如有机肥料或甲烷气体，同时减小废物的体积和对环境的污染程度。

在选择固体废物处理方法时应考虑废物的性质、数量、处置要求，以及环境和法规要求。综合考虑不同的处理方法和采取综合的废物管理策略，有助于减少固体废物对环境和人类健康的影响。

2. 固体废物管理原则

（1）"三化"处理处置原则　实行有效的固体废物管理政策，首先是控制其源头产生量，其次是开展综合利用，把固体废物作为资源和能源来对待，对实在不能利用的固体废物经压缩和无害化处理后，进行符合环境要求的最终处理，如卫生填埋等。通过对固体废物的全过程监控，基本实现"减量化、资源化、无害化"（简称为"三化"）原则的现代管理目标。

我国于 20 世纪 80 年代中期提出了"减量化、资源化、无害化"控制固体废物污染的技术政策，并确定未来较长一段时间内应以"无害化"为主。我国固体废物处理利用的发展趋势必然是从"无害化"走向"资源化"，"资源化"是以"无害化"为前提的，"无害化"和"减量化"则应以"资源化"为条件。

1）减量化。减量化是通过适宜的手段减少固体废物数量、体积，并尽可能地减少固体废物的种类，降低危险废物的有害成分浓度，减轻或清除其危险特性等，从"源头"上直接减少或减轻固体废物对环境和人体健康的危害，最大限度地合理开发和利用资源、能源。减量化是对固体废物的数量、体积、种类、有害性质的全面管理，开展清洁生产。减量化是防止固体废物污染环境的优先措施。

减量化的途径包括选用合适的生产原料、采用无废或低废工艺、提高产品质量和使用寿命、提高物品重复利用次数。废物综合利用是最根本、最彻底、最理想的减量化过程。

2）资源化。资源化是指采用适当的技术从固体废物中回收有用的组分和能源，加速物质和能源的循环，再创经济价值的方法。一切废物都是尚未被利用的资源，是人类拥有的有限资源的一部分，不能随意丢弃。

资源化的范畴包括物质回收，即处理废弃物并从中回收可回收物，如纸张、玻璃、金属等物质；物质转化，即利用废弃物制取新形态的物质，如利用废玻璃和废橡胶生产铺路材料，利用炉渣生产水泥和其他建筑材料，利用有机垃圾堆肥和生产有机复混肥料等；能量转化，即从废物处理过程中回收能量，如通过可燃垃圾的焚烧处理回收热量，进一步发电，利用可降解垃圾的厌氧消化产生沼气，作为能源向居民或企业供热或发电等。

3）无害化。无害化是指对已产生又无法或暂时不能资源化利用的固体废物，经过物理、化学或生物方法，进行对环境无害或低危害的安全处理、处置，达到废物的消毒、解毒或稳定化，以防止并减少固体废物的污染危害。例如，垃圾的焚烧、卫生填埋、堆肥、粪便的厌氧发酵、有害废物的热处理和解毒处理等。但需要注意：各种无害化技术的通用性是有限的，其优劣程度往往不是技术、设备条件本身所决定的。例如，垃圾的焚烧处理必须以垃圾含有高热值和可能的经济投入为条件。

（2）全过程管理原则　固体废物的污染控制与其他环境问题一样，经历了从简单处理到全面管理的发展过程。在初期，各国都把注意力放在末端治理上。在经历了许多事故与教训之后，人们越来越意识到对固体废物实行前端控制的重要性，于是出现了"从摇篮到坟墓（Cradle to Grave）"的固体废物全过程管理的新概念。目前，在世界范围内取得共识的解决固体废物污染控制问题的基本对策是"3C"原则（避免产生、综合利用和妥善处置）与"3R"原则（减量化、再使用和再循环）。对固体废物的产生、收集、运输、利用、贮存、处理和处置的全过程及各个环节都实行控制管理和开展污染防治。

（3）循环经济理念下的固体废物管理原则　将循环经济理念融入相关政府对固体废物的管理中，在固体废物管理和污染控制方面，需要体现循环经济的理念，主要是赋予政府责任，为推进固体废物循环利用创造条件、提供鼓励。为此，应促进循环经济发展，鼓励、支持开展清洁生产，减少固体废物的产生量。在政府责任方面，国务院有关部门、县级以上地方人民政府及其有关部门编制城乡建设、土地利用、区域开发、产业发展等规划，应当统筹考虑固体废物的综合利用和无害化处置，鼓励单位和个人优先购买再生产品和可重复利用产品。此外，还应针对报废产品、包装的回收，规定生产者的责任。

3. 固体废物管理的法律法规

解决固体废物污染控制问题的关键之一是建立和健全相应的法规、标准体系。20 世纪 60 年代以来，人们逐步加深了对固体废物环境管理重要性的认识，不断加强对固体废物的科学管理，并从组织机构、环境立法、科学研究和财政拨款等方面给予支持和保证。1965 年，美国制定的《固体废物处置法》是第一个关于固体废物的专业性法规。该法经多次修订，日臻完善，已成为世界上全面、详尽的关于固体废物管理的法规之一。后续美国颁布了《有害固体废物修正案》《综合环境对策保护法》等。日本关于固体废物管理的法规主要是《废弃物处理及清扫法》和《促进再生资源利用法》等。越来越多国家开展了固体废物及其污染状况的调查，并在此基础上制定和颁布了固体废物管理的法规和标准。

我国全面开展环境立法的工作始于 20 世纪 70 年代末期。在 1978 年的宪法中，首次提出了"国家保护环境和自然资源，防止污染和其他公害"的规定，1979 年通过了《中华人民共和国环境保护法》，这是我国环境保护的基本法，对我国环境保护工作起着重要的指导作用。2020 年 4 月 29 日，十三届全国人大常委会第十七次会议审议通过了修订后的《固体废物污染环境防治法》，自 2020 年 9 月 1 日起施行。我国颁布《中华人民共和国固体废物污染环境防治法》经过多次修订，共分为 9 章，内容涉及第一章总则，第二章监督管理，第三章工业固体废物，第四章生活垃圾，第五章建筑垃圾、农业固体废物等，第六章危险废物，第七章保障措施，第八章法律责任及第九章附则，这些规定已成为我国固体废物污染环境防治及管理的法律依据。

7.1.3 固体废物碳排放与低碳发展

根据《巴黎协定》，21 世纪内全球平均气温升幅限制在 2℃ 之内，同时寻求将气温控制在 1.5℃ 内的措施；当前，我国经济进入新常态，要实现碳达峰碳中和目标，应摒弃高碳能源支撑的经济发展方式，走低碳发展道路。

2022 年生态环境部等 7 个部门联合发布《减污降碳协同增效实施方案》，将温室气体减排和固体废物源头减量有机融合、一体推进，以固体废物源头减量化为着力点，推动生产生活绿色低碳转型；以固体废物资源化利用为突破口，促进资源节约高效利用；以固体废物无害化处理为关键点，协同减排温室气体与污染物。综上，固体废物污染防治是推动绿色低碳发展的关键举措。

1. 碳排放现状

固体废物是重要的碳排放源，其具有环境污染和资源利用双重属性，也具有碳排放和减排或固碳的双重特征。

自 2019 年推动"无废城市"建设试点以来，我国固体废物治理水平大幅提升，但仍面临极大的减排压力。

固废碳排放和减碳效益是国内外研究的热点,现阶段的研究重点应围绕固废碳排放或碳减排,以生活垃圾或与生物质类有机固废为主,也包含建筑废物、矿冶废物、危险废物(如医疗废物)、电子废物、废塑料等其他固废类别。此外,部分研究侧重于固废利用和处置过程的碳排放核算方法的合理性和准确性,或聚焦在固废减污降碳技术方面,探究优化的减碳工艺和方案。

2. 低碳发展

低碳发展的提出源于关于"低碳"或"减碳"概念的讨论。低能耗、低排放、低污染是低碳发展的三大基本特征,低碳发展本质上是一种经济社会发展模式,它强调的是经济制度和社会制度的创新。

为加快推动发展方式的绿色低碳转型,我国坚持将绿色低碳发展作为解决生态环境问题的治本之策,加快形成绿色生产方式和生活方式,厚植高质量发展的绿色底色。构建绿色低碳的循环经济体系,完善绿色低碳发展的经济政策,推进绿色低碳科技自立自强,可以为我国经济社会高质量发展积蓄绿色动能。我国重视绿色环保发展,在2019年的政府工作报告中出现"绿色环保产业"一词,将清洁生产、清洁能源等纳入进来,代替了以往的"节能环保产业",为环保产业的高质量发展指明了方向。绿色环保产业不仅服务于污染防治,还要为社会创造新的价值、利润增长点;不只局限于污染末端治理,还要统筹考虑全过程的资源、能源消耗和污染排放,从生活方式、工艺源头等方面寻找新的突破。近年,我国绿色环保产业蓬勃发展,清洁能源设备生产规模居世界第一位。2021年,我国绿色环保产业总产值超过8万亿元。

固废资源化利用产业是绿色环保产业的重要子领域,具有缓解资源短缺、减少环境污染的双重作用,可通过技术创新和商业模式创新持续提高废弃物转化的效率与效益。固废资源化利用产业的发展水平是地区生态文明建设水平的重要体现,是强化循环经济发展的重要举措,是全面推动绿色低碳发展的必由之路。但是,固废资源化利用产业的发展受能源结构、资源禀赋等因素影响,在今后及未来很长一段时期内仍面临产废强度高、综合利用产品附加值低等严峻挑战。随着新型"城市矿产"如电子废弃物、新能源电池、光伏器件等的产生,我国固废处理处置与资源化的任务日趋紧迫。

目前,我国的自然资源消耗量和由此产生的废物量均居世界第一位。固废主要来源于工业生产、城市生活和农业生产,其中工业固废处理量占总体固废处理量的83.34%,城市垃圾处理量、农业垃圾处理量的占比分别为9.9%、6.27%。固废资源化利用是变废为宝的过程,可以节约大量的资源,减少碳排放量,体现了建立和健全绿色低碳循环发展经济体系的根本宗旨。固废资源化利用产业是最易实现碳减排的环保细分领域。2021年,我国一般工业固废产生量约为4×10^9 t,综合利用量约为2.3×10^9 t,占产生量的57.1%。随着人民生活水平的不断提高和城镇化进程的不断推进,固废产生量呈逐年增长态势,固废资源化利用发展前景广阔。这为企业加快布局固废资源化利用、推动我国绿色环保产业从末端治理走向更有价值的资源化利用提供了发展基础。

3. 低碳发展技术

低碳发展技术是指在社会经济系统活动中,有助于提高能源利用效率、减少能源消耗和减少二氧化碳排放的相关技术。我国作为世界上主要的能源消耗和二氧化碳排放大国，低碳发展技术对于我国减少碳排放至关重要。"十三五"规划期间，发展低碳技术是我国实现节能减排目标和碳强度减排目标的重要途径。从技术类型上来看，低碳技术主要分为三大类：第一类为减碳技术，即通常意义上所说的节能减排技术，主要是指在高耗能和高排放领域及行业推广的提高能源利用效率并减少二氧化碳排放量的一类技术；第二类是零碳技术，即针对新能源和可再生能源发展的一系列应用技术；第三类是末端脱碳技术，即对已产生的二氧化碳进行收集或者利用的技术，如典型的 CCUS 技术。低碳发展技术是解决我国能源供需矛盾、减少我国二氧化碳排放量的重要途径之一。

虽然我国的低碳发展技术已经有了很大进步，但是仍然面临许多挑战，主要包括自主创新能力较弱、自主核心技术不足、融资渠道有限、部分新能源技术产能过剩和政策支持有待完善等。

为了使未来低碳技术得到充分发展，我国应继续淘汰落后技术设备，加快技术升级；对于目前已有的成熟低碳发展技术，应该加快普及应用速度；加快核心低碳技术的自主创新，重视基础理论研究，加强技术转化，逐渐摆脱对国外技术的依赖；积极寻求国际技术合作，建立有效的低碳技术国际合作机制；加快低碳发展技术相关的法制建设，完善技术政策支持。

7.1.4 固体废物低碳发展政策与建议

1. 固体废物低碳发展政策

近年来，我国政府针对固体废物低碳发展出台了很多政策法规，为固体废物处理处置的绿色、低碳、安全以及可持续发展保驾护航。《"十四五"城镇生活垃圾和处理设施发展规划》中提出，到 2025 年底，全国城市生活垃圾资源化利用率达到 60% 左右、垃圾分类收运能力达到 70 万 t/d 左右、垃圾焚烧处理能力达到 80 万 t/d 左右的目标。《"十四五"循环经济发展规划》提出，到 2025 年，循环型生产方式全面推行，绿色设计和清洁生产普遍推广，资源综合利用能力显著提升，资源循环型产业体系基本建立。废旧物资回收网络更加完善，再生资源循环利用能力进一步提升，覆盖全社会的资源循环利用体系基本建成。《"十四五"时期"无废城市"建设工作方案》提出，推动 100 个左右地级及以上城市开展"无废城市"建设；把实现减污降碳协同增效作为促进经济社会发展全面绿色转型的总抓手，充分发挥固体废物污染防治一头连着减污，一头连着降碳的重要作用。国家发展和改革委等十个部门联合发布《关于"十四五"大宗固体废弃物综合利用的指导意见》，意见指出，大宗固废综合利用水平不断提高，综合利用产业体系不断完善；产业间融合共生、区域间协同发展模式应不断创新；到 2025 年，利用规模不断扩大，新增大宗固废综合利用率达到 60%，存量大宗固废有序减少。《强化危险废物监管和利用处置能力改革实施方案》指出，到 2025 年底，建立健全源头严防、过程严管、后果严惩的危险废物监管体系。危险废物利用处置能力充分保障，技术和运营水平进一步提升。

2024 年 2 月发布的《国务院办公厅关于加快构建废弃物循环利用体系的意见》要求加快构建废弃物循环利用体系；遵循减量化、再利用、资源化的循环经济理念，以提高资源利用效率为目标，以废弃物精细管理、有效回收、高效利用为路径，覆盖生产生活各领域，发展资源循环利用产业；做到"系统谋划、协同推进；分类施策、精准发力；创新驱动、提质增效；政府引导、市场主导"；到2025年，初步建成覆盖各领域、各环节的废弃物循环利用体系，主要废弃物循环利用取得积极进展；到2030年，建成覆盖全面、运转高效、规范有序的废弃物循环利用体系，各类废弃物资源价值得到充分挖掘，再生材料在原材料供给中的占比进一步提升，资源循环利用产业规模、质量显著提高，废弃物循环利用水平总体居于世界前列。

另外，早在"十二五"期间，我国对钢铁、水泥、石化、建筑四大行业制定了减碳排放政策，例如，《水泥窑协同处置固体废物污染控制标准》《水泥窑协同处置固体废物环境保护技术规范》等，为固体废物的低碳发展提供了支持和指导。

2. 固体废物低碳发展建议

我国低碳发展的实现路径主要有三条：其一，大力加强能源节约，避免不必要的碳排放；其二，努力优化用能结构，提升我国能源结构的清洁化；其三，大力研发推广高新科技，利用技术进步催化低碳发展。其中，低碳技术的研发和推广是节约能源和优化能源结构的助推器。针对固废资源化利用产业低碳发展，具体的建议如下：

（1）推动产业化进程，促进多链条融合赋能　围绕工业行业集聚区，汇集上游原料与设备供应商、中游技术研发与供应商、下游产品使用与制造商，以及研究机构与行业管理部门，建立相关的固废资源化技术平台。在该平台集聚优质资源，不断优化产业生态，推动产业链上下游联动发展、共同成长，为我国固废资源化利用产业高质量发展提供有力支撑。建议引导和发展固废资源化利用产业的发展，加强产业链的合理配置，注重环境污染防治，集聚优势资源到大型园区、企业，使综合利用集中化、规模化、产业化，实现环境污染防治与经济效益提高的协同促进。同时，充分发挥固废资源化利用的碳减排潜力，助力实现"双碳"发展目标。建立废旧金属及废稀有金属等"城市矿产"回收利用体系，开展"城市矿产"开发利用关键共性技术推广应用，促进再生资源循环利用技术实现产业化，开发一批高品质资源化的产品。

（2）加大激励支持力度，夯实金融保障基础　针对固废资源化利用的投入成本较高、资金回报时间长、生产企业对固废资源化处理的积极性不强等，建议从减碳效应和环境效应多个角度进一步加强对固废资源化利用的重视程度，适时发布激励和优惠政策，加大对该行业的扶持力度。在金融保障方面，为固废资源化利用产业提供多元化的融资渠道，确保固废资源化利用资金投入的持续和稳定。具体来看，需要强化优惠政策的引导作用，对再生产品生产消费环节给予税收倾斜，同时加大财政支持力度；鼓励社会资金投入到固废资源化利用市场中，拓展投资渠道并保证其安全可靠；开展股权融资、企业债券融资等，解决固废资源化利用产业资金短缺问题，并以政策引领扩大二次产品的消费，协同推动产业发展。

（3）打造科创资源高地，强化项目示范引领　随着科技的不断进步，以及流体力学、热力学、材料学等基础学科的不断发展，固废资源化利用产业将不断推出更加先进、高效的技术，有效提升产品的性能，提高市场竞争力和创新能力，全面推动行业进步。建议加强废旧金属的回收和再利用，提高金属废料的分拣水平；发展畜禽粪便资源化技术，降低化工肥料的使用量；通过废纸造纸和再生塑料等二次再生产品代替原料制备产品，减少一次制备产品的能源消耗。提升固废资源化技术水平和应用范围，逐步改善节能环保企业的业务布局，扩张业务领域，提高资源循环利用效率。

加快制定有科学依据兼顾合理需求的固废资源化处理方案，实现固废的有效资源化利用。建议行业主管部门加强引导，推动产业集群、产业园区等集群式工业示范区的建设，对各行各业的固废资源化利用起到示范作用，进一步提高固废的收集与处理效率，实现固废资源化利用的可持续发展。此外，加强固废资源化利用技术创新，研发更高效的固废资源化工艺，推动科研成果转化。探索工业固废资源化利用的新途径、新产品、新技术，特别是与国家碳中和目标相结合，探索实现减碳无废的新路径。

（4）集聚人才优势，搭建高水平合作平台 注重创新人才引育，鼓励固废资源化企业加大科技、人才投入，加强企业与高校、科研院所的合作，推动建立"产学研用"技术性科创平台，为产业长远发展提供科技、人才支撑：一是，行业主管部门及时了解固废资源化利用的产业模式，鼓励企业学习先进的技术方式，提高从业人员的技术素养和管理水平，利于应对固废资源化利用的核心技术挑战；二是，推动固废资源化利用类科技项目的立项工作，鼓励并支持行业人才创新创业，坚持"以赛促学、以赛促教、以赛促创"，着力培养固废领域的创新创业人才；三是，加强固废资源化利用专业人才的培养，打造校企合作平台，培育高水平人才队伍，满足固废资源化利用产业高质量发展对科技创新人才的需求。

7.2 固体废物资源化技术与综合利用

固体废物的资源化与综合利用是指从固体废物中提取物质作为原材料或者燃料的活动（如物质回收、能量回收）。本节将以城市生活垃圾、农业固体废物、工业固体废物为例，对固体废物的资源化技术与综合利用途径进行相关介绍。

固体废物资源化技术与综合利用

7.2.1 城市生活垃圾资源化技术

1. 城市生活垃圾的来源、产量和危害

城市作为我国固废绿色低碳转型的主阵地，通过对固废治理政策进行分析可以发现，无论是持续深入推进垃圾分类，还是国家"无废城市"建设以及循环经济发展等，都与绿色低碳的发展方向相符。积极做到源头减量、两网融合、资源化处理和能量回收，响应"双碳"目标。

垃圾分类

城市生活垃圾（又称为城市固体废物）主要来自居民的生活与消费、市政建设和维护、商业活动、市区的园林绿化及市郊的耕种生产、医疗和旅游娱乐等过程，包括一般性垃圾、人畜粪便、厨房弃物、污泥、垃圾残渣、灰尘等物质。统计数字表明，城市生活垃圾的产量与城市规模、人口增长速度及城市居民生活水平成正比关系；由于工业的发展不平衡、城市现代化程度不同以及生活习惯等影响，不同地区垃圾的组成成分也有差别，但大体上可分为无机物和有机物两大类。随着经济的发展和人们生活水平的提高，垃圾的数量不断增加，垃圾的成分也发生了很大的变化，其显著特点：城市生活垃圾中的高热值可燃物含量明显增加。我国城市生活垃圾容器化收集率现已经达到85%以上，许多城市已大力推行垃圾收集袋装化，积极创造条件实施垃圾分类收集，避免或减轻了城市生活垃圾对城市生态环境的污染。实践证明，我国城市生活垃圾产量、成分及其垃圾收集运输方式的变化，将对我国城市生活垃圾处理产生积极影响。

垃圾中存在对人体有害的物质或者是有害微生物，这些污染物污染着土壤、空气与水体，并通过多种渠道危害人体健康。垃圾随意弃置，会严重破坏城市景观，未收集和处理的垃圾腐烂时具有明显的恶臭和毒性，直接危害人体；垃圾堆是蚊、蝇、鼠、虫等滋生的场所，为多种传染病提供了传播媒介；垃圾中的危害物污染空气、土壤与水体，通过食物等媒介或载体使有害物质侵入人体，使人受害。如果垃圾未做任何无害化处理，集中露天堆放对环境的危害很大。

未来在"双碳"目标的要求下，随着对垃圾资源化利用、减污降碳能力要求的提高，生活垃圾处理会逐渐向"精细化、资源化、低碳化"方向发展。

2. 生活垃圾资源化关键性技术

生活垃圾资源化关键性技术包括：

（1）缺陷地基土上高维卫生填埋技术　缺陷地基土上高维卫生填埋技术是一种在缺陷地基土上的卫生填埋技术。在传统的卫生填埋过程中，地基土质量良好是一个关键要求，而对于存在缺陷的地基土（如土壤不稳定、承载力低等），传统的填埋方法可能会导致地质灾害风险，从而影响周围环境和居民的安全。

缺陷地基土上高维卫生填埋技术采用特殊的填埋工艺。该技术的主要特点包括地基加固、垃圾分层填埋、沉降监测等通过采用缺陷地基土上高维卫生填埋技术，可以在保证卫生填埋的基础上，克服地基土质量不佳的限制，减少地质灾害的风险，并确保卫生填埋过程对周围环境和居民的安全性没有影响。

（2）焚烧能源化利用技术　堆置了数年，甚至数十年的垃圾经一定的预处理后，其热值较高，适合进行垃圾焚烧处理。例如，研究人员通过对填埋矿化垃圾组分的14年平均含量（干基）分析发现（表7-1），其成分比较单一，其中的可燃成分较多，塑料、木块和布料等非常容易分离。

表 7-1　填埋垃圾组分的 14 年平均含量（干基）

组分	含量（%）	组分	含量（%）
渣土	50.22	橡胶	2.99
塑料	25.51	布	2.04
砖头石块	10.94	金属	1.02
玻璃	3.46	骨头	0.32
木竹	3.35	纸张	0.15

在矿化垃圾中添加合适的可燃物和防止污染物排放的添加剂制成生燃料（RDF），可以改善燃烧性能，实现完全燃烧。最后，也可对矿化垃圾进行固体衍生燃料技术的开发，针对

我国生活垃圾热值较低的情况，在生活垃圾焚烧处置中要不断向焚烧炉添加辅助燃料（如煤粉或重油）以维持持续燃烧。填埋塑料的固体衍生燃料可以替代煤、重油等常规燃料。固体 RDF 的制备工艺流程简单，设备成本和运行成本低，热量回收有效率高。从整个社会的能源平衡角度和资源节约角度来讲，废塑料直接燃烧回收热能和制备固体衍生燃料将是填埋垃圾资源化的首选途径。

（3）裂解技术　裂解是利用有机物的热不稳定性，在无氧或缺氧条件下对其进行加热蒸馏，使有机物产生热裂解，生成小分子物质（如燃料气、燃料油）和固体残渣的不可逆的过程。

裂解和焚烧是两个完全不同的热化学转化过程，焚烧是一个放热过程，而裂解则需要吸收大量热量。其中生活垃圾的裂解处理在资源回收和减少二次污染等方面较焚烧处理具有更大的潜力和效益。固废裂解技术如下：

1）热解/热裂解（Pyrolysis/Thermal Cracking）：通过高温（通常在 300~800℃）无氧条件下，将固体废物加热分解为气体、油状物和固体残渣。这些产物可以进一步用于能源回收、化学品生产等。

2）水热裂解（Hydrothermal Cracking）：在高温高压的水环境下进行固废处理。水热裂解可以将有机固废转化为液体燃料、化学品，还能将某些无机固废转化为无机盐。

3）生物裂解（Biological Cracking）：利用微生物或酶的作用将固体废物降解、分解为较小的有机分子。

4）电化学裂解（Electrochemical Cracking）：利用电化学反应将固体废物进行分解。该技术可以高效地处理含有金属离子的废物，并将其还原或转化为无害的形式。

5）催化裂解（Catalytic Cracking）：在催化剂的作用下，使固体废物分子间的键断裂，从而转化为化学品或可燃性气体。这种技术通常用于处理塑料废物，将其转化为石油产品或合成气体。

这些固废裂解技术可以减小废物的体积、改变废物的性质，并大限度地回收利用资源。但是，裂解技术也面临着挑战（如处理温度、处理时间、废物处理后的残留物等问题），需要综合考虑技术可行性、经济性和环境影响。因此，在实际应用中，需要根据废物的性质和处理要求选择合适的裂解技术。

（4）堆肥与机械生物处理技术

1）堆肥化。堆肥化（Composting）是在控制条件下，利用自然界广泛分布的细菌、放线菌、真菌等微生物，促进垃圾中的有机成分发生生物稳定作用，使可被生物降解的有机物转化为稳定的腐殖质的生物化学过程。堆肥化的实质是生物化学过程，堆肥产品对环境无害，即废物达到相对稳定。堆肥化的产物称为堆肥（Compost），是一种深褐色、质地疏松、有泥土气味的物质，类似于腐殖质土壤，故也称为腐殖土。堆肥具有一定肥效，可作土壤改良剂和调节剂。

按照堆肥过程中物料的运动方式、微生物对氧的需求、堆肥的堆制方式，以及发酵历程的不同，堆肥处理分为不同的工艺类型。

按照堆肥过程中物料的运动形式分类：①静态堆肥是指有机垃圾等堆肥原料批式堆积，

在堆肥过程中不再添加新的原料,也不进行翻堆,待其发酵完成或腐熟后,结束处理。对好氧堆肥而言,堆肥过程中气的需求主要靠自然通风或强制通风方式进行。静态堆肥适合于规模较小的堆肥处理,常采用露天的静态强制通风垛形式(图7-1),或在密闭的发酵池、发酵箱、静态发酵仓内进行,该方式也称为固定床(堆)堆肥法,有强制通风方式的则称为固定床(堆)强制通风堆肥法。②间歇式动态堆肥采用静态一次发酵的技术路线,将原料分批进行发酵一般采用间歇翻堆的强制通风垛或间歇进出料的发酵仓。其特点是采用分层均匀进出料方式:一次发酵仓底部每天均匀出料一层,顶部每天均匀进料一层,分层发酵。发酵仓内一直控制着一定温度,促使菌种在最佳条件下繁殖,每天新加的垃圾迅速发酵分解,底部已熟化的垃圾及时排出,这样大大缩短了发酵周期(发酵周期为5d左右),发酵仓数也可比静态一次性发酵工艺减少一半。对于高有机质含量的物料,在采用强制通风的同时,用翻堆机械将物料间歇性地翻堆,以防止堆肥物料结块,使其混合均匀,有利于通风,从而加快发酵过程,缩短发酵周期。间歇式发酵装置有长方形池式发酵仓、倾斜床式发酵仓、立式圆筒形发酵仓等,它们各配设通风管,有的还配设搅拌或翻堆装置。

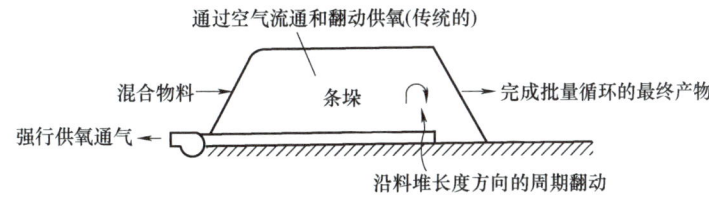

图 7-1　静态强制通风垛形式

按照微生物对氧的需求分类:①好氧堆肥是指在有氧条件下,好氧微生物对有机物进行分解发酵的过程。好氧堆肥堆温高(一般在55℃以上,极限可达80℃),周期为7~11d,也称为高温堆肥法。由于好氧堆肥法具有堆肥周期短、无害化程度高、卫生条件好、易于机械化操作等优点,在污泥、城市垃圾、畜禽粪便和农业秸秆等处理中被广泛采用。②厌氧堆肥是依赖厌氧细菌的作用对有机废物进行分解发酵的过程。厌氧堆肥的特点是工艺简单。通过堆肥自然发酵分解有机物,不必由外界提供能量,因而运转费用低。对于产生的甲烷,若处理得当,还有加以利用的可能。但是,厌堆肥具有周期长(一般需要3~6月)、易产生恶臭、占地面积大等缺点,因此厌堆肥不适合大面积推广应用。

按照堆肥的堆制方式分类:①开放式堆肥也称为非发酵仓式堆肥或条垛式堆肥,是将堆肥原料在开放的场地上(露天的或在大棚下)堆成条垛或条堆进行发酵。通过自然通风、翻堆或强制通风方式,以供给有机物降解所需的氧气。这种堆肥所需设备简单,成本投资较低。其缺点:占地面积大,受气候的影响大,有恶臭,易引起蚊蝇、老鼠的滋生。这种堆肥在农村或城市郊区有应用。此外,专用于畜禽粪便处理的格式堆肥系统也属于开放式堆肥。②封闭式堆肥也称为发酵仓式或装置式堆肥,是将堆肥物密闭堆肥发酵设备(如发酵培、发酵仓)中,通过风机强制通风。装置式堆肥的机械化程度高,堆肥时间短,占地面积小,卫生,堆肥质量可调控,适用于大规模工业化生产,但投资与运行费用较大。

按照发酵历程分类:①一次发酵也称主发酵,包括好氧堆肥过程的中温与高温两个阶段的微生物代谢过程,是指从发酵初期开始,经中温、高温然后温度开始下降时为止的整个过程,一般需7~12d,高温阶段的持续时间较长。一次发酵系统工艺流程如图7-2所示。②二次发酵也称后发酵或后熟,经过一次发酵后,堆肥物料中的大部分易降解的有机物已经被微生物降解了,但还有一部分易降解和大量难降解的有机物存在,需将其送到发酵仓进行二次发酵,使其腐熟。在此阶段往往不再强制通风,让物料自然堆积发酵,特殊情况下也可进行翻堆。二次发酵时间一般需要20~30d。

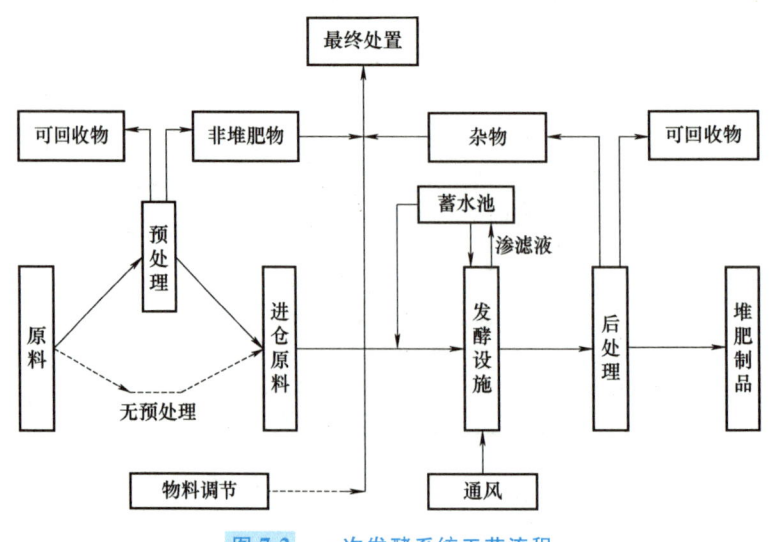

图7-2 一次发酵系统工艺流程

2)机械生物处理。机械生物处理(Mechanical Biological Treatment,简称为MBT)既属于机械处理又属于生物处理。机械处理是利用机械设备对生活垃圾进行分选、破碎等,常见的机械处理有筛分、磁选、风力分选、涡流分选、破碎、烘干等,不同的机械处理工艺有相应的机械设备。生活垃圾的生物处理主要包括好氧堆肥处理和厌氧消化处理。含水量较低的可生物降解的有机垃圾如秸秆和庭院垃圾等,适宜堆肥处理;含水量较高的厨余、食品类垃圾更适合厌氧消化处理,如对其进行堆肥处理,需要添加木屑等骨料来保证物料的透气性,从而完成好氧堆肥过程。

机械生物处理作为单独的垃圾处理技术时,通常体现为好氧堆肥处理技术或厌氧消化处理技术。

3. 静脉产业园

静脉产业园是指从事静脉产业企业为主体建设的生态工业园区,也就是从事废旧物资再资源化的同类企业的集合。建设静脉产业园是发展循环经济、实施可持续发展战略的重要措施。废弃物综合利用实现了一举多得,既充分利用了废弃资源和能源,又降低了企业的能源和原材料消耗,使生产成本下降,实现了节能增效,同时有效减小了废弃物对环境造成的不良影响。

目前,我国已经批准了56个国家级试点生态产业园区的建设。我国主要静脉产业园区的情况见表7-2。

表 7-2　我国主要静脉产业园区的情况

园区名称	园区主导产业
长三角循环经济产业园	国外进口及国内回收的七类、十类废物资拆解，再生资源市场与废旧物资交易市场，物流，环保装备设备制造业等
青岛新天地生态产业园	国内首个国家级静脉产业类生态正业示范园区，主导产业为危险废物处理处置、工业固体废物再资源化、医疗废物最终处置、环保产品开发等
汨罗再生资源产业园	铜、铝、塑料等再资源化产品的生产，再生资源市场建设
烟台生态工业园区	汽车、电子、化纤、木材加工、食品加工等行业产生的废旧物资再生加工处理
清远循环经济产业区	废旧电路板拆解、有色金属再生拆解等
台州生态工业区	废旧五金拆解、装备制造业
辽宁环保静脉园	危险废旧物资处理（废旧锌锰电池无害化处理、低温裂解废旧轮胎和塑料等）
河北再戈静脉产业园	废钢铁加工处理、报废汽车拆解、废塑料加工处理、废旧电子信息产品处理、废有色金属加工处理、废旧橡胶加工处理、发动机再制造、再生资源处理设备制造
宁波市再生资源产业园	废旧轮胎，废旧家电及电子产品等回收处理和利用
东港再生资源产业园	废旧五金、废旧塑料等再生处理
福建华闽再生资源产业园	废塑料、废电子电器、城市工业废弃物加工利用和再生资源产品物流等
吴川环保再生资源产业园	废旧塑料再生处理
兰州再生资源产业园	建设塑料废纸加工、废旧金属加工处理、废橡胶加工利用处理、报废汽车回收拆解和废旧电子产品回收加工

4. 环卫管理

环卫管理是环境卫生管理的简称，是指为了创建清洁、舒适、优美的自然环境和社会环境，采用行政、经济、法律、科技、宣传教育等手段，对环境卫生工作实施的决策、规划、组织、协调、监督等全方位管理。环卫管理具有综合性、开放性、动态性。环卫管理的作用是促进和实现环境卫生服务的有效供给，满足人们对生活、工作环境质量的需要。

国内外环卫管理实例众多，例如德国的垃圾分类及处理和北京的环卫数字化管理。北京市丰台区环境卫生服务中心投资建立了"环境卫生监控管理指挥调度系统"，设置 1 个指挥中心和 13 个分中心。该管理系统分为软件和硬件两部分。硬件包括外部设备和辅助支持设备。软件为指挥中心和分中心的网络平台，应用了 GPS、GIS、GPRS 和计算机网络技术。目前，该中心 700 余名驾驶人信息纳入系统管理，600 余辆机扫车、垃圾清运车、粪便清掏车、检查车上安装了监控设备，14 辆移动视频检查车作为实时传输点在主要道路巡回检查，14 处作业停放区域安装了视频监控设备，提高了环境卫生作业服务和安全管理水平。

7.2.2　农业固体废物资源化技术

1. 农业固体废物的来源

农业固体废物的来源如下：

（1）畜禽养殖废弃物　畜禽养殖废弃物是指养殖过程中产生的固体、液体或气体废弃物，包括动物粪便、尿液、废饲料、副产品、废水和气体等。这些废弃物是畜禽养殖活动的副产品。畜禽养殖废弃物的产生量取决于养殖规模、养殖动物的数量和种类、饲料管理、清洁措施、废物处理方法等因素。规模较大的养殖场通常会产生大量的废弃物，需要采取有效的处理措施来减少环境污染和资源浪费。

（2）农作物秸秆　农作物秸秆是指农田中割取下来的植物茎秆、根系和叶片等部分的残余物，是农作物生长周期结束后剩余的植物材料。农作物秸秆的产生量受多种因素影响，如农作物种植面积、品种、种植密度、农田管理措施和收割方式等。秸秆的产生量随着农作物产量和种植区域的增加而增加。合理利用农作物秸秆对于农田管理、土壤保护和资源回收具有重要意义。

（3）农用塑料残膜　我国农膜覆盖面积已经位居世界首位。农膜的使用，获得了巨大的经济效益和社会效益，但是地膜成本低，易破碎，难回收，也带来了严重的环境污染问题。

2. 农业固体废物的资源化技术

农业固体废物的资源化技术如下：

(1) 畜禽粪便的资源化技术

1) 饲料化技术。将畜禽粪便饲料化的方法有：用新鲜粪便直接做饲料、制作青贮和干燥法等。

2) 能源化技术。畜禽粪便转化成能源在草原上采用的是直接燃烧和沼气法等。沼气法的原理是利用厌氧细菌的分解作用，将有机物（如碳水化合物、蛋白质和脂肪）经过厌氧消化作用转化为沼气和二氧化碳。沼气法具有生物多功能性，既能够营造良性的生态环境、治理环境污染，又能够开发新能源，为农户提供优质无害的肥料，从而取得综合利用效益。

3) 除臭技术。畜禽粪便的除臭主要包括物理除臭、化学除臭、生物除臭三个方面，主要包括吸收法、吸附法和氧化法等。①吸收法，吸收法是使混合气体中的一种或多种可溶成分溶解于液体之中，依据不同对象而采用不同方法，例如，凝结堆肥排出臭气的去除方法是当饱和蒸汽与较冷的表面接触时，温度下降面产生凝结现象，这样可溶的臭气成分就能够凝结于水中，并从气体中除去；②吸附法，吸附法是将流动状物质（气体或液体）与粒子状物质接触，这类粒子状物质可从流动状物质中分离或贮存一种或多种不溶物质，活性炭、泥炭是使用广泛的除臭剂，熟化堆肥和土壤也有较强的吸附力；③氧化法，有机成分的氧化结果是生成二氧化碳和水或是部分氧化的化合物，无机物的氧化则不太稳定，例如，硫化氢可以氧化成硫或硫酸根，热的、化学的和生物的处理过程都是可以利用的；④掩蔽剂，在排出气流中可以加入芳香气味以掩蔽或与臭气结合，这种产物通常是不稳定的，并且气味可能比原有臭味还难闻，已很少应用；⑤高空扩散，将排出的气体送入高空，利用大气自然稀释臭味，适用于人烟稀少地区。上述方法如吸附、凝结和氧化等在去除低浓度臭味时效果较好，但对高浓度的恶臭气体除臭效果不理想。畜禽粪便处理厂产生的臭味浓度高，因而有必要在畜禽粪便降解转化（好氧发酵）过程中减少氨等致臭物质的产生。

(2) 农作物秸秆的综合利用

1) 秸秆还田技术。利用多种形式的秸秆还田，可提高土壤有机质含量，改良土壤质地,增强保水保肥能力、是保持土壤养分平衡、实现可持续农业的重要战略措施。主要包括秸秆粉碎、氨化、青贮、微贮后过腹还田、牲畜垫圈还田、秸秆覆盖直接还田、秸秆综合利用还田和秸秆快速堆沤还田及速腐技术等。

2) 秸秆能源技术。包括:①秸秆直接燃烧供热技术,秸秆直接燃烧作为传统的能量转换方式,成本低、易推广;②秸秆气化集中供气技术,它是生物能高品位利用的一种主要转换技术,是通过气化装置将秸秆、杂草及林木加工剩余物在缺氧状态下加热反应转换成燃气的过程。秸秆经适当粉碎后,由螺旋式给料机(也可人工加料)从顶部送入固定床下吸式气化反应器,经不完全燃烧产生的粗煤气(发生炉煤气)通过净化器内的两级除尘器去尘,一级管式冷却器降湿、除焦油,再经箱式过滤器进一步除焦油、除尘,由罗茨风机加压送至湿式贮气柜,然后直接用管道供用户使用。由不同的气化装置转换成的燃气成分和发热量是不同的,秸秆气化集中输供系统通常由秸秆原料处理装置、气化机组、燃气输配系统、燃气管网和用户燃气系统五部分组成。

3) 秸秆压块成型炭化技术。①成型"秸秆炭",秸秆的基本组织是纤维素、半纤维素和木质素,它们通常在 $200\sim300℃$ 下软化,将其粉碎后,添加适量的黏结剂和水混合,施加一定的压力使其固化成型,即得到棒状或粒状"秸秆炭",它具有一定的机械强度,容重为 $1.2\sim1.4g/cm$,热值为 $14\sim18MJ/kg$,具有近似于中质烟煤的燃烧性能,而含硫量低、灰分小;②秸秆"生物煤",炭化技术就是利用炭化炉将秸秆压块进一步加工处理成为蜂窝煤状、棒状、颗粒状等多种形状的固体成型燃料,这种燃料具有易着火、干净卫生、使用方便、燃烧效率高的特点,而且造成的环境污染较小,因此被称为生物煤,生产 1t 生物煤成本约为 70 元,在非产煤区比煤炭更便宜,因此值得大力推广。

(3) 农用废塑料回收加工利用 在我国大多数地膜应用区域,人工捡拾仍然是残膜回收主要方式之一。适期揭膜技术就是根据农作物种类和区域条件,形成合理的揭膜时间和揭膜方式,在地膜完成其功能后且又未老化破损前进行揭膜回收,提高地膜回收率。在使用该技术时要因地制宜,适应区域和种植对象,正确选择地膜回收方法。

机械回收是国外残膜回收的主要技术途径。为了便于回收,这些国家使用的地膜较厚,一般为 $0.020\sim0.050mm$,可连续用 $2\sim3$ 年,主要采用收卷式回收机进行卷收。我国的农用地膜很薄,我国已研发出的残留地膜回收机主要有滚筒式、弹齿式、齿链式、滚轮缠绕式和气力式等。废旧塑料用作裂解产油和废旧塑料用作沥青改性等新兴技术也逐渐出现。

3. 农业固废资源化案例分析

(1) 反应器堆肥技术模式 反应器堆肥是将易腐垃圾、人畜粪便、农作物秸秆等有机废弃物,置入一体化、密闭的堆肥反应器进行好氧发酵。常见的有箱式反应器、立式筒仓反应器、卧式滚筒反应器等。原料经除杂、粉碎、混合等预处理后,调节含水率至 $45\%\sim65\%$,置入反应器进行高温堆肥。反应器堆肥发酵温度达到 $55℃$ 以上的时间应不少于 5d,以达到病原菌灭活效果。发酵产物腐熟后可还田利用,也可用于生产有机肥、栽培基质等。该技术模式自动化水平较高,便于臭气、渗滤液等污染物收集处理,但相比于简易堆沤,还田建设成本较高。反应器堆肥技术模式示意图如图 7-3 所示。

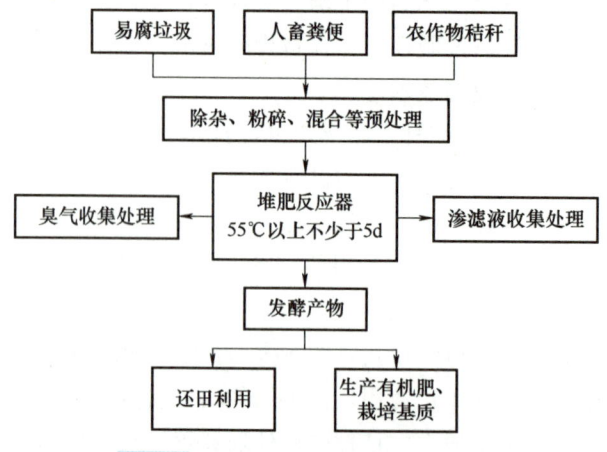

图 7-3　反应器堆肥技术模式示意图

【案例 7.1】　浙江省衢州市衢江区某农业固废资源化项目覆盖 4 个村约 1.1 万人。该项目于 2019 年投入运行，主要处理厨余垃圾等易腐垃圾，设计处理能力为 5t/d，并预留了一定的拓展空间，目前实际处理有机废弃物 12t/d。在投资建设方面，政府投资 270 万元，建设易腐垃圾处理站。该项目主要包括厂房、堆肥反应器垃圾分选及储存设施、制肥设备、渗滤液处理设备、除臭设备等，占地面积为 2530m²。在运营管理方面，保洁员引导村民进行垃圾分类，将易腐垃圾投放至暂存点，由清运员收集后运至处理站。第三方负责处理站运维管护，费用由政府承担，用工 2 人，综合运行成本约为 220 元/t。在资源化利用方面，年可产有机肥约 140t，用于周边园林绿化，渗滤液处理达标后排入市政管网。

（2）蚯蚓养殖处理有机废弃物技术模式　蚯蚓养殖处理是将畜禽粪污、易腐垃圾、农作物秸秆等有机废弃物，按一定比例混合、高温发酵预处理后，经过蚯蚓过腹消化实现高值化利用。蚯蚓粪可用于还田利用或生产有机肥，成品蚯蚓可用于提取蚯蚓活性蛋白等。需配套原料预处理设备、幼蚓繁育设施、养殖场地等。该技术模式资源化利用率较高、经济效益较好，但需配套土地用于养殖蚯蚓并采取污染物防控措施，对养殖技术、管理水平、气候条件要求较高。此外，一些地方也在探索通过养殖黑水虻、蟑螂等处理农村有机废弃物。蚯蚓养殖处理有机废弃物技术模式示意图如图 7-4 所示。

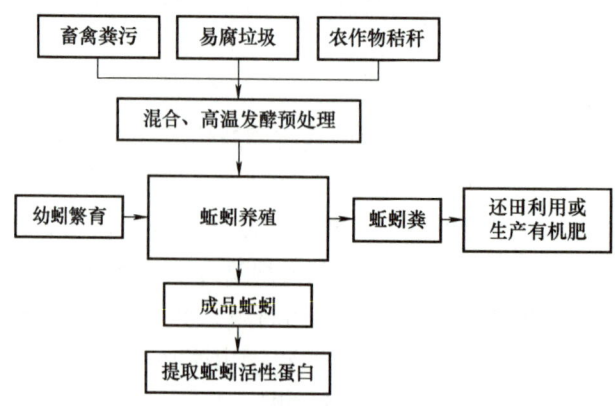

图 7-4　蚯蚓养殖处理有机废弃物技术模式示意图

【案例 7.2】 天津市静海区某农业固废资源化项目覆盖 34 个村约 3 万人。该项目于 2011 年投入运行，主要处理畜禽粪污、农作物秸秆、尾菜、厨余垃圾等有机废弃物，设计处理能力为 140t/d，目前实际处理有机废弃物 110t/d。在投资建设方面，合作社投资 310 万元，建设蚯蚓养殖生产车间，配套购置粉碎机、蚯蚓收获机、电动喷雾器等，占地面积为 560m^2。同时，流转 600 亩林木基地用于林下蚯蚓养殖。在运营管理方面，周边养殖场将畜禽粪污运送到处理站并支付一定费用，农村易腐垃圾和散养粪便委托社会化服务组织收集运送，农作物秸秆等辅料采用协议收购。合作社负责运维管护，用工 30 人，综合运行成本约为 75 元/t。在资源化利用方面，每年可产蚯蚓粪肥约 1 万 t，作为肥料销售；每年可产鲜蚯蚓约 150t，用于垂钓和蚯蚓产品深加工。

4. 农业碳中和三步走

在全球推进碳减排过程中，越来越多人形成共识，未来农业会成为碳中和的主力军，农业碳中和所得收益会远远超出农产品收益。我国的农业面临着保障粮食安全的重大任务，农业固碳减排还将为国家碳中和目标的实现贡献自己的力量。此外，农业低碳发展是实施乡村振兴战略的主要动力，也是确保碳达峰、碳中和目标实现的重要支撑。

中国农业科学院农业环境与可持续发展研究所提出了农业碳中和的 3 个途径：

1）提高生产效率，降低单位产量或产品的排放强度，如采用水稻间歇灌溉控制甲烷、提高肥效降低 N_2O 排放，以及改善动物健康和饲料消化率，减少 CH_4 产生，提高畜禽废弃物利用率和效率，减少甲烷和氧化亚氮排放等措施，降低农业温室气体的排放强度。

2）改善土壤质量，提高农田和草地固碳增汇能力，包括保护性耕作、秸秆还田、有机肥施用、人工种草和草畜平衡等，通过提升农田草地有机质可增加温室气体吸收和固定二氧化碳的能力，使农田从碳源转为碳汇。

3）推进可再生能源替代，抵扣生产生活能源碳排放。秸秆、畜禽粪便等生物质可生产生物天然气、生物液体燃料、燃烧发电等可再生能源，可以抵扣生产生活使用的化石能源的排放，助力碳达峰、碳中和。

上述 3 个途径将有利于我国农业逐步推进碳中和目标，大幅增加农业生产过程的碳汇，逐步实现农业农村内部的碳中和，为全国的碳中和做出更大的贡献。

7.2.3 工业固体废物资源化技术

1. 工业固体废物的来源

按产生的行业不同，工业固体废物可以分类如下：

1）采矿固体废物，在各种矿石、煤的开采过程中，产生的矿渣数量极大，涉及的范围很广，如矿山的剥离废石、掘进废石、煤矸石、选矿废石、废渣、各种尾矿等。

2）冶金固体废物，主要是指在各种金属冶炼过程中或冶炼后排出的所有残渣废物，如高炉矿渣、钢渣、各种有色金属渣、各种粉尘、污泥等。

3）燃料固体废物，燃料燃烧后所产生的废物，主要包括煤渣、烟道灰、煤粉渣、页岩灰等。

4）化工固体废物，化学工业生产中排出的工业废渣，主要包括硫酸矿渣、电石渣、碱渣、煤气炉渣、磷渣、汞渣、铬渣、污泥、硼渣、废塑料及橡胶碎屑等。

5）放射性固体废物，在核燃料开采、制备及辐照后燃料的回收过程中，都有固体放射性废渣或浓缩的残渣排出。

6）玻璃、陶瓷固体废物。

7）造纸、木材、印刷等工业固体废物，主要包括刨花、锯末、碎木、化学药剂、金属填料塑料、木质素。

8）建筑固体废物，主要包括金属、水泥、黏土、陶瓷、石膏、石棉、砂石、纸、纤维。

9）电力工业固体废物，主要包括炉渣、粉煤灰、烟尘。

10）交通、机械、金属结构等工业固体废物，主要包括金属、矿渣、砂石、模型、陶瓷边角料、涂料、管道、绝缘材料、黏合剂、废木、塑料、橡胶、烟尘等。

11）纺织服装业固体废物，主要包括布头、纤维、橡胶、塑料、金属。

12）制药工业固体废物，主要是指药渣。

13）食品加工业固体废物，主要包括肉类、谷物、果类、菜蔬、烟草。

14）电器、仪器仪表等工业固体废物，主要有金属、玻璃、木材、橡胶、塑料、化学药剂、研磨料、陶瓷、绝缘材料等。

2. 工业固体废物的资源化技术

从我国工业固废的存在现状可以看出，要想确保工业固废的资源化利用技术实现良好发展，有效处理好工业固体废物，就需要对工业固废的资源化技术展开较为深入的分析。它的内容包含：粉煤灰资源化技术、炉渣资源化技术和危险废物源资源化技术等，从以上途径入手，确保工业固体废物得到充分利用。

（1）粉煤灰资源化技术　加工与生产煤炭时，其形成的微小固体颗粒，即为粉煤灰，氧化铝、氧化亚铁及氧化铁等均是该固体颗粒的组成部分，表面积大、较强的吸水性是粉煤灰明显的基本特征。从现阶段粉煤灰在国内实际利用情况来看，粉煤灰的利用量与生产量存在较大差距，整体利用率较低；粉煤灰目前主要在交通道路工程建设中使用，或者利用粉煤灰改良土壤。其中，交通道路工程建设是对粉煤灰需求最大的使用途径，占据其总生产量的很大比例，某种程度上限制了粉煤灰利用价值的提升。近年，在科学技术水平不断提高的支持下，粉煤灰作为吸水性极强的原材料被应用于制作新型混凝土，如粉煤灰加气混凝土，粉煤灰为主要原材，该类型混凝土具有轻质、保温及节能的优点，将其用于建筑工程墙体施工中，不仅可以减轻墙体结构质量与增加使用面积，也能利用其良好的保温性能，在冬季时将室内温度维持在舒适的状态。粉煤灰资源化技术的应用使粉煤灰利用价值被大限度地发挥，也为我国工业固废资源化的可持续发展打下了坚实的基础。

此外，作为生产建材产品和铺路施工的原材料，粉煤灰资源化技术发展成熟度较高，环境效益较好，并可以消耗其他工业生产过程中所产生的大量粉煤灰，但整体经济效益较差；作为土壤改良剂或肥料进行利用，相关技术仍处于发展阶段，经济效益较好，但环境效益、粉煤灰减量能力一般；作为工业原料、生产功能材料或物质提取等进行利用，相关技术处于起步阶段，经济效益好，但环境效益、粉煤灰减量效果较差。针对粉煤灰资源化技术的研究，仍需要持续加大力度，加强技术创新，做到通过资源化技术应用实现从源头上减量粉煤灰，强化粉煤灰改性效果，积极探索资源高效循环的技术应用体系，促进资源化利用率和安全处置效率进一步提高。

（2）炉渣资源化技术　冶炼钢铁及有色金属时，所产生的固体废物即为炉渣。氧化镁、氧化硅及氧化铁等是炉渣的主要成分。工业冶炼过程中所产生的炉渣经过处理后转变成电炉渣，常被企业内部生产循环利用，如通过对炉渣的成分、性质及数量进行调整，实现对钢液中各元素的氧化还原反应过程的有效控制，将其在钢液上覆盖，可防止热量快速流失，并阻隔气体进入钢液，又如对铁的蒸发物（转炉氧流下的反射铁粒）进行吸收，增强电弧炉的电弧稳定性，或者将其用作肥料及改良农业生产土壤的原料。

科学技术水平的提高拓展了炉渣的使用途径，以炉渣为主要原料的工业制品逐渐出现在大众视野，其品类也更加多样化，如陶瓷、岩棉等材料的制作均会涉及炉渣使用。以岩棉材料为例，将废弃的炉渣与玄武岩进行混合制作加工，即可获得具有良好环保性和经济性的岩棉新材料，相比较于普通石棉，废弃炉渣为原料制作的岩棉新材料，其防火等级更高，耐高温效果十分明显，均可满足建筑、化工、石油、造船、农业等领域的应用需求。该材料的特殊性使其在实际生产过程中，可以积极对接各类工业冶炼厂，回收固体废物，对其进行回炉再利用，不仅消耗了传统工厂产生的固废排放，也提升了炉渣的利用价值，形成新的产业链，实现良性循环发展。

（3）危险废物源资源化技术　危险废物源具有易燃性、腐蚀性和感染性等特点。因此，工作人员在处理具有危险性的工业固体废物时，应当合理运用安全填埋、化学法或焚烧法等方式进行处理，但是这些处理技术的运用使资源化利用率降低。伴随我国科学技术的飞速发展，具有危险性的工业固体废物资源化利用技术已经得到飞速发展，其中有效的资源化利用技术就是焚烧飞灰资源化利用。不同于其他技术，该项技术是在水泥固化技术基础上形成的，主要适用于处理高温焚烧后产生的飞灰，能有效降低飞灰中的氯含量等。在危险废物源中运用焚烧飞灰资源化利用技术，工作原理是把飞灰进行水洗氯脱，然后在水泥窑中放入飞灰展开高温煅烧，促使其内在含量能在高温负压的环境中实现分解，确保飞灰中的重金属能以类质同晶的方式在矿物结构中发生固化。

3. 工业固废资源化利用案例分析

【案例 7.3】　鞍钢充分利用工业固体废弃物降低烧结原料成本。鞍钢在整个钢铁生产工艺过程中产生大量的废弃物，如焙结过程产生除尘灰、炼铁时产生瓦斯灰、瓦斯泥，转炉炼钢有转炉泥、转炉钢渣，钢材预热时有均热炉渣，轧制过程产生氧化铁皮等。这些工业固体废物堆积起来，既占用了大片的耕地，又污染了环境。近年，鞍钢对这些废弃物进行了开发研究，将工业固体废物加工处理后用于烧结生产，可以大幅度地降低烧结原料成本，甚至有的还可以强化烧结过程。

鞍钢烧结总厂研究室根据均热炉渣物化特性，将均热炉渣作为铁料配入烧结混合料中进行烧结试验。试验研究结果表明，以烧结工艺回收利用均热炉渣是一种行之有效的方法，它不但可以强化烧结生产，降低固体燃料消耗，降低生产成本，而且可以消除污染，获得良好的社会效益和可观的经济效益。

【案例 7.4】 利用锆硅渣生产白炭黑。白炭黑又称为水合二氧化硅，分子式为 $Si_2O \cdot nH_2O$，是一种重要的无机化工产品，具有耐高温、不燃烧和内表面积大等特点，在橡胶和塑料等各个领域有着广泛用途。工业上生产白炭黑的方法可分为气相法和沉淀法两类，前者以四氯化硅为原料，成本较高；后者以水玻璃为原料，与无机酸反应制取白炭黑。近年，虽然国内白炭黑产量尽管急剧增长，但仍不能满足市场需求，需要大量进口。利用锆硅渣、含碱废液可制备出白炭黑产品，提高其产量，同时产品性能达到了橡胶用白炭黑的技术标准《橡胶配合剂　沉淀水合二氧化碳》（HG/T 3061—2020）。

7.3 "无废城市"建设与低碳循环发展

7.3.1 "无废城市"现状与形势

"无废"一词源自英文"Zero Waste"，常被译为零废物、零废弃物等，最早出现在 1973 年美国耶鲁大学化学博士保罗·帕尔默（Paul Palmer）创建的零废物系统公司（Zero Waste Systems In c.）。

1. "无废城市"内涵与核心目标

随着一些国家和地区不断挖掘拓展"无废"的内涵和外延，设置更高水平的建设标准，"无废理念"正在应用于"无废城市"，未来逐步过渡到"无废社会"。

我国推出了"无废城市"试点方案，并强调："无废城市"并不是没有固体废物产生，也不意味着固体废物能完全资源化利用。2018 年 12 月，国务院办公厅印发的《"无废城市"建设试点工作方案》中明确描述：以创新、协调、绿色、开放、共享的新发展理念为引领，通过推动形成绿色发展方式和生活方式，持续推进固体废物源头减量和资源化利用，最大限度减少填埋量，将固体废物环境影响降至最低的城市发展模式。"无废城市"并不是没有固体废物产生，也不意味着固体废物能完全资源化利用，而是废物对市容和居民生活影响很小，因而是一种城市固废减量化、资源化和无害化的全生命周期管理。无废城市的建立核心目标包括：①源头减少，通过设计和生产过程的改进，减少物质的使用和废物的产生；②产品再利用，鼓励和促进产品的重复使用，延长其使用寿命，减少需求量和废弃量；③循环利用，通过物质的回收和再加工，将废物转变为资源，重新进入生产和消费循环；④废物资源化，将废物转化为能源或其他有价值的物质，以减少废物处理对环境的负面影响。

2. "无废城市"建设紧迫性与重要性

我国是世界上固体废物产生量较大的国家之一，每年新增固体废物 100 多亿 t，历史堆存总量高达 600 亿~700 亿 t。固体废物产生量大、利用不畅、非法转移倾倒、处置设施选址难等问题日益突出，影响经济社会的可持续发展。2018 年 12 月，国务院办公厅印发《"无废城市"建设试点工作方案》，这是党中央、国务院在打好污染防治攻坚战、决胜全面建成小康社会关键阶段作出的重大改革部署，是深入落实习近平生态文明思想和全国生态环境保护大会精神的具体行动，党中央、国务院把固体废物污染防治摆在了生态文明建设的突出位置，出台了禁止洋垃圾入境、推行生活垃圾分类等一系列重要举措，促进减量化、资源化、无害化进一步发展。要求探索建立"无废城市"建设综合管理制度和技术体系，形成一批可复制、可推广的"无废城市"建设示范模式，为推动建设"无废社会"奠定良好基础。

3. "无废城市"与低碳循环联系

低碳循环旨在促进经济社会发展与环境保护之间的和谐共生，它强调在生产、消费和资源再利用的全过程中减少温室气体排放，特别是二氧化碳排放，以实现可持续发展的目标，包括低碳能源的使用、节能减排、循环经济、碳汇增加、绿色生活方式等。无废城市的建设将会推动低碳循环的进一步发展，推动更快达到2030年的碳减排目标，而低碳循环也可以促进无废城市减量化、资源化、无害化发展。"低碳循环"与"无废城市"辩证统一、互相促进，都是建设生态文明的重要内涵。

7.3.2 "无废城市"试点建设标准与要点

1. "无废城市"试点建设指标

《"无废城市"建设指标体系（试行）》（以下简称为《指标体系》）以固体废物减量化和资源化利用为核心，从固体废物源头减量、资源化利用、最终处置、保障能力、群众获得感5个方面进行设计。《指标体系》由一级指标、二级指标和三级指标组成，其中一级指标5个、二级指标18个、三级指标59个。设计目的：引导"无废城市"建设方向；指标设置考虑了现行统计技术在城市层面收集数据的可行性；适用情景：对"无废城市"试点建设任务进行评估考核，而非衡量城市固废管理整体水平和城市横向比较参考。

2. "无废城市"试点建设要点

（1）要点一：融合　"无废城市"建设要上升到城市层面，与"城市体系"高度融合。融合主要包括与城市发展融合、与城市规划融合、与城市建设与运维融合、与城市管理与治理融合。

1）与城市发展融合，是指需要调查统计并追溯现有固体废物产排情况，更要结合城市发展定位、涉固产业发展方向、农业种植结构调整、城镇化发展趋势、人口变化情况等，实现"系统化、精准化"施策。

2）与城市规划融合，将"无废城市"建设的举措融入城市总体规划、各专项规划中等，同时充分考虑产生大宗固体废物的工业园区以及固废消纳场所的布局与选址等处置。

3）与城市建设与运维融合，生活垃圾、餐厨垃圾收集转运与处理处置设施等要作为城市基础设施建设项目予以推进，并考虑采取能够有效保障项目可持续运营的运作模式，防范项目风险，避免出现"烂尾"。

4）与城市管理与治理融合。这不单是固体废物的管理能力建设，更是进行城市管理和多元参与城市治理的新策略，应建立以政府主要负责人为主要领导的工作推进组，各部门分工协作、联动配合、多元参与，创新机制体制。

（2）要点二：协同　城市固体废物来源广泛，处理处置的系统包括源头减量、分类回收、收集运输、资源化利用、无害化处置等诸多环节，各个环节相互衔接、分工明确，共同组成了一个复杂系统，"无废城市"建设主要的技术路线之一是系统协同治理。

系统协同主要体现在以下方面：

1）相同属性协同处置。应用于农业废物协同处置方面，可建立基于田间地头的分布式农业废弃物聚集点，将离田秸秆，农村厕所粪池粪污、分散式畜禽养殖粪污集中，统一收储运，降低成本，并推动大型多物料协同沼气工程建设，协同解决农村生活燃气和冬季供暖。

2）上下游协同利用。应用于工业大宗固体废物协同利用方面，构建、延伸综合利用产业链，实现原生产业与综合利用产业的跨产业协同，综合利用固体废物，大限度地获取固体废物的资源价值。

3）区域内区域间协同消纳。应用于危险废物协同处置方面，除了工业窑炉协同处置危险废物外，还应探索城市群间打破市域限制，建立危险废物处置的技术协同和互为应急的互惠共赢机制，深化危险废物经营许可管理制度，接收本市同类型企业产生的危险废物。

4）处置设施协同共生。应用于城市生活、餐厨、污泥等垃圾处理处置方面，通过共享基础设施和固废信息系统，得出物质代谢过程的物料平衡、能源平衡，准确科学规划和产能匹配。通过静脉产业园模式可以将餐厨垃圾、市政污泥、禽畜粪便等协同处置，形成规模化效应，并方便政府有效监督控制和节约用地。

（3）要点三：创新 "无废城市"建设过程中的创新不是绝对的创新，是与城市自身传统的固废处理处置方式相比较的相对创新，是将国内外先进的经验结合本地实际进行吸收再创新的过程。建设"无废城市"有五点需要创新：探索新的理念、建立新的机制、应用新的技术、推行新的模式、培育新的产业。要充分认识到城市固体废物是放错位置的资源，是宝贵的财富。通过引入市场化机制，发展循环经济，将固体废物转化成为城市资源，通过导入固废处理处置与资源化全产业链条，将固体废物管理事业转变为城市新兴产业。

（4）要点四：传承 无废城市建设要将文化和精神层面的工作设为重点任务，深入挖掘传统文化中勤俭节约、崇尚自然的简约生活态度，激发公众建设"无废城市"的情怀，推动形成"无废时尚"。通过科普宣教，让公众客观公正认识固废处理设施，形成绿色生活、绿色消费的观念。

3. "无废城市"建设试点标准

"无废城市"建设试点标准如下：

（1）区域工业高质量发展与大宗工业固体废物贮存处置总量趋零增长 针对区域工业体系绿色化水平不足导致的固体废物管理与工业发展不匹配、不协调的突出矛盾，在区域、园区、企业等不同层面，促进逐步降低工业固体废物产生强度、提高工业固体废物综合利用率、控制工业固体废物贮存处置总量、促进工业固体废物资源综合利用产业发展等方面的"无废城市"建设具体任务及措施，保障区域内不同类别的固体废物产生量与相对应的处置能力匹配，推动实现大宗工业固体废物贮存处置总量趋零增长。

（2）区域农业高质量发展与主要农业废弃物资源化利用 针对农业废弃物收储运体系不完善与综合利用不足的突出短板，采取以构建生态循环农业模式为载体，全面推进种养循环农业示范、完善农业废弃物收储运体系、提高农业废弃物处置能力等方面的措施，推动畜禽粪污和农作物秸秆资源化利用、废旧农膜和农药包装废弃物回收，推动实现主要农业废弃物资源化利用。

（3）践行绿色生活方式与生活垃圾源头减量和资源化利用 针对城乡生活垃圾产生量

不断增长与分类回收、利用处置能力不足的突出矛盾，无废城市建设应开展降低人均生活垃圾日产生量、提高生活垃圾分类收运系统覆盖率和农村卫生厕所普及率、提高生活垃圾回收利用率、控制生活垃圾填埋量等方面的措施，鼓励采用政府和社会资本合作等模式新建城市生活垃圾处置项目，推动实现城乡生活消费领域固体废物高效利用处置。

对于综合性城市，应在生活垃圾源头分类、建筑垃圾综合利用、污泥处理、再生资源回收与高质化利用方面推动减量化、资源化、无害化。

对于服务业发达的城市，应在限制生产、销售和使用一次性不可降解塑料制品和过度包装，开展绿色物流体系建设，推进快递业绿色包装应用，推广光盘行动等方面提出推动和引导形成简约适度的绿色生活方式和消费模式。

（4）危险废物全过程规范化管理与全面安全管控 针对危险废物源头产生、转移运输、利用处置等环节生态环境风险较突出的问题，无废城市建设应完善危险废物源头风险防控、事中事后监管、收集利用处置能力建设以及政策标准法规，并在保障区域主要危险废物类别产生量和处置能力相匹配条件下，进一步强化危险废物规范化管理，严厉打击非法转移、非法利用、非法处置危险废物以及全面提升危险废物风险防控能力。

（5）固体废物精细化综合管理与三产发展协同融合 针对固体废物管理职能分散、市场发展程度不足的突出问题，应强化法规政策体系建设促进固体废物回收利用处置投资，强化企业环境信用评价，形成固体废物管理技术示范模式，提高固体废物污染各类案件处置能力等保障能力建设，提高群众获得感。

针对工业、农业、生活等领域各类固体废物的产生、收运、利用与处置管理需求，加强一、二、三产业融合，围绕提升固体废物，特别是危险废物环境监管能力、污染治理能力和风险防范能力，在城市管理体制和长效机制建设方面，提出具体路径、任务与预期目标，促进末端处置管理向源头管控转变。

7.3.3 "无废城市"量化评价方法与体系

1. "无废城市"建设绩效评价现状

构建"无废城市"量化评价方法或体系是"无废城市"试点建设的主要任务之一，开发绩效评价方法和工具来识别城市固废管理的核心问题和薄弱环节，以支撑"无废城市"建设的后续步骤决策。常见的"无废城市"建设绩效评价指标包括：①基于物质流和城市代谢的评价指标，主要是人均废物产生量、废物回收利用率、废弃物最终处置量、垃圾从填埋或焚烧中分离出来的比率等；②基于量化"无废"的评价指标，主要有无废指数（Zero Waste Index）与固废管理综合指标；③基于定量与定性结合的评价指标，主要是指Zaman在2014年提出的56项"无废"管理系统的关键评价指标。

2. 我国"无废城市"管理绩效评价工具

我国目前处于"无废城市"建设推进阶段，"无废城市"管理绩效评价具有重大意义。现阶段主要采用基于TOPSIS-熵权法的城市固体废物综合管理绩效评价指数，而在远期则需要实现固废精细化的目标。

TOPSIS-熵权法的城市固废综合管理绩效评价步骤：①构建城市聚类；②构建绩效评价

指标体系；③TOPSIS-熵权法计算；④讨论与分析评价结果。

TOPSIS-熵权法指数计算步骤：①指数表征：即选择合适的指标；②对指标矩阵进行标准化处理；③计算信息熵，确定指标权重，归一化处理，再计算指标信息熵；④计算各个指标的正负理想解；⑤计算各个样本与正理想解的相对接近度，即为该样本的固废综合管理绩效指数得分。

我国"无废城市"管理绩效评价工作面临三大挑战：①城市层面的固废监管统计系统不完善，缺乏数据；②城市发展水平及产业结构差异导致的评价标准难统一；③城市固废管理领域长期缺少评价标准和评价方法。

7.3.4 国内外"无废城市"建设经验总结

1. 国内典型"无废城市"建设情况——深圳"无废城市"建设

2019 年 4 月，深圳成为"11+5"个"无废城市"建设试点城市和地区之一。作为全国首批"无废城市"建设试点城市和全国"十四五"时期"无废城市"建设城市。深圳立足实际，坚持对标国际，按照"起跑、跟跑、并跑、领跑"的思路，全方位打造"四化"（减量化、资源化、无害化、低碳化）协同的固废治理"深圳模式"。

（1）深圳城市概况　深圳位于中国南海之滨、广东省南部、毗邻港澳，经济特区面积为 1997.5km^2，深汕合作区面积为 468.3km^2，行政管辖面积为 2465.8km^2，常住人口为 1344 万人，2020 年 GDP 达到 2.767 万亿元。2020 年环境空气质量优良率达到 97%，PM$_{2.5}$ 平均浓度为 19μg/m^3，污水处理能力达到 760 万 t/d。

（2）固体废物治理模式　基于探索超大型城市固体废物治理模式以补齐治理能力短板、高质量构建减废和资源利用体系、固体废物全过程智慧监管三种策略高规格推动无废城市建设，采取以下具体措施：

1) 坚持高位统筹，紧抓顶层设计和系统推进。
2) 直面短板弱项，以最大力度提升利用处置能力。
3) 聚焦绿色循环，全力推进固体废物源头减量。
4) 科技赋能智慧管理，全面建成全覆盖、全流程闭环监管体系。
5) 固体废物治理体制机制进一步完善，初步实现四大体系"四轮"驱动。

基于"无废城市"碳减排面临的源头减排较国际先进有差距、资源化利用水平低、能源化利用处于探索阶段等问题，开发了以下新路线：

1) 坚持普及优化绿色发展，深化固体废物治理减量化和低碳化。
2) 持续建设资源物质回收利用体系，形成城市物质流循环。
3) 坚持固体废物全生命周期管理模式，全面完善制度、市场、技术、监管保障体系。
4) 大力推动全民行动，培养公众自发"无废"意识，为从"无废城市"向"无废社会"转变打下基础。

（3）低碳循环　为助力达到碳达峰与碳中和，推动低碳循环与协同降碳，采取以下措施：

1) 坚持"生态立市"战略，协同推进经济高质量发展和生态环境高水平保护。

2）坚持抓核心抓关键，全面实施产业结构升级和能源结构调整。

3）坚持全面提升绿色低碳水平，把绿色低碳发展融入经济社会发展的各领域。

（4）经验总结　深圳"无废城市"建设最大的特点在于推出危险废物处置交易平台（以下简称为危废平台），推动全市构建统一开放、竞争有序的危险废物处置交易线上新体系，助力"无废城市"进一步发展。

1）危废平台的上线是优化营商环境，协助企业降本增效，提升治理能力现代化的又一创新举措。

2）危废平台以单品类危险废物为交易品种，为企业提供签约、检测、支付的一站式线上服务，全方位满足企业需求，降低危废处置成本。

3）危废平台可拓宽产废单位选择范围，消除信息壁垒，实现支付多样化、一键交易等便利的交易方式，切实服务企业。

2. 国际典型"无废城市"建设——日本循环型社会建设

当前，日本的生活垃圾分类、回收和再利用，在世界上处于领先地位。日本对建设循环型社会所做的探索对于推动亚太地区消费模式、生产方式、生活方式的变化具有十分重要的意义。

（1）日本循环型社会建设现状　2000年日本发布《推进循环型社会形成基本法》，将建设循环型社会上升为国家战略，循环经济发展在国家和地方政府积极引领、产业界和民众的积极参与下，取得明显成效：一般废物（生活垃圾）、产业废物的产生量分别大约于2000年、2005年开始减少，预计2025年入口侧循环利用率可达18%，出口侧循环利用率可达47%，最终处置量将控制在1300万t。

（2）优秀途径与策略

1）国家层面以法律和计划为抓手，持续推进循环型社会建设。《循环型社会形成促进基本法》明确了以推进从生产到流通、消费、废弃过程的物质高效利用和回收处理为目的的基本框架；同时也成为废物处理、资源有效利用促进、容器包装回收、家电回收、食品回收、建筑回收、汽车回收、小型家电回收、绿色采购等方面专业法的顶层框架。

2）基层政府以落实国家计划和负责一般废弃物处理为重点，实现垃圾正确分类、资源循环和最终处置量最小化。日本地方政府的责任主要是根据建立循环型社会的基本原则，采取必要措施，确保可循环资源得到适当的循环和处置，并在国家政策的框架下，根据本辖区的自然和社会条件，制定和实施相关的地方性政策。主要体现在以下几方面：①化解"邻避效应"，建立第三方委托进行环境优化，成立以居民为代表委员会进行监督检查，并举办宣传会活动等避免邻避效应；②推动区域农业废弃物资源化，推动实现源头生活垃圾分类和再生资源循环利用，减少进入焚烧厂处置的垃圾量和焚烧炉渣、飞灰数量等；③绿色设计，设计应考虑使人们感到安全放心，配方稳定，易于使用、回收；④推进"4R"行动，即减量化（Reduce）、再使用（Reuse）、再循环（Recycle）、替代（Replace）。

3）经营单位以再利用和高值化利用为突破，增强市场竞争力。经营单位以再利用和高值化利用为核心不仅减少了对原始资源的依赖，还促进了废物的减量化、资源化和无害化处理，实现了环境保护与经济增长的双赢，同时提升品牌形象和消费者认可度。主要体现在以下几方面：①对废旧产品和材料进行再加工和再利用；②建筑废料再处理；③将有机废弃物转化为生物肥料或生物能源。

（3）经验总结　日本循环型社会建设对我国在国家层面整体推动"无废城市"建设试点工作和对开展试点工作都有重要的借鉴意义。我国推动"无废城市"建设应做到以下几方面：①充分借鉴日本循环型社会建设的工作思路、指标体系和推进方式，梯次推进"无废城市"建设试点工作；②充分学习日本针对重点产品实施生产者责任延伸制度的方式与经验，加快推动源头绿色设计与废物高效回收；③充分认识民众的支持参与是改革成败的核心力量，要加强引导，持之以恒抓好"无废城市"建设宣传教育工作。

习题与思考题

1. 请提出几种促进固体废物资源化和碳中和的政策和措施。
2. 根据我国当前城市垃圾的实际状况，请评价各类处理技术应用与选择的原则。
3. 请解释循环经济的概念，并说明它与固体废物资源化和碳中和之间的关系。
4. 请阐述如何利用生物降解技术处理有机废物，并说明其中的碳中和效益。
5. 请说明为什么固体废物的源头减量和分类回收是实现低碳循环发展的关键步骤。
6. 请阐述"无废城市"的内涵及其建设难点，并分析如何合理建设"无废城市"。

第8章 科技赋能低碳经济发展

8.1 低碳经济发展的趋势

8.1.1 国际低碳经济发展的趋势

高碳经济导致全球气温上升，引发了诸多环境问题，尤其是 CO_2 大量排放，造成全球气候变暖。因此，国际社会一直在努力寻求解决良策。由于大气中的温室气体及其排放空间是全球公共物品，必须通过国际合作加以解决。气候变化影响的广泛性、深远性和现实性，以及应对气候变化行动的紧迫性和艰巨性，使得全球各国逐渐认识到，解决气候变化问题的根本出路在于切断经济增长和温室气体排放之间的联系，走低碳经济发展的道路。

低碳经济理论最早在 2003 年由英国能源白皮书《我们能源的未来：创建低碳经济》中提出。在全球气候变化的背景下，低碳经济成为国际经济发展的新趋势。2007 年 3 月，英国通过《气候变化法律（草案）》，使其成为第一个法律上规定到 2050 年减少碳排放达到 60%的国家，并建成低碳社会。

低碳经济是近年为促进全球经济发展而提出的新的发展理念。低碳经济发展的基本特征是低排放、低污染和低能耗。该理念的提出意味着人类生产消费方式向着更加高级的生态文明方式发展，表明世界各国在发展过程中达成了一致的生态价值观。未来，低碳经济势必会成为世界发展的新潮流和新趋势。哪个国家能够在低碳经济的发展中占据领先地位，就能够抢占未来经济发展的制高点。

在人类历史发展中，经历了三次标志性的工业革命，但工业革命在促进人类生产方式转变的同时，也导致了生态环境的严重恶化、自然资源与能源消耗较大而面临枯竭的问题。这些问题在很大程度上威胁着人类的生存与发展。

以往人类在经济发展的过程中，过度追求物质财富的增长，而缺乏对生态环境的保护，难以实现生态文明发展方式的转变。在现阶段，为积极应对全球气候变化及资源能源枯竭带来的挑战，人类开始走向新一轮的工业革命——绿色工业革命。发展新能源是新一轮工业革命的重要标志，同时也在很大程度上引领了新一轮工业革命的发展方向。

低碳经济的发展要以低碳技术为核心和动力，有效实现资源与能源的节约，提高资源与能源的利用率，进而促进低碳经济的深度发展。发达国家在近年不断提高对低碳技术在应对全球气候变化中的基础与先导作用的重视程度，同时加大了对低碳技术创新的资金投入力度，旨在不断追求与抢占低碳技术的制高点。例如，英国在清洁能源的开发与创新上投入了巨额资金，使该国清洁能源技术在全球处于领先地位；日本致力于新型节能电器的开发、改进与创新；美国在原材料研究、酶催化剂技术、制造技术以及白色生物技术上引领多个国家。

近年，全球气候的变化给国际贸易带来了巨大影响和挑战，在很大程度上加剧了世界各国之间的对外贸易摩擦与冲突。在国际贸易的影响下，全球气候变化与生态环境污染问题不断加重，进而造成了全球环境污染位移和变化的局面。

基于此，世界贸易组织（World Trade Organization，简称为WTO）允许以保护环境为目的采取强制性或资源性标准的绿色贸易技术壁垒。为保护自己的贸易优势，一些发达国家或组织往往对其他国家设置严格的绿色贸易技术壁垒。

低碳经济的发展不仅是应对气候变化的需要，也是提升国家竞争力的关键。在未来发展阶段，低碳经济将成为各国争夺经济制高点的重要领域。随着低碳技术的不断创新和推广，全球将迎来更加环保、可持续的经济发展模式。各国需要加强合作，共同应对气候变化挑战，推动全球低碳经济的发展。

8.1.2 我国低碳经济发展的趋势

低碳经济的发展路径应以低能耗、低污染、低排放和高效能、高效率、高效益（"三低三高"）为基础，采用低碳技术发展绿色经济模式。

我国富煤、贫油、少气的能源特点，决定了以煤为主体的一次能源供应格局在相当长的一段时期内不会发生根本性的改变。与发达国家所处的背景完全不同，我国的低碳发展必须考虑我国的国情。未来10~20年既是全球控制温室气体排放的关键时期，也是我国经济发展的关键时期。发达国家已进入后工业化时代，其经济和制造业发展对碳的依赖呈下降趋势，而我国仍处于工业化、城市化发展的阶段，工业化任务远未完成。因此，我国应妥善应对气候变化，坚持"共同但有区别的责任"原则，探索工业化、城市化和低碳化并行发展的可持续发展模式。

提高能源效率是我国低碳经济发展的重要路径之一。要实现低投入、低消耗、低排放、高效率的经济发展模式转变，首先需要提高能源利用效率。这不仅包括工业部门的节能改造，还涉及建筑和交通两大领域的节能工作。例如，推广高效节能产品，提升节能环保技术水平，加快高效节能技术的推广应用，以推动节能环保产业的发展。

我国的经济发展模式需要从主要依靠投资和外需拉动增长，向依靠工业、服务业和农业共同带动增长转变。这意味着要推动产业结构优化，实现由高碳经济向低碳经济的转型。例如，钢铁、有色、煤炭、电力、石油、石化、化工、建材等高耗能工业，以及建筑和交通行业，都需要进行节能改造和技术升级。努力攻克一批核心关键技术，力争在重点领域取得突破，加快高效节能产品的推广，激发全社会的创造活力，为节能工作开展节能设计，技术产品认定，促进节能服务产业化，引导产业朝着规范化、高水平方向发展，提升节能环保技术水平，有效推动节能环保产业的发展。

我国已经颁布了《节约能源法》《清洁生产促进法》《可再生能源法》和《循环经济促进法》，但仍需进一步完善能源立法。例如，石油、天然气、公用事业和民用建筑等方面的法律法规仍然缺乏。同时，推进资源税改革，完善税法，为我国发展低碳经济提供法律保障。为了实现低碳经济的发展，我国需要加大对低碳技术创新的支持力度。通过制定相关法律法规，鼓励企业和科研机构在清洁能源开发和利用、节能环保技术创新等方面进行研发和投资。例如，政府可以通过财政补贴、税收优惠等措施，支持低碳技术的推广应用。

近年，我国加大自主研发能力，大规模地开发利用风能、水能、生物质能、太阳能等清洁能源，实现向低碳经济的跨越式发展。

1. 风能发电

我国拥有丰富的风能资源。根据中国气象科学研究院对全国900多个气象站收集的数据测算，可开发的风能资源储量为253亿kW，主要集中在内蒙古、甘肃、新疆、黑龙江、吉林、青海和西藏等地。风能具有蕴藏量大、分布广泛、永不枯竭、成本低等优点。据丹麦国家研究院的研究，风力发电成本低于3欧分/kW，具有巨大的社会效益和环境效益。

2. 水能发电

我国是目前世界上水电利用最多的国家，年发电量可达401300GW·h。其中，三峡水电站是世界上最大的水电站。水能发电的优点包括：水电是再生能源，没有枯竭的顾虑；水电成本低，仅为火电的1/4左右；水电是清洁能源；水电有防洪、灌溉、航运、供水、养殖等社会效益；效率高，大中型水电站的效率为80%~90%。

3. 生物质能

生物质能直接或间接来源于绿色植物的光合作用，可转化为常规的固态、液态和气态燃料，是取之不尽、用之不竭的绿色能源。不受天气和自然条件的限制，只要有生命的地方，就有生物质能的存在。通过一定的先进技术，生物质能可转化为电力、油料、燃料或固体燃料，具有产量大、可再生、稳定的特点，可用于汽车、柴油机、燃气轮机、锅炉等常规热力设备，以及工业生产和社会生活的各个方面。

4. 太阳能

太阳能是用之不竭的丰富能源，我国已形成初步的太阳能产业链，呈现出良好的发展前景。我国有广阔的戈壁滩，如果太阳能发电技术成熟，戈壁滩的开发前景将非常广阔。

发展低碳经济将为我国带来新的经济增长点。通过大力发展清洁能源和节能环保产业，不仅可以减少对传统化石能源的依赖，还可以创造大量就业机会，推动经济结构转型升级。例如，风能、太阳能、生物质能和水能发电等清洁能源产业的发展，将带动相关设备制造、工程建设、技术服务等行业的快速发展，形成新的经济增长点。

8.2 我国低碳经济发展面临的挑战

在全球气候变化的严峻背景下，低碳经济发展已成为各国共同关注的重要议题。作为世界上最大的发展中国家和碳排放大国，我国在推动低碳经济发展方面肩负着重要责任。然而，我国低碳经济发展之

我国低碳经济发展面临的挑战

路并非坦途，面临着诸多挑战。

1. 能源结构挑战

我国能源结构以煤为主，这是由我国的资源禀赋所决定的。煤炭作为我国的主体能源，支撑着国民经济的快速发展，但带来了严重的环境污染和碳排放问题。据统计，我国煤炭消费占能源消费总量的比重长期保持在50%以上，远高于世界平均水平。这种高煤炭依赖度的能源结构，使得我国在低碳经济发展过程中面临巨大的减排压力。

煤炭燃烧产生的二氧化碳排放量远高于其他化石能源（如石油和天然气）。因此，减少煤炭消费、降低煤炭在能源结构中的比重，是我国实现低碳发展的关键。然而，这一过程并非一蹴而就，需要考虑到能源安全、经济发展、社会稳定等多方面因素。如何在保障能源供应安全的前提下，逐步降低煤炭消费，是我国低碳经济发展面临的一大挑战。

以新能源替代化石能源是实现碳中和的根本路径。但是，我国能源禀赋的特点是富煤贫油少气，这在一定程度上增加了能源替代转换的难度。新能源如太阳能、风能等虽然具有清洁、可再生的优点，但其开发利用受到技术、成本、资源分布等多种因素的制约。目前，我国新能源的发展水平尚不足以完全替代化石能源，特别是在能源供应的稳定性和可靠性方面仍存在较大差距。

此外，新能源的发展还需要大量的资金投入和技术研发。由于新能源技术的研发周期长、投入大、风险高，许多企业在新能源领域的投资意愿不强。这导致我国新能源产业的发展速度相对缓慢，难以满足低碳经济发展的需求。因此，如何加快新能源技术的研发和应用推广，提高新能源在能源结构中的比重，是我国低碳经济发展面临的又一挑战。

2. 经济结构调整和产业升级挑战

制造业作为我国经济的支柱产业之一，其能耗和碳排放量占据了全国总量的较大比例。因此，推动制造业的节能减排和绿色转型是我国低碳经济发展的重要任务。

然而，制造业的节能减排和绿色转型并非易事。一方面，许多制造业企业技术水平落后、设备陈旧、管理粗放导致能耗和物耗居高不下；另一方面，绿色技术的研发和应用需要投入大量的资金和人力成本，而许多企业缺乏足够的资金支持和技术储备。因此，如何推动制造业的节能减排和绿色转型，提高制造业的附加值和竞争力，是我国低碳经济发展面临的重大挑战。

我国经济结构性矛盾仍然突出，增长方式依然粗放，能源资源利用效率较低。这种粗放型的经济增长模式不仅浪费了大量的资源，也加剧了环境污染和碳排放问题。为了推动低碳经济发展，需要加快产业结构调整和优化升级，实现经济发展方式的根本转变。

产业结构调整并非一朝一夕之功。一方面，需要政府加强宏观调控和政策引导，推动传统产业转型升级和培育发展新兴产业；另一方面，需要企业加强技术创新和管理创新，提高产品附加值和市场竞争力。此外，还需要加强国际合作和交流借鉴国际先进经验和技术，推动我国产业结构的优化升级。因此，产业结构调整和优化升级是我国低碳经济发展面临的长期而艰巨的任务。

3. 技术发展水平挑战

绿色发展转型需要创新驱动，但目前我国在绿色技术领域的核心关键技术仍受制于人。

许多关键技术和设备需要从国外进口，这不仅增加了企业的生产成本，也限制了我国绿色技术的发展空间。为了推动低碳经济发展，需要加快绿色技术的自主研发和创新突破核心技术的瓶颈制约。

绿色技术的自主研发和创新并非易事。一方面，需要投入大量的资金和人力成本进行技术研发和试验验证；另一方面，需要建立完善的创新体系和机制，加强产学研用协同创新，推动科技成果的转化和应用。此外，还需要加强知识产权保护和管理，维护企业的创新成果和合法权益。因此，如何加强绿色技术的自主研发和创新是我国低碳经济发展面临的又一挑战。

碳中和要求的经济社会转型及新技术研发所需要的投资巨大。据估算，我国实现碳中和所需绿色低碳投资规模在百万亿元以上，甚至可能达到数百万亿元。如此巨大的投资规模对于任何一个国家或地区来说都是一项艰巨的任务。

为了筹集足够的资金支持绿色低碳技术的研发和应用，需要政府、企业和社会各界共同努力，形成多元化的投融资体系。政府可以通过财政补贴、税收优惠、绿色金融等手段引导社会资本投入绿色低碳领域；企业可以通过发行绿色债券、引入战略投资者等方式筹集资金支持，进行技术研发和产业升级；社会各界也可以通过捐赠、赞助等方式为绿色低碳事业贡献力量。但是，如何形成有效的投融资体系，确保资金的有效利用和监管是我国低碳经济发展面临的重大挑战之一。

4. 时间紧迫性挑战

我国承诺的碳中和时间与碳达峰时间相距30年，这对于我国来说是一个相对较短的时间窗口。在这30年内我国需要完成从高碳经济向低碳经济的转型，实现从化石能源为主向清洁能源为主的能源结构转变，这需要付出巨大的努力和代价。

时间紧迫并不意味着我们可以盲目追求速度而忽视质量和效益。在推动低碳经济发展的过程中，需要平衡好经济发展与环境保护的关系，确保低碳经济发展与经济社会发展相协调、相促进。同时，需要加强国际合作和交流，借鉴国际先进经验和技术，推动我国低碳经济的快速发展。

"十四五"期间，我国需要完成单位国内生产总值能源消耗和二氧化碳排放的降低目标，这是短期目标之一。然而，除了短期目标外，我们还需要考虑到2030年的减排目标，以及更长远的发展目标。如何平衡好短期与长期目标的关系，确保低碳经济发展的连续性和稳定性，是我国面临的又一挑战。

为了实现短期与长期目标的平衡，需要制定科学合理的规划和政策措施，确保各项任务的有序推进和有效落实。同时，还需要加强监测和评估工作，及时发现问题并采取措施加以解决，确保低碳经济发展目标的顺利实现。

5. 政策与市场机制挑战

低碳经济发展需要强有力的政策支持和执行力度。但是，在政策制定和执行过程中，可能会遇到各种困难和阻力。一方面，政策制定需要充分考虑各种因素，包括经济、社会、环境等多个方面，确保政策的科学性和可行性；另一方面，政策执行需要各级政府部门的协同配合和社会各界的广泛参与，确保政策的有效落实。

在实际操作中，政策制定和执行往往存在一些问题。例如，在政策制定过程中缺乏充分的调研和论证，导致政策与实际情况脱节；政策执行过程中存在信息不对称、监管不力等问题，导致政策效果不佳。因此，如何加强政策制定和执行的力度，提高政策的针对性和有效性，是我国低碳经济发展面临的重大挑战之一。

市场机制是实现低碳经济发展的重要手段之一。但是，我国碳市场等市场机制尚不完善，碳排放权交易、绿色金融等市场机制的发展还需进一步加强。这导致低碳经济发展的市场驱动力不足，难以形成有效的激励和约束机制。

为了完善市场机制，需要加快碳市场的建设和发展，推动碳排放权交易的规范化和市场化；同时，需要加强绿色金融的发展、创新。绿色金融产品和服务模式为低碳经济发展提供有力的金融支持。同时，还需要加强市场监管和执法力度，打击市场违规行为，维护市场秩序和公平竞争。

综上，我国低碳经济发展面临着能源结构、经济结构、技术水平、时间紧迫性、政策与市场机制等多方面的挑战。为了推动低碳经济的发展，需要政府、企业和社会各界共同努力，形成合力。政府需要加强宏观调控和政策引导，推动能源结构优化和产业结构升级；企业需要加强技术创新和管理创新，提高产品附加值和市场竞争力；社会各界需要加强宣传和教育，提高公众对低碳经济的认识和参与度。只有这样，我们才能共同应对挑战，推动低碳经济的持续健康发展，为实现全球气候治理目标贡献中国力量。

8.3 智能工业的驱动作用

智能工业作为新一代信息技术与制造业深度融合的产物，以其高效、灵活、智能的特点，为低碳经济发展提供了强有力的支撑。

1. 智能工业的概念与特点

（1）智能工业的概念　智能工业是指通过集成应用物联网、大数据、云计算、人工智能等新一代信息技术，实现制造业的智能化转型和升级。它旨在提高生产效率、降低能耗和减少污染，推动制造业向更加绿色、可持续的方向发展。

（2）智能工业具有以下特点：

1）高度集成化：智能工业将信息技术、制造技术和管理技术深度融合，形成高度集成的生产系统。

2）高度智能化：通过智能感知、智能决策和智能执行，实现生产过程的自动化和智能化。

3）高度灵活化：智能工业能够快速响应市场需求变化，实现个性化定制和柔性化生产。

4）高度绿色化：通过优化能源结构、提高能源利用效率和减少废弃物排放，实现生产过程的绿色化。

2. 智能工业对低碳经济的驱动作用

智能工业对低碳经济的驱动作用如下：

1）智能工业通过推动能源消费方式的转变，促进能源结构的优化。一方面，智能工业鼓励发展可再生能源和清洁能源，如太阳能、风能、水能等，减少对化石能源的依赖。另一方面，智能工业通过提高能源利用效率，降低单位产出的能耗，从而减少碳排放。例如，智能工厂通过优化生产流程、提高设备能效和采用节能技术，实现能源的高效利用。

2）智能工业的发展推动了传统产业的升级与转型，促进了低碳经济的发展。一方面，智能工业通过引入智能制造技术和装备，提高生产效率和产品质量，降低生产成本和能耗。另一方面，智能工业鼓励发展新兴产业和高技术产业，如新能源汽车、节能环保产业等，这些产业具有低碳、环保、高效的特点，有助于推动经济结构的优化和升级。

3）智能工业通过实现生产过程的智能化，降低了生产过程中的能耗和污染。一方面，智能工厂通过智能感知和智能决策，实现生产过程的实时监控和动态调整，减少生产过程中的浪费和损失。另一方面，智能工厂通过采用先进的节能减排技术和装备，如高效节能的电动机、智能温控系统等，降低生产过程中的能耗和污染排放。

4）智能工业通过推动循环经济的发展，实现了资源的节约和循环利用。一方面，智能工业鼓励发展废弃物回收和再利用产业，通过回收废旧物资和再生资源，减少对新资源的开采和消耗。另一方面，智能工业通过优化产品设计、生产和使用过程，减少废弃物的产生和排放，推动实现"资源—产品—再生资源"的循环经济模式。

8.3.1　5G 工业互联网

2019 年的政府工作报告中提出，加强新一代信息基础设施建设。2020 年 3 月，工信部召开的专题会提出，加快 5G 发展，积极推进新型基础设施建设，其中工业互联网建设是一大重点。目前，通过发展工业互联网推动制造业转型升级已经成为一项共识。随着新基建不断推进，5G、工业互联网等与工业经济深度融合，将催生更多新业态新应用，推动传统工业场景不断变革。

进入 5G 时代之后，移动互联网技术与应用转至产业互联网，将推动第二产业发生巨大变革。对于工业互联网来说，高速率、低时延、高可靠、广连接的 5G 网络可以为其发展提供良好的条件，带领未来的工业进入全新的发展阶段。在工业经济时代，工业与通信之间为平行关系。进入 5G 时代，随着工业互联网与 5G 网络相互融合，在制造业、矿业、能源、化工、港口、机械、船舶、飞机、电力等领域催生了很多新应用，对工业场景变革、产业转型升级产生了积极的推动作用。目前，5G 工业互联网的应用场景主要有 3 种，如图 8-1 所示。

（1）智慧工厂　在 5G 时代，工业互联网的创新应用主要集中在智能制造领域。在高速率、低时延、高可靠、广连接的 5G 网络环境下，工业企业可以不断提高数字化、网络化、智能化能力，实现智能制造。

在智能制造领域，海尔开发了全球第一个引入用户全流程参与体验的工业互联网平台——COSMOPlat，该平台实现了 5G 与智能制造的深度融合，开发出 5G 机器视觉云化、5G+AR 远程运维指导及 5G 智能设备管控等应用，实现了生产过程全自动化，并且可以利用智能终端对生产过程进行远程管控。

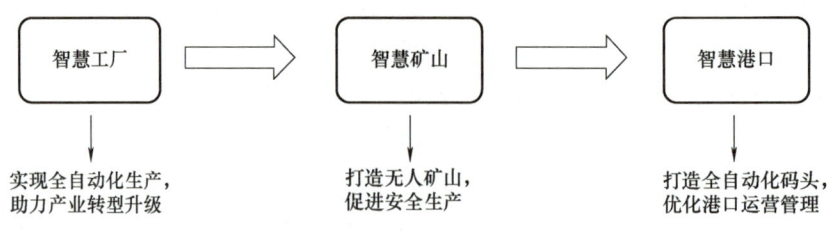

图 8-1　5G 工业互联网的应用场景

以海尔冰箱互联工厂为例，该工厂创新性地将云化机器视觉系边缘计算等技术深度融合，可以在生产环境中进行门缝检测与 5G、ACR 识别。同时，在高速率的 5G 网络的支持下，海尔冰箱互联工厂采集海量数据，并将数据汇聚到边缘云，利用大数据技术进行深度控制，让产品检测结果更准确，从而保证产品质量。未来，海尔冰箱互联工厂模式或许会成为一种通用的互联网解决方案，在智慧物流、智慧园区及智慧家庭等领域推广应用。

（2）智慧矿山　矿业是能源安全的重要保障，传统的开采模式主要有两种：一种是露天开采，另一种是地下开采，这两种开采方式都伴随着环境污染、生态破坏及各种安全问题。进入 5G 时代之后，借助工业互联网打造智慧矿业，可以使整个行业的生产效率、盈利水平、安全管理水平得到大幅提升。

包头钢铁是全球最大的稀土工业基地和钢铁工业基地。从 2019 年开始，包头钢铁与中国移动深度合作，利用 5G 与工业互联网全面布局智慧矿山建设，从三个层面实现了创新应用，具体如下：

1）无人驾驶。无人驾驶包括矿车的无人驾驶、编组行驶及采矿设备的无人操作等，切实保证了生产过程的安全，使生产效率得到大幅提升。

2）无人机测绘。利用无人机开展高清测绘，对地理数据进行高精度分析，为采矿组织与管理提供更科学的依据，防止滑坡、塌方等事故发生。

3）调度系统。利用上述两个系统传输的数据，优化生产调度系统与作业流程。矿业工业互联网对网络传输时延有很高的要求。在传统网络环境下，对生产场景的远程监测与遥控需要通过有线网络来实现。矿山地理环境复杂，一方面有线网络无法布设，另一方面有线网络无法串联起大量移动设备和转动部件。在高速率、低时延、广覆盖的 5G 网络的支持下，矿业工业互联网平台可以充分发挥智能管理能力，开展远程控制、监测和数据传输，对整个生产管理流程进行优化。

（3）智慧港口　随着经济不断发展、经济全球化进程持续加快，港口的功能越发丰富。港口不仅是物流运输的中转中心、配送中心和仓储中心，还为区域腹地经济发展与对外开放提供强有力的支持。在 5G、工业互联网的支持下，港口运营管理质量与效率将得到大幅提升。

以青岛港全自动化码头为例，该码头利用 5G 与工业互联网让岸桥轨道吊实现了自动化运作，可以自动抓取、运输集装箱，并将现场的高清视频回传；在自动化作业过程中，可以对设备的运行状态进行实时监控，对设备可能发生的故障进行预判，提前采取维护措施，打造一站式港口服务。青岛港全自动化码头已表现出显著优势，不仅减少了人力消耗，而且切实提高了码头的运营效率与管理水平，使运营成本大幅下降。

随着5G网络实现规模化商用，工业互联网与各个行业深度融合，推动行业产业链、价值链优化升级，推动行业更好地发展。

8.3.2 AI赋能工业转型

近年，工业互联网平台快速崛起，凭借海量数据收集与处理能力、高效的算法与强大的算力，为人工智能在工业领域的应用提供了强有力的支持。人工智能在工业互联网平台的深入应用，将推动传统生产方式向智能化方向转型升级，对工业转型升级产生积极的推动作用。人工智能在工业互联网平台的应用主要涵盖设备层、边缘层、平台层和应用层，如图8-2所示。

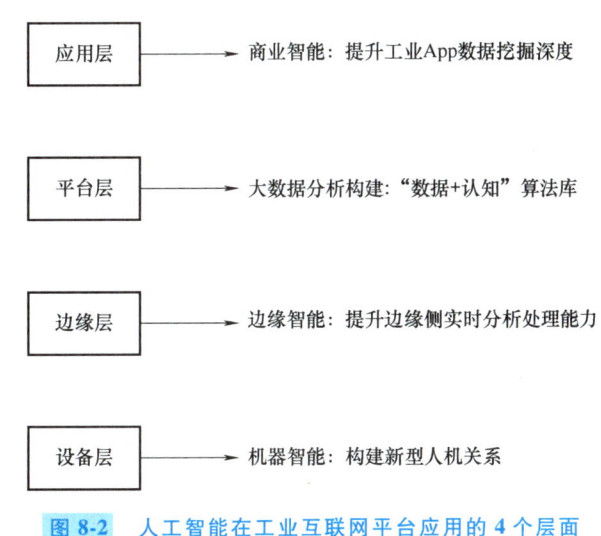

图8-2 人工智能在工业互联网平台应用的4个层面

（1）设备层 机器智能：构建新型人机关系。在工业互联网平台的支持下，企业可以在生产、控制、研发等环节应用人工智能技术，重构人、机、物之间的关系，实现人机协同、互促共进，具体应用见表8-1。

表8-1 人工智能在工业互联网设备层的应用

应用	具体措施
设备自主化运行	企业可以用机器学习算法、路径自动规划等模块对机械臂、运输载具和智能机床等产品进行改造，让它们根据不同的工作环境与加工对象进行自动调整，让设备操作变得更精准、更自动化
人机智能化交互	企业可以利用语音识别、机器视觉等技术让人与机器实现智能交互，提高控制装备的感知能力与反馈能力，让它们自由应对各种复杂的工作环境
生产协同化运作	企业可以利用人工智能技术将人机合作场景转变为学习系统，不断地对运行参数进行优化，从而创造出最佳的生产环境，提高生产效率，降低安全风险。例如，德国Festo公司利用仿生协作型机器人开发了一款智能化工位，用机器取代人从事危险系数较高的工作以及重复性劳动，极大地提高了生产效率，降低了生产过程中的各种风险

（2）边缘层　边缘智能：提升边缘侧实时分析处理能力。在工业互联网边缘层，企业可以利用边缘智能技术对终端设备与边缘服务器进行整合，提高数据传输的有效性，降低模型推理的延迟与能耗。具体应用表现在三个方面，见表8-2。

表8-2　人工智能在工业互联网边缘层的应用

应用	具体措施
智能传感网络	企业可以利用AI技术搭建智能网关，让OT与IT之间的复杂协议转换变得更加动态，切实提高数据采集与连续效率，提高对各种问题的应对能力，例如带宽资源不足、网络突然中断等
噪声数据处理	企业可以利用智能传感器对多维度数据进行采集，利用人工智能软件减小确定性系统误差，让数据变得更精准，将物理世界的隐性数据以显性化的方式呈现出来
边缘即时反馈	企业可以利用分布式边缘计算节点进行数据交换，对云端广播模型与现场提取的数据的特征进行比对分析，降低云端计算压力，缩短数据处理时延，实现云端协同

（3）平台层　大数据分析构建："数据+认知"算法库。在平台层，工业互联网平台以PaaS架构为基础，打造一条涵盖数据存储、数据共享、数据分析、工业模型等的数据服务链，将基于数据科学与认知科学的工业知识与经验存储到人工智能算法库中。具体应用见表8-3。

表8-3　人工智能在工业互联网平台层的应用

应用领域	具体措施
数据科学领域	企业可以利用机器学习、深度学习构建数据算法体系，对大数据分析、机器学习、智能控制等算法进行综合利用，利用仿真与推理解决问题
认知科学领域	企业可以立足于业务逻辑，利用知识图谱、专家系统搭建认知算法体系，解决企业风险管理等比较模糊的问题

（4）应用层　商业智能：提升工业App数据挖掘深度。在应用层，企业可以利用工业互联网提供的工具，面向不同的应用场景开发人工智能应用，利用人工智能技术提高生产水平，为用户提供定制化的智能工业应用与解决方案。具体应用见表8-4。

表8-4　人工智能在工业互联网应用层的应用

应用方向	具体措施
预测性维护	利用机器学习对设备运行的复杂非线性关系进行拟合，对设备运行故障进行精准预测，降低设备的维护成本与故障发生率
生产工艺优化	通过深度学习避开机理故障，对数据之间隐藏的抽象关系进行挖掘，建立相关模型，找到最优的参数拟合
辅助研发设计	利用知识图谱、深度学习等技术创建设计方案库，对设计方案进行实时评估，找到最佳的设计方案
企业战略决策	利用人工智能技术对工业场景中的非线性复杂关系进行拟合，提取非结构化数据，创建知识图谱与专家系统，为企业战略决策提供科学依据

8.3.3　工业大数据的应用

智能制造的实现离不开工业大数据的支持，工业大数据、云计算、人工智能等技术共同作用，推动了工业生产方式变革，促使了工业经济实现创新式发展。大数据分析技术可以赋予工业大数据产品多种能力，包括海量数据挖掘能力、多源数据集成能力、多类型知识建模能力、多业务场景分析能力、多领域知识发掘能力等，使工业大数据的潜在价值得到充分释放，为企业的业务创新与转型升级提供强有力的支持。

工业大数据涵盖了研发与设计、生产、物流、销售、运维与服务等产品生命周期的各个阶段，其中，生产、物流与销售可以归入生产与供应链单元。因此，基于工业大数据的全流程应用就可以划分为三大单元，分别是研发与设计、生产与供应链、运维与服务，每个单元都有具体的应用，如图8-3所示。

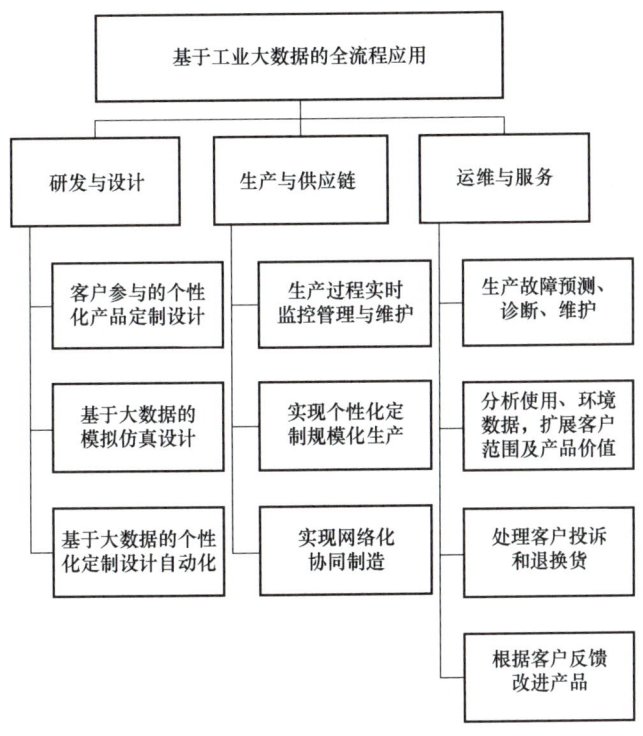

图8-3 基于工业大数据的全流程应用

（1）研发与设计

1）客户参与的个性化产品定制设计。企业可以利用互联网收集用户对产品的个性化需求，获取产品与客户的交互数据，以及真实发生的交易数据，对这些数据进行挖掘分析，让用户参与到产品设计中，真正实现定制化设计，然后将设计好的生产交给柔性化生产链，最终制作出可以满足用户个性化需求的产品，实现产品定制化设计与生产。

2）基于大数据的模拟仿真设计。在传统的生产模式下，在产品测试、验证等环节，企业需要生产少量实物产品来评测其功能，测试次数越多，成本越高。现阶段，企业可以利用虚拟仿真技术对产品研发、设计等环节进行模拟，对产品的功能、性能进行评估与优化，从而减少实际测试的次数，降低产品研发设计阶段的成本与能耗。

3）基于大数据的个性化定制设计自动化。在传统的生产模式下企业会设计几款产品模型，从中挑选一款进行批量化生产。虽然传统生产模式具有规模化优势，但无法满足小批量生产需求，会在无形中增加产品的生产成本，延长产品的生产周期。在工业互联网时代，企业可以利用积累的产品数据设计模型，对数据之间的关系进行深入挖掘，在大数据技术及其他辅助设计工具的支持下开展个性化设计，自动生成产品模型。

（2）生产与供应链

1）生产过程实时监控管理与维护。现代化工业生产线安装了很多小型传感器，可以对生产设备运转过程中的温度、压力、热能、振动噪声等参数进行实时感知，对生产过程进行实时监测，对设备故障进行科学诊断，对设备运行过程中产生的能耗、质量事故等进行分析，还可以将生产制造各个环节产生的数据进行整合，面向生产过程建立虚拟的模型，不断地对生产流程进行优化。

2）实现个性化定制规模生产。通过让产品全生命周期内的数据自动流转，生产制造过程实现自动化、智能化控制，可以共享各类信息，全面推进系统整合与业务协同，切实提高制造水平与能力，开展个性化定制规模生产，创建现代化的生产体系，推动智能生产、智能制造尽快落地。

3）实现网络化协同制造。生产企业可以利用互联网对生产资源进行优化整合，在企业内部开展纵向协同，在企业之间开展横向协同，通过与共享经济联动促使创新资源、生产能力、库存等实现共享，推动制造业共享经济不断发展。

（3）运维与服务

1）生产故障预测、诊断、维护。制造企业可以利用互联网对产品运行数据进行实时采集，对生产过程进行远程监管，对故障进行预测性诊断与维护，从而降低设备维护成本，切实提高产品的利用率。

2）分析使用、环境数据，扩展客户范围及产品价值。制造企业可以对设备的使用数据与周边环境数据进行分析，对客户服务范围与产品的价值空间进行拓展，将企业经营管理的重心从产品转向制造与服务。

3）处理客户投诉和退换货。制造企业可以通过互联网定期收集用户反馈或投诉，参考用户提出的有价值的意见改进产品，对客户投诉进行及时处理，提高产品质量，同时提高用户对售后服务的满意度，减少客户投诉。

4）根据客户反馈改进产品。如果出现退货或者返修等情况，制造企业要及时了解原因，采取有效措施，提高产品质量，减少产品退货或维修等事件的发生频率。

8.3.4 工业领域的区块链作用

区块链技术是多种计算机技术的新型应用，主要包括加密算法共识机制、点对点传输、分布式数据存储等技术应用新模式。从狭义的角度看，区块链是一种去中心化的共享总账，具有不可篡改和不可伪造的特性，其本质是一种以链条方式将数据区块按照时间顺序组合形成的特定数据结构，能够安全存储简单的、序列化的、经由系统验证的数据。从广义的角度看，区块链是一种去中心化的新型基础架构与分布式计算范式，其加密链式区块结构可以用于数据验证与存储；分布式节点共识算法可以用于数据的生成与更新；自动化脚本代码可以用于数据的编程与操作。

区块链具有去中心化、不可篡改、不可伪造、可加密、可溯源等特性，基于这些特性，区块链技术在工业互联网领域有着广阔的应用空间，具体表现在以下方面：

（1）业务数据可信化　区块链与传统分布式数据库存在较大区别，前者采用"人人记账"的理念，所有参与主体都有记账的权利，每个主体都能保存所有的历史记录，同时都能保存最新的记录；后者却无法做到这些。这种存储方式虽然会导致数据高度冗余，但可以使数据全程留痕确保账本数据不可篡改，大大提升信息的透明度，有助于各方实现信息共享和协同合作。

（2）参与主体对等化　不同部门在合作建设信息系统时往往会遇到这样一个难题：难以决定由哪个部门来管理集中存储的数据。各部门可以利用区块链技术解决这一难题。区块链技术采用的是分布式记账方式，可以让每一个参与主体拥有与自身对等的身份、权利、责任和利益，轻松解决"业务主权"问题。同时，它还能使所有参与主体同步更新实时数据，这不仅能使各方之间的合作更加方便、快捷，还能极大地提高参与主体合作的积极性。

（3）监管手段多维化　在区块链技术的支持下，企业可以将内部监控作为自己的监管部门。具体操作是以区块链平台为载体，增设监管节点，实时采集监管数据，制定监管数据的统计口径、颗粒度等，实现快速分析和决断。同时，企业还要采用可编程的智能合约，完善监管规则，将监管重点从监控工业管理、生产过程上升到监控系统性风险业务流程监管体系，降低工业生产的风险，维护网络体系的稳定。

（4）存储的安全性与经济性　传统存储通常采用单个数据中心完成数据存储，可靠性较低；区块链存储采用多数据中心存储技术，可以有效解决传统存储可靠性较低的问题。

区块链存储可以将数据存储到成千上万个节点上，有效提高数据存储的可靠性，确保商业数据存储安全。区块链存储比桌面级存储、企业级存储、云存储更具优势，主要体现在四个方面，见表8-5。

表8-5　区块链存储的四大优势

优势	具体表现
可靠性更高	区块链存储采用冗余编码模式，将数据存储到成千上万个节点上，可以有效规避单点故障造成的负面影响
服务的可用性更高	由于区块链存储可以利用众多的节点来分担负载，所以服务可用性要比一般的储存方式高得多，至少比云储存高1亿倍
成本更低	区块链存储比其他存储的成本更低，这是因为区块链技术可以完美地解决数据重复问题，可以通过去除重复数据降低成本。不仅如此，区块链存储还能通过降低数据冗余率来降低成本。另外，在区块链存储节点建设方面，企业需要投入的成本也很低。因此，总体而言，区块链存储成本更低
异地容灾性更强	传统中心化存储最高级别的容灾配置是"两地三中心"，由于传统数据存储中心的建设成本较高，所以"两地三中心"的配置对企业来说是一笔不小的花费。而"两地三中心"的配置容灾率并不高，所以目前全球企业和机构普遍面临较大的数据存储风险。区块链存储采用"千地万中心"的配置，可以大幅度提升数据存储的容灾率。对传统中心化存储来说，"千地万中心"的配置是难以想象的奢侈品，但是对区块链存储来说，这种配置只是"容灾"的标准配置而已

区块链在工业互联网领域的实践场景如下：

（1）区块链+安全认证　利用区块链技术构建分布式数字身份认证体系，所有想要接入该体系的人、设备、企业都要在边缘计算中心完成认证。在这种模式下，设备之间、服务器之间、人与设备之间可以开展双向身份验证，减少边缘层接口数据泄露和设备控制的安全隐患，对工业数据进行加密存储，实现数据私有化。

（2）区块链+工业产品流通　区块链技术可以保证交易的公开性与透明性，防止交易数据被篡改，智能合约可以实现自证自治。在这两大技术的支持下，制造企业能以工业互联网平台为依托，促使制造企业、物流企业、税务部门、交通部门、银行、客户等多方参与主体的各项数据相互融通，构建一个安全可信的价值链传递网络，让产品品控证明、供应链流转证明、资金支付证明、渠道销售证明、票据真实性证明等变得简单易行。

（3）区块链+生产线品控　在农产品溯源、供应链溯源等领域，区块链技术已经有了比较成熟的应用模式。因为区块链技术可以有效防止数据被篡改，所以利用区块链技术面向商品生产、流通、消费等环节创建真实性验证网络，可以有效提升品牌价值。此外，在质检协作效率优化、产品质量控制、降低设备故障率等领域，区块链技术也有广阔的应用空间。

参考文献

[1] 金之钧, 江亿, 戴民汉, 等. 碳中和概论 [M]. 北京: 北京大学出版社, 2023.

[2] 邹才能, 马锋, 潘松圻, 等. 论地球能源演化与人类发展及碳中和战略 [J]. 石油勘探与开发, 2022, 49 (2): 411-428.

[3] 丁仲礼, 张涛. 碳中和逻辑体系与技术需求 [M]. 北京: 科学出版社, 2022.

[4] 汪品先, 田军, 黄恩清, 等. 地球系统与演变 [M]. 北京: 科学出版社, 2018.

[5] 于贵瑞, 郝天象, 朱剑兴, 等. 中国碳达峰、碳中和行动方略之探讨 [J]. 中国科学院院刊, 2020, 37 (4): 423-434.

[6] 蔡博峰, 李琦, 林千果, 等. 中国二氧化碳捕集, 利用与封存 (CCUS) 报告: 2019 [R]. 北京: 生态环境规划院气候变化与环境政策研究中心, 2020.

[7] 韩学义. 电力行业二氧化碳捕集、利用与封存现状与展望 [J]. 中国资额综合利用, 2020, 38 (2): 110-117.

[8] 魏一鸣. 气候工程管理: 碳捕集与封存技术管理 [M]. 北京: 科学出版社, 2020.

[9] 周开乐, 丁涛, 张弛, 等. 能源碳中和概论 [M]. 北京: 科学出版社, 2022.

[10] 步学朋. 二氧化碳捕集技术及应用分析 [J]. 洁净煤技术, 2014, 20 (5): 9-13; 19.

[11] 陈兵, 肖红亮, 李景明, 等. 二氧化碳捕集、利用与封存研究进展 [J]. 应用化工, 2018, 47 (3): 589-592.

[12] COLE I S, CORIGAN P, SIM S, et al. Corrosion of pipelines used for CO_2 transport in CCS: is it a real problem [J]. International Journal of Greenhouse Gas Control, 2011, 5 (4): 749-756.

[13] YOU J Y, AMPOMAH W, SUN Q. Development and application of a machine learning based multi-objective optimization workflow for CO_2-EOR projects [J]. Fuel, 2020, 264: 116758.

[14] FRIDAHL M, LEHTVEER M. Bioenergy with carbon capture and storage (BECCS): global potential, investment preferences, and deployment barriers [J]. Energy Research & Social Science, 2018, 42: 155-165.

[15] 常世彦, 郑丁乾, 付萌. 2℃/1.5℃温控目标下生物质能结合碳捕集与封存技术 (BECCS) [J]. 全球能源互联网, 2019, 2 (3): 277-287.

[16] REALMONTE G, DROUET L, GAMBHIR A, et al. An inter-model assessment of the role of direct air capture in deep mitigation pathways [J]. Nature Communications, 2019, 10 (1): 1-12.

[17] IPCC. Climate change 2013: the physical science basis [R]. New York: Intergovernmental Panel on Climate Change, 2013.

[18] Global CCS Institute. Global status of CCS 2020 [EB/OL]. (2020-12-01) [2024-08-30]. https://www.globalccsinstitute.com/resources/publications-reports-research/global-status-of-ccs-report-2020/.

[19] 张贤. 碳中和目标下中国碳捕集利用与封存技术应用前景 [J]. 可持续发展经济导刊, 2020 (12):

22-24.

[20] 朱磊, 范英. 中国燃煤电厂 CCS 改造投资建模和补贴政策评价 [J]. 中国人口·资源与环境, 2014, 24 (7): 99-105.

[21] 丁恋, 宁树正, 刘亢. 基于 SWOT 模型的 CCUS 技术分析及发展对策研究 [J]. 中国煤炭地质, 2021, 33 (S1): 87-91.

[22] 江霞, 汪华林. 碳中和技术概论 [M]. 北京: 高等教育出版社, 2022.

[23] 张娟利, 杨天华. 二氧化碳的资源化化工利用 [J]. 煤化工, 2016, 44 (3): 1-5; 15.

[24] DAMIANI D, LITYNSKI T, MCILVRIED C H G, et al. The US department of Energy's R&D program to reduce greenhouse gas emissions through beneficial uses of carbon dioxide [J]. Greenhouse Gases: Science and Technology, 2012, 2 (1): 9-16.

[25] 甲烷二氧化碳制合成气万方级装置实现稳定运行 [J]. 能源化工, 2017, 38 (4): 6.

[26] 中国石油大学. 二氧化碳干重整制合成气成套技术 [EB/OL]. (2020-05-21) [2024-8-30]. https://www.cup.edu.cn/cnem/kxyj/bzxcg/2d3ce12582b347d7aba049e793aea154.htm.

[27] 陈倩倩, 顾宇, 唐志永, 等. 以二氧化碳规模化利用技术为核心的碳减排方案 [J]. 中国科学院院刊, 2019, 34 (4): 478-487.

[28] ZHONG J, YANG X, WU Z, et al. State of the art and perspectives in heterogeneous catalysis of CO_2 hydrogenation to methanol [J]. Chemical Society Reviews, 2020, 49: 1385.

[29] 全球首套二氧化碳加氢制甲醇工业试验装置建成 [J]. 橡塑技术与装备, 2020, 40 (22): 59-60.

[30] ZHUANG T T, LIANG Z Q, SEIFITOKALDANI A, et al. Steering post-C—C coupling selectivity enables high efficiency electroreduction of carbon dioxide to multi carbon alcohols [J]. Nature catalysis, 2018, 1 (16): 421-428.

[31] LUA P, QUINTEOB K, DINH C T, et al. Catalyst electro-redeposition controls morphology and oxidation state for selective carbon dioxide reduction [J]. Nature, 2018, 1: 103-110.

[32] ASADI M, KIM K, LIU C. et al. Nanostructured transition meal dichalcogenide d electrocatalysts for CO_2 reduction in ionic liquid [J]. Science, 2016, 353 (6298): 426-470.

[33] 王伟伟, 马俊贵. CO_2 气肥增施技术及其应用 [J]. 农业工程, 2014, 4 (S1): 48-51.

[34] CAI T, SUN H, QIAO J, et al. Cell-free chemoenzymatic starch synthesis from carbon dioxide. [J] Science, 2021, 373 (6562): 1523-1527.

[35] BUI M, MAC DOWELL M. Carbon capture and storage [M]. London: Royal Society of chemistry, 2019.

[36] IEA GHG. CO_2 Storage in depleted oilfields: Global application criteria for carbon dioxide enhanced oil recovery [C]//Advanced Resources International and Melzer Consulting, 2009, Cheltenham Glos [S. l.: s. n.], 2009.

[37] VAN DER MEER L, KREFT E, GEEL C, et al. CO_2 storage and testing enhanced gas recovery in the K12-B reservoir [C]//Proceedings of the 23rd World Gas Conference, Amsterdam, 2006, [S. l.: s. n.], 2009.

[38] WILDGUST N. Global CO_2 geological storage capacity in hydrocarbon fields [C]//IEA GHG Weyburn-Midale Monitoring Project PRISM Meeting, 2009, [S. l.: s. n.], 2009.

[39] AL-HASAMI A, REN S, TOHIDI B. CO_2 injection for enhanced gas recovery and geo-storage: Reservoir simulation and economics [C]//SPE Europec/EAGE Annual Conference, June 13-16, 2005, Madrid, Spain. [S. l.: s. n.], 2005.

[40] JIKICH S A, SMITH D H, SAMS W N, et al. Enhanced Gas Recovery (EGR) with carbon dioxide sequestration: A simulation study of effects of injection strategy and operational parameters [C]//SPE Eastern Re-

gional Meeting, September 6-10, 2003, Pittsburgh, Pennsylvania. [S. l.: s. n.], 2003.

[41] LI X, WEI N, LIU Y, et al. CO_2 point emission and geological storage capacity in China [J]. Energy Procedia, 2009, 1 (1): 2793-2800.

[42] ZHANG Y, LIU S Y, SONG Y C, et al. Research progress of CO_2 sequestration with enhanced gas recovery [J]. Advanced Materials Research, 2013, 807: 1075-1079.

[43] MASTALERZ M, GOODMAN A, CHIRDON D. Coal lithotypes before, during, and after exposure to CO_2: Insights from direct Fourier transform infrared investigation [J]. Energy & fuels, 2012, 26 (6): 3586-3591.

[44] BUSCH A, KROOSS B M, GENSTERBLUM Y, et al, High-pressure adsorption of methane, carbon dioxide and their mixtures on coals with a special focus on the preferential sorption behaviour [J]. Journal of Geochemical Exploration, 2003, 78: 671-674.

[45] 李向东, 冯启言, 刘波, 等. 注入二氧化碳驱替煤层甲烷的试验研究 [J]. 洁净煤技术, 2009, 15 (2): 101-103.

[46] CAI Y, LIU D, MATHEWS J P, et al. Permeability evolution in fractured coal: Combining triaxial confinement with X-ray computed tomography, acoustic emission and ultrasonic techniques [J]. International Journal of Coal Geology, 2014, 122: 91-104.

[47] 许天福, 张延军, 曾昭发, 等. 增强型地热系统（干热岩）开发技术进展 [J]. 科技导报, 2012, 30 (32): 42-45.

[48] WEI N, LI X, FANG Z, et al. Regional resource distribution of onshore carbon geological utilization in China [J]. Journal of CO_2 Utilization, 2015, 11: 20-30.

[49] 李琦, 魏亚妮. 二氧化碳地质封存联合深部咸水开采技术进展 [J]. 科技导报, 2013, 31 (27): 65-70.

[50] METZ B, DAVIDSON O, DE CONINCK H. Carbon Dioxide Capture and Storage: Special Report of the Intergovernmental Panel on Climate Change [M]. Cambridge: Cambridge University Press, 2005.

[51] 郭建强, 文冬光, 张森琦, 等. 中国二氧化碳地质储存潜力评价与示范工程 [J]. 中国地质调查, 2015, 3 (4): 36-46.

[52] 王江海, 孙贤贤, 徐小明, 等. 海洋碳封存技术：现状，问题与未来 [J]. 地球科学进展, 2015, 30 (1): 17-25.

[53] 张学民, 李金平, 吴青柏, 等. CO_2置换开采冻土区天然气水合物中CH_4的可行性研究 [J]. 化工进展, 2014, 33 (S1): 133-140.

[54] 王林军, 张学民, 张东, 等. 水合物法储存温室气体二氧化碳的可行性分析 [J]. 中国沼气, 2011, 2 (6): 28-32.

[55] 王高峰, 秦积舜, 孙伟善, 等. 碳捕集、利用与封存案例分析及产业发展建议 [M]. 北京：化学工业出版社, 2020.

[56] 中国长期低碳发展战略与转型路径研究课题组, 清华大学气候变化与可持续发展研究院. 读懂碳中和 [M]. 北京：中信出版集团股份有限公司, 2021.

[57] 舒印彪, 陈国平, 贺静波, 等. 构建以新能源为主体的新型电力系统框架研究 [J]. 中国工程科学, 2021, 23 (6): 61-69.

[58] 张智刚, 康重庆. 碳中和目标下构建新型电力系统的挑战与展望 [J]. 中国电机工程学报, 2022, 42 (8), 2806-2819.

[59] 国家统计局能源统计司. 中国能源统计年鉴：2022 [M]. 北京：中国统计出版社有限公司, 2023.

[60] 国家统计局. 中国统计年鉴：2021 [M]. 北京：中国统计出版社，2021.

[61] 国家统计局. 中国能源统计年鉴 2021 [M]. 北京：中国统计出版社，2021.

[62] 袁志刚. 碳达峰·碳中和：国家战略行动路线图 [M]. 北京：中国经济出版社，2021.

[63] 魏凤，任小波，高林，等. 碳中和目标下美国氢能战略转型及特征分析 [J]. 中国科学院院刊，2021，36（9）：1049-1057.

[64] 张全斌，周琼芳. 基于"碳中和"的氢能应用场景与发展趋势展望 [J]. 中国能源，2021，43（7）：81-88.

[65] 刘春龙. 全球核电发展现状及趋势 [J]. 全球科技经济瞭望，2017，32（5）：67-76.

[66] 2024—2025 年节能降碳行动方案 [EB/OL]. (2024-05-24) [2024-08-30]. https://www.gov.cn/zhengce/zhengceku/202405/content_6954323.htm.

[67] 王贵玲，陆川. 碳中和目标驱动下地热资源开采利用技术进展 [J]. 地质与资源，2022，31（3）：412-425.

[68] 任亚倩，孔彦龙，庞中和，等. RSER：增强地热系统（EGS）示踪研究进展 [EB/OL]. (2023-10-11) [2024-08-30]. https://mp.weixin.qq.com/s?__biz = MzI4ODc0NjIzNQ == &mid = 2247558005&idx = 2&sn = cc77733c054b990140268b130868e8af&chksm = ec3a1ce1db4d95f772a3a035dacd54dad8b92cdf2273299c0dc970c34b03016d10678e06e11e&scene = 27.

[69] ZHU TONG. Seven decades of China's energy industry development：retrospect and outlook [J]. China Economist，2019，14（1）：34-65.

[70] 刘新杰，宋高峰，蒋斌斌. 煤炭行业发展历程及展望 [J]. 矿业安全与环保，2019，46（3）：100-103；112.

[71] 谢和平，任世华，吴立新. 煤炭碳中和战略与技术路径 [M]. 北京：科学出版社，2022.

[72] BECK H，SCHMIDT M. Windenergiespeicherung Durch Nachnutzung Stillgelegter Bergwerke：Schrifenreihe des Energie-Forschungszen-trums Niedersachsen，Band [M]. Gttingen：Cuvillier Verlag，2011.

[73] 王娟娟. 基于 BIM 的智能建造技术在绿色建筑中的应用 [J]. 黑龙江科学，2023，14（20）：129-131.

[74] 杨琳，吴贤国. 智能建造理论与实践 [M]. 北京：机械工业出版社，2023.

[75] 任芝军. 固体废物处理处置与资源化技术 [M]. 哈尔滨：哈尔滨工业大学出版社：2010.

[76] 魏一鸣，刘兰翠，廖华，等. 中国碳排放与低碳发展 [M]. 北京：科学出版社，2017.

[77] 中华人民共和国生态环境部. 关于印发《减污降碳协同增效实施方案》的通知 [EB/OL]. (2022-06-13) [2024-08-30]. https://www.mee.gov.cn/xxgk2018/xxgk/xxgk03/202206/t20220617_985879.html.

[78] 段华波，陈瑛，蔡俊雄，等. 固体废物利用与处置碳排放研究进展和发展趋势 [J]. 环境科学学报，2023，43（6）：1-10.

[79] 张婷婷，周萧超，刘章韬，等. 碳中和背景下我国固废资源化利用产业发展研究 [J]. 中国工程科学，2024，26（1）：80-88.

[80] 中华人民共和国国家发展和改革委员会. 关于印发《"十四五"城镇生活垃圾分类和处理设施发展规划》的通知 [EB/OL]. (2021-05-06) [2024-08-30]. https://www.gov.cn/zhengce/zhengceku/2021-05/14/content_5606349.htm.

[81] 中华人民共和国国家发展和改革委员会. 关于印发"十四五"循环经济发展规划的通知 [EB/OL]. (2021-07-01) [2024-08-30]. https://www.gov.cn/zhengce/zhengceku/2021/07/07/content_5623077.htm.

[82] 中华人民共和国生态环境部. 关于印发《"十四五"时期"无废城市"建设工作方案》的通知 [EB/OL]. (2021-12-17) [2024-08-30]. https://www.miit.gov.cn/jgsj/jns/zhlyh/art/2021/art_c791f35ba1e24411855b89b0f87b1fee.html.

[83] 中华人民共和国国家发展和改革委员会. 关于"十四五"大宗固体废弃物综合利用的指导意见[EB/OL]. (2021-03-18) [2024-08-30]. https://www.gov.cn/zhengce/zhengceku/2021-03/25/content_5595566.htm.

[84] 中华人民共和国国务院办公厅. 关于印发强化危险废物监管和利用处置能力改革实施方案的通知[EB/OL]. (2021-05-11) [2024-08-30]. https://www.gov.cn/gongbao/content/2021/content_5616156.htm.

[85] 中华人民共和国国务院办公厅. 国务院办公厅关于加快构建废弃物循环利用体系的意见[EB/OL]. (2024-02-09) [2024-08-30]. https://www.gov.cn/zhengce/zhengceku/202402/content_6931080.htm.

[86] 宁平. 固体废物处理与处置[M]. 北京:高等教育出版社,2007.

[87] 宋立杰,陈善平,赵由才. 可持续生活垃圾处理与资源化技术[M]. 北京:化学工业出版社,2014.

[88] 边炳鑫,赵由才. 农业固体废物的处理与综合利用[M]. 北京:化学工业出版社,2005.

[89] 中华人民共和国农业农村部办公厅. 关于印发《农村有机废弃物资源化利用典型技术模式与案例》的通知[EB/OL]. (2022-01-26) [2024-08-30]. https://www.gov.cn/zhengce/zhengceku/2022-01/30/content_5671307.htm.

[90] 赵立欣. 加快推进农业农村碳达峰碳中和[EB/OL]. (2022-01-26) [2024-08-30]. https://ieda.caas.cn/xwzx/mtbd/275877.htm.

[91] 马建立,卢学强,赵由才. 可持续工业固体废物处理与资源化技术[M]. 北京:化学工业出版社,2015.

[92] 季江云,郑挺颖. 中国愿景:从"无废城市"到"无废社会":访"无废城市"发起人、中国工程院院士杜祥琬[J]. 环境与生活,2019,6:24-28.

[93] 王永明,陈瑛. 推动"无废城市"走向"无废社会":"无废城市"建设试点工作纪实[J]. 中华环境,2023,4:45-47.

[94] 孟小燕,王毅. 我国推进"无废城市"建设的进展、问题及对策建议[J]. 中国科学院院刊,2022,37(7):995-1005.

[95] 周宏春. 我国"无废城市"建设进展与对策建议[J]. 中华环境,2020(11):22-28.

[96] 杨丹辉. 无废城市:从理念创新到绿色实践[J]. 环境经济,2019(17):22-25.

[97] 李金惠. "无废城市"建设:生态文明体制改革的新方向[J]. 人民论坛,2021(14):30-32.

[98] 刘露. 资源型城市一般工业固体废物管理研究[D]. 天津:天津商业大学,2023.

[99] 张发闯,蒋宇,谭瑶瑶,等. 碳达峰碳中和背景下城市新区建设无废城市的思考与建议[J]. 城市管理与科技,2022,23(04):42-44;41.

[100] 李干杰. 开展"无废城市"建设试点提高固体废物资源化利用水平[J]. 中华环境,2019(Z1):13-14.

[101] 陈瑛,滕婧杰,赵娜娜,等. "无废城市"试点建设的内涵、目标和建设路径[J]. 环境保护,2019,47(9):21-25.

[102] 赵云皓. 建设"无废城市"的四大要点[EB/OL]. (2019-08-22) [2024-08-30]. https://www.mee.gov.cn/home/ztbd/2020/wfcsjssdgz/wfcsxwbd/ylgd/201909/t20190902_731350.shtml.

[103] 中华人民共和国生态环境部. 关于印发《"无废城市"建设试点实施方案编制指南》和《"无废城市"建设指标体系(试行)》的函[EB/OL]. (2019-05-08) [2024-08-30]. https://www.mee.gov.cn/xxgk2018/xxgk/xxgk06/201905/t20190513_702598.html.

[104] KO Y Y, CHIU Y H. Empirical Study of Urban Development Evaluation Indicators Based on the Urban Metabolism Concept[J]. Sustainability, 2020(12).

[105] 邹权，王夏晖."无废指数"："无废城市"建设成效定量评价方法［J］.环境保护，2020，48（8）：46-50.

[106] 滕婧杰，祁诗月，马嘉乐，等."无废指数"构建方法探究：以"浙江省无废指数"构建为例［J］.环境工程学报，2022，16（3）：723-731.

[107] 朱夜星，陈天宇."无废城市"建设研究述评［J］.可持续发展，2023，13（2）：467-474.

[108] 龚晓芳，葛大兵.基于熵权TOPSIS法的生态文明建设水平评估研究：以常德市为例［J］.湖南生态科学学报，2020，7（4）：68-74.

[109] 王飞飞，徐露露.基于熵权-TOPSIS法的低碳城市评价——以辽宁省为例［J］.可持续发展，2024，14（1），144-151.

[110] 刘辰阳，刘亿瑶.国外"无废城市"的相关理论、评价方法与实践经验［J］.现代城市研究，2021（3）：55-61.

[111] 打造"无废城市"建设"深圳样板"［J］.中国环境监察，2023（7）：48-49.

[112] 郭楚，梁育民.发挥深圳"无废城市"建设先行示范作用［J］.环境经济，2019（21）：40-45.

[113] 陈昊，吴琼.深圳率先探路"无废城市"建设［J］.环境，2019（6）：36-38.

[114] 黄丹雯.深圳："无废城市"建设驶入快车道［J］.环境，2022（9）：38-39.

[115] 深圳市"无废城市"建设试点工作总结报告［EB/OL］.（2021-05-21）［2024-08-30］.https://www.mee.gov.cn/home/ztbd/2020/wfcsjssdgz/sdjz/ldms/202105/t20210518_833252.shtml.

[116] 杨志.日韩"无废"建设及其启示［J］.东北亚学刊，2023（1）：119-133；149.

[117] 王永明，任中山，桑宇，等.日本循环型社会建设的历程、成效及启示［J］.环境与可持续发展，2021，46（4）：128-135.

[118] 邱启文，温雪峰.赴日本执行"无废城市"建设经验交流任务的调研报告［J］.环境保护，2020，48（Z1）：57-60.

[119] 胡澎.日本建设循环型社会的经验与启示［J］.今日国土，2020（12）：25-27.

[120] 曲阳.日本循环经济法管窥：以《循环型社会形成推进基本法》为中心［J］.外国法制史研究，2001（1）：574-581.